Facebookページ 作成&運営入門

改訂2版

技術評論社

本書の使い方

- 本書の各セクションでは、画面を使った操作の手順を追うだけで、Facebookページの作成＆運営方法がわかるようになっています。
- 操作の流れに番号を付けて示すことで、操作手順を追いやすくしてあります。

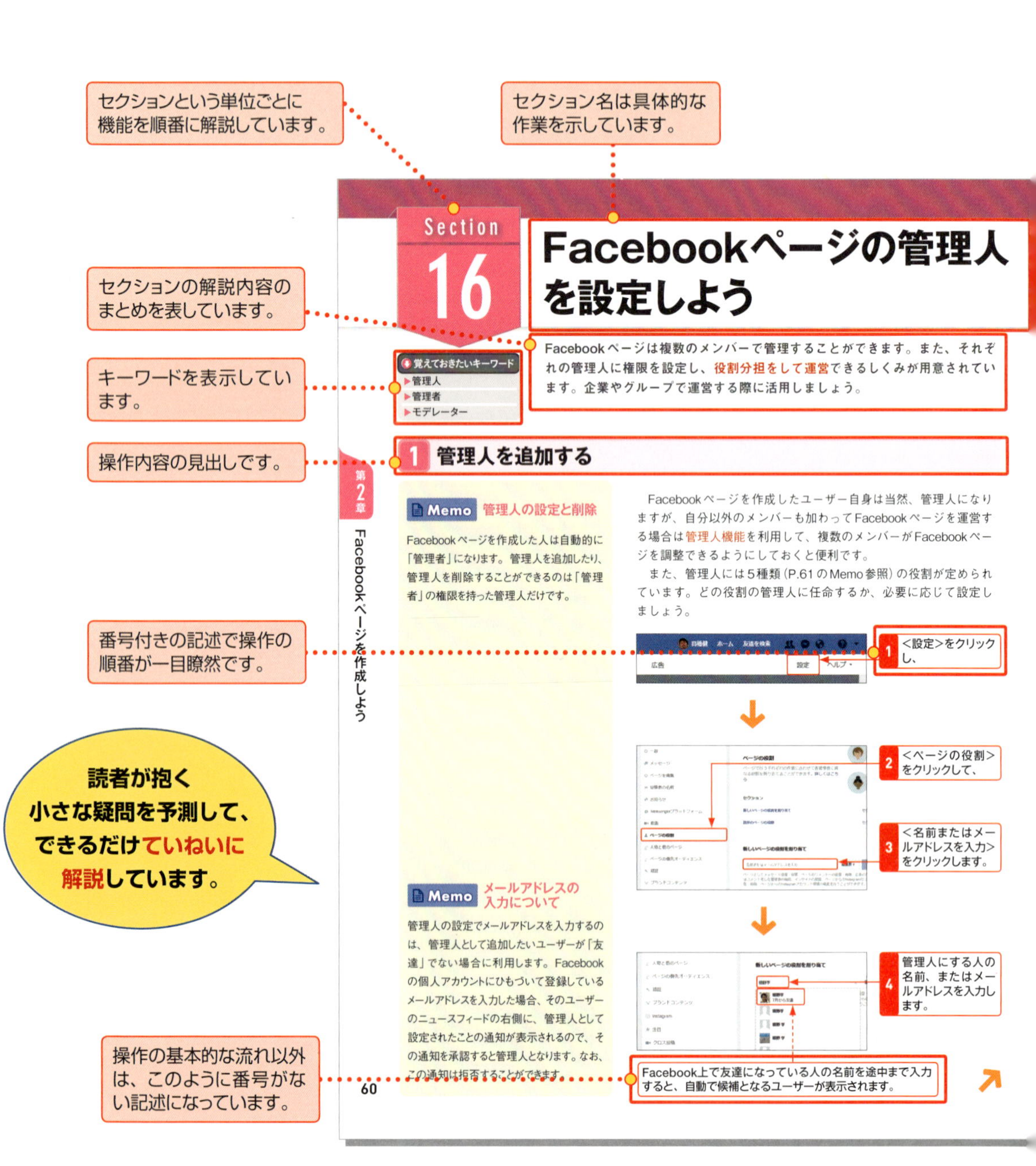

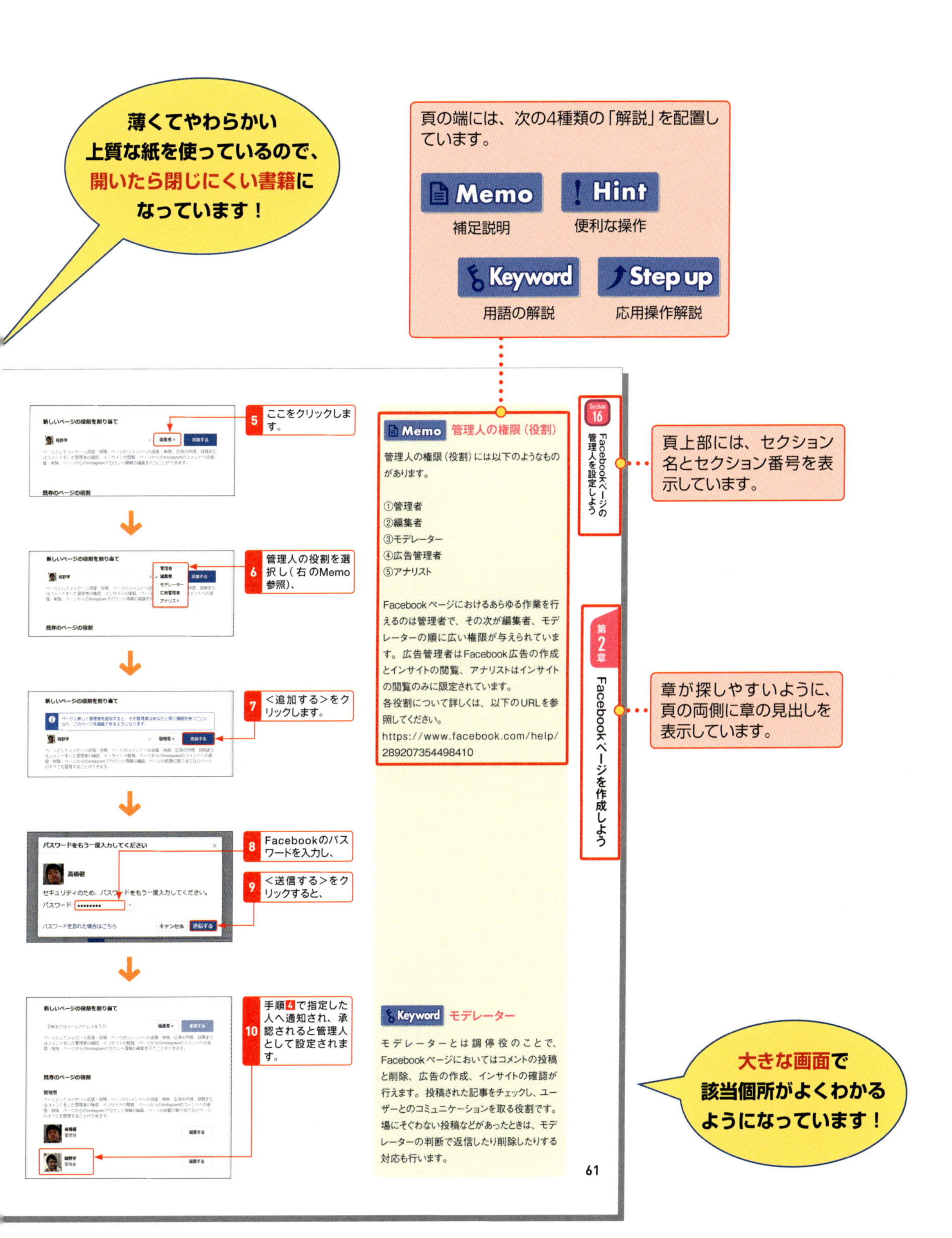
薄くてやわらかい
上質な紙を使っているので、
開いたら閉じにくい書籍に
なっています！
頁の端には、次の4種類の「解説」を配置しています。
Memo
補足説明
Hint
便利な操作
Keyword
用語の解説
Step up
応用操作解説
頁上部には、セクション名とセクション番号を表示しています。
章が探しやすいように、頁の両側に章の見出しを表示しています。
大きな画面で
該当個所がよくわかる
ようになっています！
5 ここをクリックします。
6 管理人の役割を選択し（右のMemo参照）、
7 <追加する>をクリックします。
8 Facebookのパスワードを入力し、
9 <送信する>をクリックすると、
10 手順4で指定した人へ通知され、承認されると管理人として設定されます。
Memo 管理人の権限（役割）
管理人の権限（役割）には以下のようなものがあります。
①管理者
②編集者
③モデレーター
④広告管理者
⑤アナリスト
Facebookページにおけるあらゆる作業を行えるのは管理者で、その次が編集者、モデレーターの順に広い権限が与えられています。広告管理者はFacebook広告の作成とインサイトの閲覧、アナリストはインサイトの閲覧のみに限定されています。
各役割について詳しくは、以下のURLを参照してください。
https://www.facebook.com/help/289207354498410
Keyword モデレーター
モデレーターとは調停役のことで、Facebookページにおいてはコメントの投稿と削除、広告の作成、インサイトの確認が行えます。投稿された記事をチェックし、ユーザーとのコミュニケーションを取る役割です。場にそぐわない投稿などがあったときは、モデレーターの判断で返信したり削除したりする対応も行います。
Section 16
Facebookページの管理人を設定しよう
第2章
Facebookページを作成しよう
61

Contents

序章 Facebookページ活用事例

第1章 Facebookページをはじめよう

第2章 Facebookページを作成しよう

Contents

第3章 Facebookページを運営しよう

第4章　販売促進のための運営テクニックを知ろう

Contents

第7章 Facebookページの情報分析をしよう

Contents

第8章 Facebookページで困ったときのQ&A

ご注意:ご購入・ご利用の前に必ずお読みください

- 本書に記載された内容は、情報の提供のみを目的としています。したがって、本書を用いた運用は、必ずお客様自身の責任と判断によって行ってください。これらの情報の運用の結果について、著者および技術評論社はいかなる責任も負いません。

- ソフトウェアに関する記述は、特に断りのない限り、2018年11月現在での最新バージョンをもとにしています。ソフトウェアはバージョンアップされる場合があり、本書での説明とは機能内容や画面図などが異なってしまうこともあり得ます。あらかじめご了承ください。

- インターネットの情報については、URLや画面などが変更されている可能性があります。ご注意ください。

- 本書は手順の流れを以下の環境で動作を確認しています。ご利用時には、一部内容が異なることがあります。あらかじめご了承ください。
  パソコンのOS:Windows 10 Home
  ブラウザ:Microsoft Edge(バージョン42)

以上の注意事項をご承諾いただいた上で、本書をご利用願います。これらの注意事項をお読みいただかずに、お問い合わせいただいても、技術評論社は対応しかねます。あらかじめご承知おきください。

序章

Facebookページ活用事例

活用事例

01 ユーザーと作るFacebookページ 北信ファーム

POINT 3

Facebookページ名

北信ファーム

https://ja-jp.facebook.com/pages/category/Farm/北信ファーム-1494795054071120/

▶ カテゴリ

農場・農協

▶ 合計「いいね!」

1,086人

▶ 人気の年齢層

30-50代（男女比1:1）

▶ 運営開始日

2014年7月11日

1 「北信ファーム」ページのここがスゴイ！

長野県北信地域で果樹栽培を営む「北信ファーム」のFacebookページです。農家の畑と家庭の食卓の距離を縮めることを動機として、2014年に起業しました。大切に育てた商品を、最高の状態で、責任を持って消費者に提供するため、商品の販売はマルシェ（市場）とWebサイトのみという産地直売のスタイルで行っています。Facebookページでは、商品の魅力をビジュアルで伝えながら、消費者と双方向にコミュニケーションを取ることで運営を盛り上げています。また、定期的に投稿することを心掛け、鮮度の高い充実した情報を発信。 Facebookページの管理は、作業中は畑からスマートフォンの公式アプリを使用し、事務所ではパソコンのWebブラウザを使用して行っています。

POINT 1 畑の様子を発信することで、商品の価値を伝える

食品は安心・安全へのニーズが高いため、「どこで誰の手が育てたものなのか」を消費者に伝えることが、農作物の商品価値を高めることになります。そこで、畑の様子や作業風景をFacebookページに投稿することで、消費者からの信頼の獲得や消費者と生産者の相互理解を実現しています。

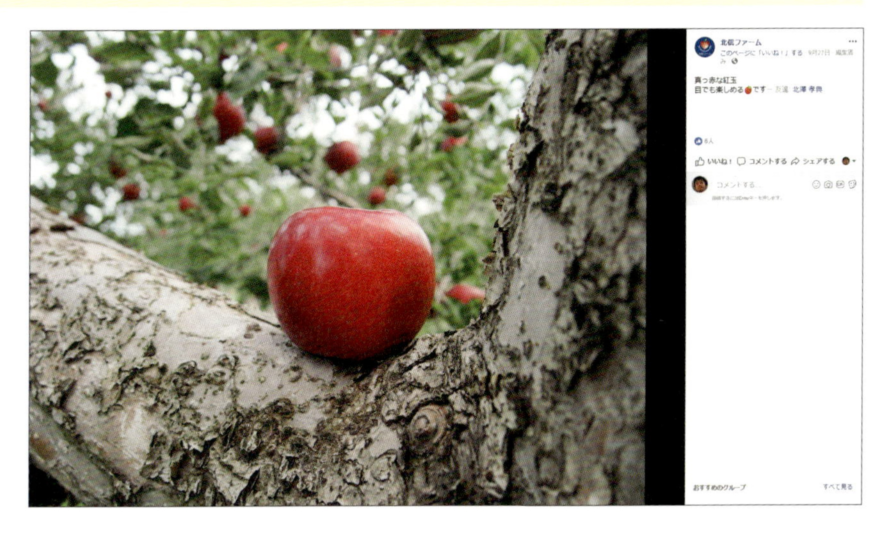

POINT 2 上質なコミュニケーション

発信する投稿やコメントは常に公序良俗に則り、誠実であるよう意識し、寄せられたコメントに真摯に向き合っています。また、ユーザー参加型のキャンペーンも実施しています。

POINT 3 写真はあえて未加工

ありのままの商品を伝えるために、スマートフォンや一眼レフで撮影した未加工の写真を投稿しています。また、その場でお客様や知人に撮影してもらうこともあるそうです。

活用事例

02 英語で他国ユーザーにもアピール カフェと囲碁 ひだまり

Facebookページ例

Facebookページ名

カフェと囲碁 ひだまり

https://www.facebook.com/cafehidamaritokyo

▶ **カテゴリ**

カフェ

▶ **合計「いいね!」**

384人

▶ **人気の年齢層**

20代後半-40代半ば(男女比7:3)

▶ **運営開始日**

2016年4月5日

1 「カフェと囲碁 ひだまり」ページのここがスゴイ!

東京都大田区のカフェ「カフェと囲碁 ひだまり」のFacebookページです。カフェのみ、お酒のみの利用はもちろん、未経験者も気軽に囲碁を楽しむことができるお店です。お店を多くのお客様に知ってもらうため、また、遠くてなかなか来店できない、というお客様への情報発信のために、Facebookページを開設。営業時間やイベントのお知らせだけでなく、投稿を一部非公開にすることでプライベートパーティの写真を参加者にシェアすることにも活用しています。また、近隣の他店や商店街の情報を告知することで、地域の活性化にも役立てたり、Facebookページを多くの人に知ってもらうため、FacebookページへのQRコードやリンクを自社サイトやチラシなどほかの媒体に掲載してアピールしたりするなどの工夫をしています。

POINT 1 外国人向けに投稿を英語に翻訳

外国人観光客の来店が多いことから、しばしば投稿を英語に翻訳しています。文法の間違いもあるかもしれませんが、間違いを恐れて何もしないよりも、投稿の意味が通じることが大事と考え、自前で英語に翻訳したり、わからないところは翻訳ソフトを使用したりして投稿しています。

POINT 2 ライブ感ある写真

写真は、デジタル一眼レフカメラを使用し、使い方を勉強しながら撮影。お店の雰囲気が伝わるような、ライブ感のある写真を掲載しています。

POINT 3 イベント機能、広告機能の活用

多くのイベントを開催するため、Facebookページのイベント機能を活用しています。また、イベント時には広告機能を利用し、多くのユーザーに知ってもらえるようにしています。

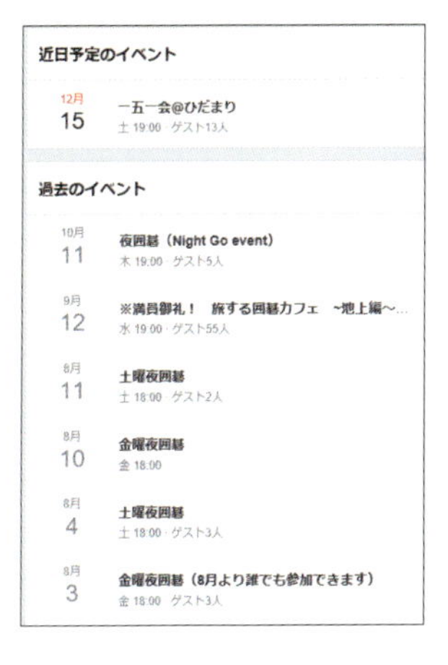

活用事例

03 確かな技術と信頼を発信 IDCフロンティア

Facebookページ例

Facebookページ名	カテゴリ	人気の年齢層
IDCフロンティア（データセンター・クラウド） https://www.facebook.com/fb.IDCFrontier/	インターネット関連企業・企業オフィス	35-44歳（男女比7:3）
	合計「いいね！」	**運営開始日**
	6,444人	2011年5月10日

1 「IDCフロンティア」ページのここがスゴイ!

データセンター・クラウドサービスを提供する株式会社IDCフロンティアの公式Facebookページです。お客様にプッシュ型で最新のお知らせを配信でき、採用にも活用できるということからFacebookページを開設。プレスリリースや、自社の活動やクラウドにまつわるノウハウを発信する「IDCFテックブログ」の紹介などを投稿し、自社を効果的に宣伝しています。また、ソーシャルプラグイン(Sec.57参照)を設置することはもちろん、自社サイトや、YouTube、Slideshareなどを更新した際も、Facebookでもれなくお知らせしています。ユーザーが親しみを持ってくれるよう、宣伝だけでなく社内の何気ない1コマやイベントの様子など、自社サイトにない情報も掲載しています。

POINT 1 遊び心あるキャラクターアイコン

アイコンには、企業ロゴのシンボルになっているキャラクター「MORIO」を使用しています。また、記念日やハロウィンなどのイベントの時期は、社員が意見を出し合って決めるイベント限定アイコンが登場します。デザイナーが趣向を凝らし、毎回新作を制作しており、社内外で好評を得ています。

POINT 2 ユーザーの目を引く投稿

リンクを含む投稿には、必ずOGPを設定しています(Sec.58参照)。また、ユーザーが<もっと見る>をクリックして続きを読みたくなるよう、投稿の書き出しを工夫しています。

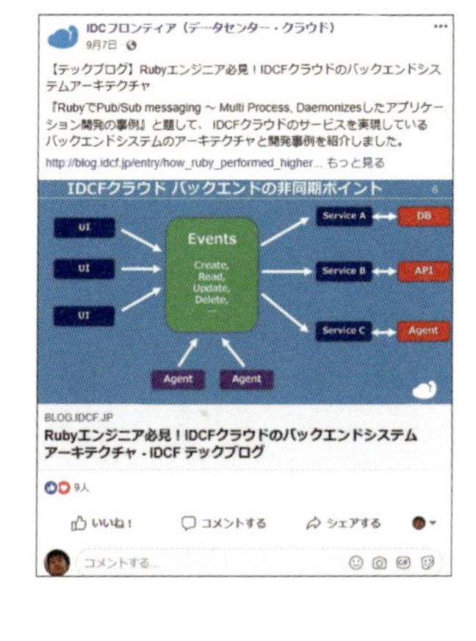

POINT 3 3人で分担して運営

投稿担当者2人、デザイナー1人の計3人で分担して運営しています。投稿においては、投稿者が違っても違和感がないよう、文章のトーンやマナーをそろえています。

Column 検索バーを使って、ほかのFacebookページを参考に見てみる

Facebookの上部にある検索バーに検索ワードを入力すれば、Facebook内から見たいFacebookページを探し出すことができます。目的のFacebookページが明確に決まっている場合は、企業名やサービス名、関連キーワードなどを入力し、検索してみましょう。適合した結果が抽出されれば、すぐに検索バーの下にポップアウト表示されるので、クリックして検索結果を絞り込みましょう。

ポップアウト表示の下部にある＜「○○」に一致する結果をすべて見る＞（または ）をクリックすると、検索結果ページが表示されます。ここでは画面上部の＜ページ＞をクリックすることで、検索結果をFacebookページのみに絞り込むことが可能です。このとき、左側の「認証済み」「カテゴリ」の項目をクリックすると、認証済みのFacebookページか、どのような種類のFacebookページかを選び、条件に合致した検索結果のみに絞り込むことができます。

検索バーにキーワードを入れて検索すると、キーワードに適合した結果が表示されます。

＜ページ＞をクリックし、画面左の「検索結果を絞り込む」の項目をクリックすると、条件に合致するFacebookページだけに絞り込んで検索できます。

第1章

Facebookページをはじめよう

Section 01

世界最大のSNS、Facebookとは？

覚えておきたいキーワード
- Facebook
- SNS
- いいね！

Facebookは世界で22億人以上のユーザーを抱えている最大規模のSNS（ソーシャルネットワーキングサービス）です。日本でも2,800万人以上のユーザーが利用しており、個人だけでなくビジネスにも活用されています。まずは、Facebookの全体像をつかんでおきましょう。

1 全世界のユーザー数は月間22億人

Facebookは2004年にアメリカで誕生して以来、全世界で月間22億3,000万人ものアクティブユーザー数を持つ巨大なSNSです（2018年7月末時点）。13歳以上であれば誰でもユーザー登録でき、友人や職場の同僚などの「友達」となったユーザー同士でかんたんにコミュニケーションできる手軽さなどから、ユーザー数は爆発的に増加しました。

Facebookが日本に上陸したのは2008年5月で、当時はmixiやモバゲー、GREEといったSNSが台頭していたためにFacebookのユーザー数は一時期伸び悩んでいました。しかし、Facebook社の発表によれば、2017年9月時点での日本における月間アクティブユーザーは2,800万人となっています。利用者の年齢層は40代を中心に、20代から60代の人々まで幅広く分布しています。

個人アカウントでのユーザー数が増加するなか、同時に企業によるFacebookページへの参入も増え、2017年9月時点では全世界で6,500万ページを越えています。

facebook
Facebookを使うと、友達や同僚、同級生、仲間たちとつながりを深められます。ケータイ、スマートフォンからもアクセスできます。
アカウント登録
情報のプライバシーは設定で管理できるので安心です。
アカウント登録

Facebook（https://www.facebook.com/）は日本での2,800万人のユーザーのうち、その多くはモバイルからのアクセスとなっています。モバイルユーザーが多いのも、Facebookの特徴の1つです。

Memo アクティブユーザー数

Facebookの公式発表によれば、日本における月間アクティブユーザー数は2,800万人となっております。SNSやWebサービスでは登録したものの利用していないということも往々にしてありますが、Facebookの場合は登録後も継続して利用しているユーザーが非常に多いといえます。

Hint Facebookは実名が原則

Twitterがニックネームや匿名でも登録可能なのに対して、Facebookは原則として実名制をとっています。実名制度を取ることで友人関係のつながりができやすくなり、ユーザー間の信頼性が高くなっています。このことがFacebookを成長させてきたポイントの1つでもあります。

2 「いいね!」で広がるコミュニケーション

Facebookでのアクションの象徴として、「いいね！」という言葉があります。これは、ユーザーが投稿したコメントや画像に対して必ず設置されるボタンの名称です。Facebookでは、「タイムライン」と呼ばれる画面に、「友達」に登録したユーザーの投稿が次々と表示されていきます。

Facebookでの交流はタイムラインの中で「いいね！」ボタンをクリックしたり、「コメント」する、あるいは「シェア」するといったアクションを起こしていきます。これらのアクションはユーザーの友達、さらに「友達の友達」にも知らされ、広まっていきます。この情報拡散力の高さがFacebookの特徴の1つであり、強みになっています。

アクションを起こすと広く伝わるFacebook

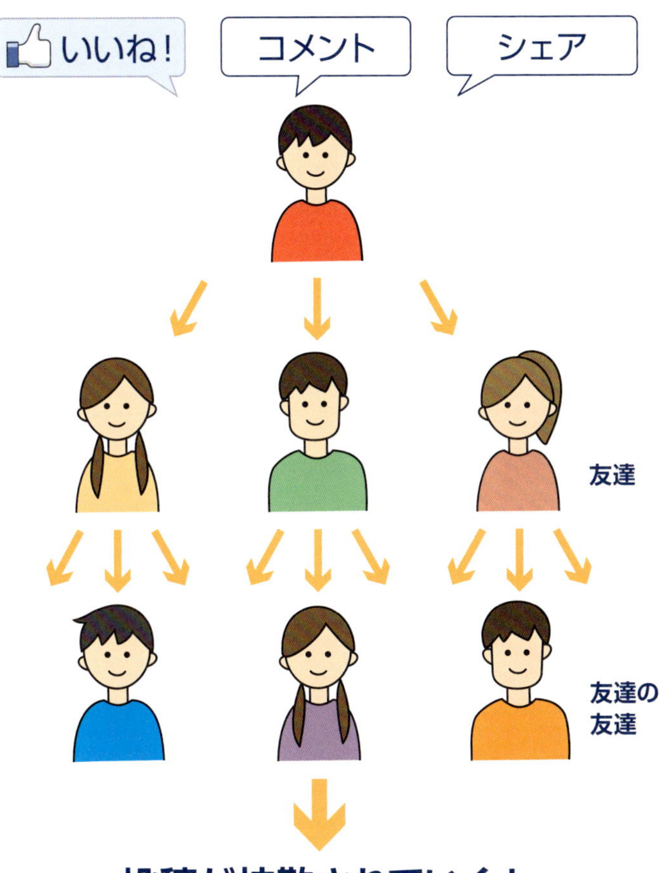

Keyword タイムライン

タイムラインとは、ユーザーがFacebookに投稿したコメントや画像だけでなく、学校への入学・卒業、引っ越しや結婚といったライフイベントなどの内容が時系列で表示されるものです。Facebookではタイムラインのいちばん下は「誕生」となっており、ユーザーが生まれた時点から現在までの出来事をたどるような構成になっています。

Hint 災害時の活用も期待されている

東日本大震災の際、都内では携帯電話やメールが通じにくくなりましたが、FacebookやTwitterのSNSは普段通り利用できていたことから、Facebookは「災害時安否確認」の機能をリリースしました。これは、友人・知人の安否確認や自分の状況を知らせるためのもので、災害時の情報インフラとしての活用が期待されています。

Section 02 Facebookページと個人アカウントの違いは?

覚えておきたいキーワード
- Facebookページ
- 個人アカウント
- ファン

Facebookでは、友達同士で交流や情報交換を行う「個人アカウント」と、企業やお店などが自社をアピールしながら、ファンと交流することを目的とする「Facebookページ」の2種類の使い方があります。利用範囲に違いがありますので、それぞれの役割と機能を知って的確な使い分けができるようにしましょう。

1 個人アカウントは友達との交流がメイン

Facebookの使い方には、個人として登録する「個人アカウント」と、企業や団体、芸能人や政治家などが自分自身をアピールするために利用する「Facebookページ」の2種類があります。

個人アカウントは、主に友達とのプライベートな情報交換や交流がメインです。一方、Facebookページでは、企業や団体などが自社、または自社製品やサービスのFacebookページを開設し、「ファン」になってくれたユーザーと交流したり、情報発信したりすることが中心となります。

大きな違いとしては、個人アカウントは自分から友達申請できますが、Facebookページでは友達申請はできないという点です。交流の対象が個人アカウントでは「友達や知り合い」、Facebookページでは「自発的にファンになってくれた人」であるからです。

個人アカウントのページ

Facebookページ

Keyword ファン

Facebookページに対して「いいね!」をクリックしたユーザーのことを「ファン」といいます。個人アカウントのユーザーがFacobookページの「ファン」になると、Facebookページの投稿がニュースフィードに表示されるようになります。

Keyword コミュニティ

Facebookページの右側に表示されている「コミュニティ」には、「いいね!」をクリックしてくれたユーザー数のほか、Facebookページの記事を購読(フォロー)しているユーザーの数がカウントされています。

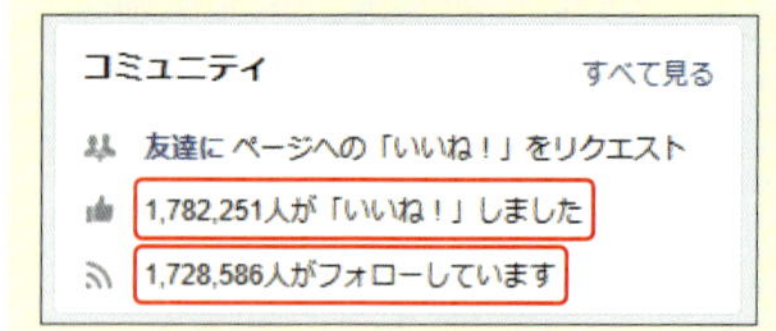

2 ビジネス利用に最適化されたFacebookページ

Facebookページはビジネス利用に最適化されているため、Facebookページにしかできない機能が存在します。アクセス解析ツール「インサイト」(第7章参照)がそれに当たり、Facebookページへのアクセス数やコメントをしたユーザー数などを分析することができます。投稿に対しどのような反応があったか、どのような層のユーザーが反応したかなどを把握することができるので、投稿の改善など運営に役立てることができます。

その一方で、個人アカウントでは行えても、Facebookページでは行えない機能もあります。たとえば、個人アカウントでは相手のタイムラインに投稿したり、ユーザー同士でメッセージを送ったりといった直接交流ができますが、Facebookページからはできなくなっています。

このように、Facebookでは利用目的によって異なる機能を持たせています。

個人アカウントとFacebookページの違い

	個人アカウント	Facebookページ
管理	1人1アカウント	複数人で管理可能
友達(ファン)上限	5000人	無制限
友達申請	○	×
公開範囲の設定	○	○
インサイト	×	○
個人のタイムラインへの書き込み	○	×
個人へのメッセージ送信	○	×(ただし、ユーザーからメッセージを受けた場合に限り、メッセージのやりとりは可能)
フォロー	○	×
アカウント作成	1つ	無制限

インサイトはFacebookページへの反応について、詳細に分析することができます。

Memo 個人アカウントでビジネス利用はできない

Facebookでは、個人アカウントでログインしたタイムラインを営利目的で利用することを禁止しています。個人アカウントはあくまで個人利用かつ非営利の場合に利用し、企業や団体、ブランドなどの場合はFacebookページを使うというように、目的によって使い分けるのが原則です。

Hint Facebookページの公開設定

個人アカウントではタイムラインの公開設定を「友達」あるいは「友達の友達まで」「自分のみ」というように制限できますが、Facebookページでは、公開対象を年齢や国で制限することができます。日本人のユーザーだけに公開を留めたいといった場合などに設定するとよいでしょう。

Section 03 Facebookページを運営するメリットとは?

覚えておきたいキーワード
▶低コスト
▶情報発信
▶交流

Facebookページには、マーケティング上での活用に大きな期待が寄せられています。それでは実際に、企業やお店がFacebookページを作ってユーザーとの交流や情報発信を行うことによって、どのようなメリットが生まれてくるのでしょうか。Facebookページのメリットと、特徴を理解しておきましょう。

1 低コストでスタートできる

企業や団体がFacebookページを利用する際のメリットとして挙げられるのは、まず「低コストで作成できる」という点です。通常、企業が自社のカンパニーサイトを作ろうとすれば、社内外のWeb制作スタッフに依頼して作成することになります。その場合、社内であっても外注でも、金額はさまざまですがある程度のコストが発生します。

一方、Facebookページは、ページの作成や運営は無料です。また、作成自体も画像やテキストを用意すればすぐにできる手軽さがあります。場合によって「Facebook広告」(第6章参照)を利用して自社のFacebookページを宣伝するコストが発生することもあり得ますが、スタートアップにおいては非常に低コストではじめることができます。

Facebookページは、無料でスタートすることができます。作成は企業や団体の情報、画像などを設定するだけとお手軽です。

Keyword Facebook広告

Facebook広告は、Facebook上の個人のタイムラインやサイドバーなどに広告を出せるしくみです。年齢・性別・居住地などを絞り込んで、特定のターゲットに広告を出せるという大きな特徴があります。Facebookページの宣伝のために利用されているケースが多いです。

Hint 検索エンジンの検索結果からも閲覧できる

Facebookページは検索エンジンの検索結果にも表示されます。また、Facebookにログイン不要、かつユーザーでなくても閲覧できるので、検索エンジンの検索結果に表示されたときは誰でもすぐに見ることができます。

2 ファンへの情報発信や交流ができる

もう1つのメリットは「自社(製品、サービスなど)のファンへの情報発信や、直接交流ができること」です。

Facebookページの「いいね！」をクリックしてくれたユーザーは、ページに興味・関心を持ってくれた人や、気に入ってくれた人です。このような自社のファン(＝顧客)から生の意見を聞いたり、新しいサービスや製品の情報を伝えたりできることは大きな魅力でしょう。また、Facebookページ限定のサービスやキャンペーンを行えば、ユーザーにとってはお得感を得られ、キャンペーンをきっかけにさらにファンが増えることもあります。

さらに、コメントを通じて、ユーザー同士での交流が生まれることもあるので、クチコミで情報が広がることも期待できます。また、ユーザーからの意見や交流から得た情報は、マーケティング資料として、新規製品やサービスの開発に役立てることもできるでしょう。

このように、Facebookページを通じて顧客を囲い込みしたり、ファンサービスを行えることが大きなメリットといえます。

ファンとのコミュニケーションの例

湖池屋(https://www.facebook.com/koikeya/)のFacebookページでは新製品情報にコメントを付けたユーザーに対して1つずつレスポンスを付けています。

Memo ユーザーとのコミュニケーションが重要

Facebookページの運営にあたっては、何よりもユーザーとのコミュニケーションが大切になってきます。投稿はもちろん、コメントが付いた投稿へのレスポンス(返答)は欠かせません。投稿やコメントに割く時間がない……という状態では、Facebookページの運営は難しいといえるでしょう。

Memo キャンペーンにおける禁止事項

「Facebookプラットフォームポリシー」(https://developers.facebook.com/docs/apps/examples-platform-policy-4.5)では、Facebookページでのキャンペーンにおける2つの禁止事項が設けられています。1つ目に、Facebookにコンテンツを投稿するようユーザーに促したり、Facebookに投稿することで報酬が得られるような印象を与えたりすることは禁止されています。2つ目に、Facebookページに「いいね!」をするよう誘導したり、ページに「いいね!」することで報酬が得られるような印象を与えたりするキャンペーンも禁止されています。なお、1つの投稿へ「いいね!」をするよう誘導することは、許可されています。

一方、「利用者がFacebookを使ってアプリにログインしたときにインセンティブまたは報酬を与える。」「利用者があなたのスポットにチェックインしたときにインセンティブまたは報酬を与える。」「ゲームの認知度と再エンゲージメントを上げるため、紹介に基づく特典を使用する。」(たとえば、ユーザーの投稿を介してゲームをインストールした友だち全員に無料のゲーム内アイテムや、ゲームアイテムの割引を提供する)などの行為は許可されています。

Section 04

Facebookページを販促に活かすための方法を知ろう

覚えておきたいキーワード
- 新しい顧客
- 情報発信
- Always on

Facebookページを運用して自社の販売促進を行うには、**定期的な情報発信**が重要です。なぜなら、情報発信をすることで「いいね！」を付けてくれたファンのニュースフィードに表示され、**常につながりを持ち続ける**ことができるからです。

1 興味の薄いユーザーを新規の顧客にする

Facebookページに「いいね！」をしてくれるユーザーは、その企業やブランド、お店などが大好きな熱心なファンばかりというわけではありません。中には「この商品はどんな商品なんだろう」「今すぐ買うつもりはないけど、とりあえず情報を収集しておこう」「あのお店、行ったことないけどどんなサービスがあるんだろう」というような、いわば潜在的顧客も多数いるでしょう。そのようなユーザーに対し、Facebookページではしっかり情報発信を行うことで、「○○をそろそろ買おうかな。そういえば、Facebookページで好みの商品が紹介されていたっけ。よし、あれにしよう」というように、新規の顧客を獲得することができるようになります。**Facebookページは、ニーズがはっきりする前の消費者へアプローチを行うのに、最適な販促ツールといえます。**

新しい顧客と売上を作る

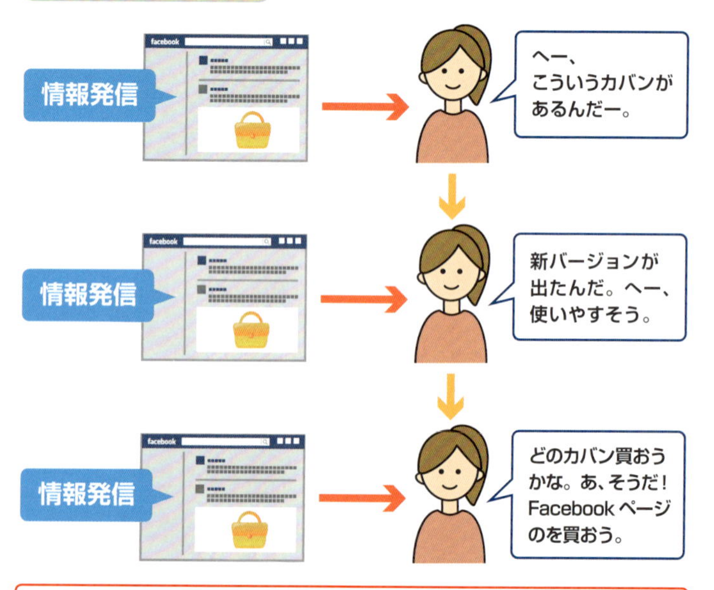

ファンとの接点を持ち続けて忘れられないようにすることで、結果として売上につなげることができます。

Memo 「いいね!」を付けても必ず表示されるわけではない

Facebookの個人アカウントユーザーがFacebookページに「いいね!」を付ければ、必ずそのユーザーのニュースフィードに投稿が表示されるというわけではありません。エッジランクと呼ばれるFacebook独自のアルゴリズムにより、表示のされ方が変わります（Sec.39参照）。

Memo スマホ利用の中心はSNS

日本国民のスマートフォン所有率について、総務省の平成29年度版「情報通信白書」（http://www.soumu.go.jp/johotsusintokei/whitepaper/h29.html ）によると2010年はわずか9.7％だったのに対し、2016年には71.8％と爆発的に普及しました。また、同白書では、年齢階層別SNS利用状況の調査において、2016年の13～69歳のSNS利用割合が前年と比べ上昇していることを報告しています。このことから、SNSでの販促活動が有効であることがわかります。

2 定期的な情報発信でファンとつながり続ける

では、潜在的な顧客を新規の顧客にするためには、どのようにFacebookページを運営すればよいのでしょうか。それは、何より定期的な情報発信を行うことにほかなりません。Facebookページから発信される情報を定期的に見てくれれば、いざ購入しようとしたときに検討してもらえる可能性が高まります。しかし、ほとんど情報が発信されないのであれば、ファンとの接点が希薄になり忘れられてしまうこともあるかもしれません。

Facebook社では、これからマーケティングを行う上で「Always on」という考え方が重要であると提言しています。「Always on」、つまり「常につながっている状態」が必要であるとしており、Facebookページで情報発信を定期的に行うことは、この状況を作り出すための必須の作業といえます。
少しでも多くファンとの接点を持つようにし、Always onの状態を続けることで、もし、ファンが自社で取り扱っている商品やサービスの購入を検討する際に、「Facebookページのあれを買おう」と思い出してくれれば、新たな顧客として売上を獲得することとなります。

定期的に情報を発信する

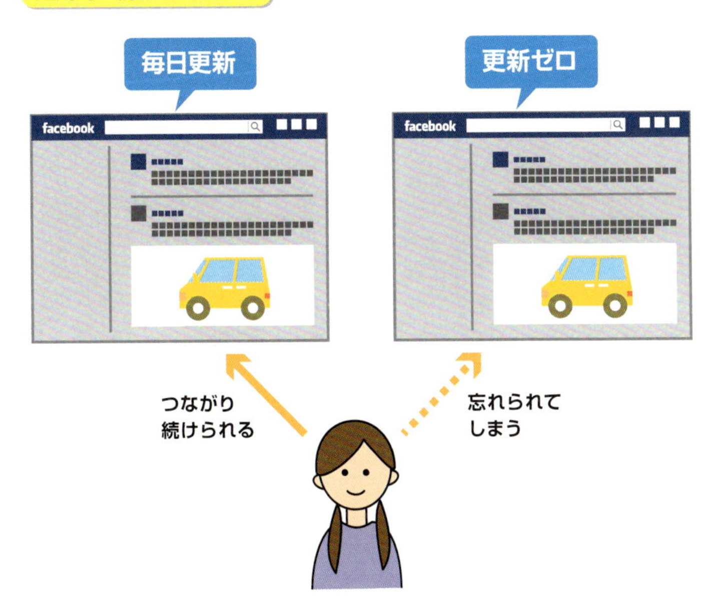

定期的に情報に触れることで興味は強まりますが、あまり情報発信がないと興味は薄れ、忘れられてしまいます。

Memo Facebook広告で販促する

Facebookによる販促には、特定のターゲットを絞り込み、ピンポイントで広告を表示させるFacebook広告もあります。Facebook広告では出稿の開始や終了の設定、料金などを自由に設定することができます（第6章参照）。

Hint 「潜在的な顧客」から新しい顧客にする

まったくのゼロベースから新しい顧客を作ることは大変です。多少なりとも自社の名前程度は知っていたり、興味を持っていたりする「潜在的な顧客」を新しい顧客にするほうが、ハードルは低くなります。まずはFacebookページに「いいね!」を付けてもらい、ファン（潜在的な顧客）になってもらうことからはじめましょう。

Section 05 Facebookページで何を達成したいか決めよう

Facebookページを作成、運営するにあたり、自社が何を目的とし、何を目標とするかをはっきりと決めておくことが大切です。はじめる前に方針をはっきりさせて、運営の体制を整えましょう。

覚えておきたいキーワード
- 目標設定
- KGI
- KPI

1 Facebookページを作る目的を確認する

Facebookページをはじめるときは、どんな目的ではじめるかをはっきりとさせ、また、何を達成させたいかなどの目標を設定しておく必要があります。目標がはっきりしていなければ、どれだけのペースで記事を投稿し、どのようにコメントを付けていくかといった運用ルールも決められません。

Facebookページを作る目的としては、自社を紹介するものにするのか、あるいは製品やサービス紹介をメインとするかなど、どのようなFacebookページにするのかにもよりますが、主に次のようなものが考えられます。

①企業・団体のブランディング、広報
②自社製品・サービスの販促、新規顧客開拓
③ユーザー交流のコミュニティ

目的が定まれば、Facebookページで行うアクションの内容や指針も決めることができます。Facebookページを作りはじめる前に、まずはどんな目的で開設するのかを決めておきましょう。

Facebook公認のナビゲーションサイト「Facebookナビ」（https://f-navigation.jp/）では人気のFacebookページのランキングを掲載しています。人気のあるFacebookページを見て、どんな目的で運営しているかなどを研究しましょう。

Keyword ブランディング

ブランディングとは、自社そのもの、または自社の製品やサービスについて、他社との違いや特徴を明確にする活動であり、企業価値を高め、ユーザーからの信頼を得るための行動をいいます。たとえば、自社のロゴマークを決めるといったこともブランディングの1つです。

Hint Facebookページを採用活動に利用

企業ではFacebookページを新卒の採用活動に利用している例もあります。2018年度採用の例では、楽天、成城石井、ライオンなど、あらゆる業種の企業が利用しました。この手法をソーシャルリクルーティングといいます。社員紹介や学生同士の情報交換の場を設けることで、優秀な人材採用や学生とのコミュニケーションの場として役立てているようです。

2 KGI・KPIを設定する

企業などですでにWebサイトを運営しているのであれば、目標としているアクセス数、コンバージョン（成約）数、コンバージョン率といった数値をアクセス解析ツールで確認する作業が行われていると思います。Facebookページでも同様に、ページへの「いいね！」数や、投稿への「いいね！」数、ページビュー数、コメント数といった数値を記録し、目標値にどれだけ到達しているかを確認する効果測定を行いましょう。

そのためにもFacebookページを運営するにあたっての目的は何なのか（KGI）をはっきりさせ、その目的を達成に近づいているかどうかの目安として、「いいね！」の数などを中間指標（KPI）に設定することが大切です。

たとえば、自社のECサイトなどへ誘導することがKGIであるなら、そのKPIは、Facebookページにおけるページビュー数、アクセス数、投稿への「いいね！」数のほか、ECサイトへ誘導できている人数やFacebookページ導入後のECサイトでのコンバージョン率というようになります。

ただし、これはあくまで一例です。自身の目的によってモニタリングすべき数値を設定し、効果測定と改善を行いましょう。

設定すべきKGI・KPIの例

KGI（運用の目標）

- 新規顧客の獲得数
- 売上率
- 自社サイトへの誘導数・率
- 優秀な人材の採用率

……など

KPI（KGI達成のための参考指標）

- ページへの「いいね！」数
- コメント数
- 投稿への「いいね！」数
- ページビュー数
- 投稿に反応があった回数

……など

数値化できるデータを見ながら効果を確認し、改善していくことが大切

Keyword KGI

KGI（Key Goal Indicator）とは「重要目標達成指標」のことで、何を目標・成果とするかという経営目標のことをいいます。

Keyword KPI

KPI（Key Performance Indicator）とは目標達成のためにモニタリングするべき「重要業績評価指標」のことをいいます。

Keyword ECサイト

EC（Electronic Commerce）とは「電子商取引」のことで、ECサイトとはインターネット上で商品を販売するWebサイトのことをいい、オンラインショップとも呼ばれています。個人で運営するネットショッピングサイトのほか、Amazon.co.jpや楽天市場など大手のサイトも含まれます。

Section 06

Facebookページを管理するルールを決めよう

覚えておきたいキーワード
- ▶管理体制
- ▶ルール
- ▶運用フロー

Facebookページを管理、運用するということは、ネット上でユーザーとコミュニケーションを活発に行っていくということです。企業や団体としてどのようにユーザーと関わるか、運用チームの体制はどうするかをあらかじめ決めておきましょう。

1 Facebookページの運用マニュアルを策定する

Facebookページを開設する目的、目標を設定したら、次は運用体制とルールを決定します。具体的には、「Facebookページ運用」という1つのプロジェクトとして考え、スタッフとして関わるメンバーと運用の担当者・責任者を決定し、運用マニュアルを策定しましょう。

すでに社内でWebサイトを運用している場合は、同じ体制を流用するとスムーズに運営できるでしょう。Webディレクターがルールの策定やスケジュールの決定、社内の協力体制の確認などを行い、コンテンツ・制作チームはWebデザイナーやライターに画像や投稿する記事の執筆依頼を行い、運用チームは実際の投稿やコメントへの返信を行うなど、役割を明確にしておきます。Facebook広告を利用するなら、広告・宣伝担当者が予算の設定を行う必要もあります。

このような体制がない場合でも、リーダーを1人決定し、スケジュールを組んでFacebookページの開設までのタスクを確認しましょう。

運用体制の例

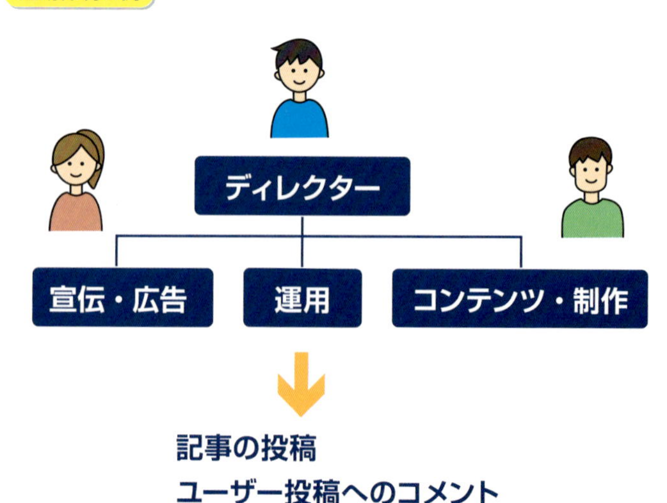

Hint　1人体制で運営する場合

Facebookページ担当者は1人だけ、という場合もあるでしょう。その場合とくに大切になるのは、自分が不在の場合における対応です。投稿は予約投稿の機能に頼り、緊急時には別部署や社員との協力体制を作っておくことが必要です。

Step up　マイルストーンを設定する

設定した目的（KGI）とスケジュールに合わせて、マイルストーン（道標）を策定することも大切です。新規ユーザーの獲得が目的であれば、ある段階で新規ユーザーを囲い込むためのキャンペーンを実施するといったように、マイルストーンとなるイベントを設定することも検討しましょう。

Memo　管理人について

本書では、Facebookページを操作可能な人を「管理人」といいます。管理人には役割ごとに権限を与えられるので、役割に応じて設定しましょう（Sec.16参照）。

2 開設までのタスクと運用フロー

Facebookページの開設が決定したら、いつまでに作成し、公開をするかといったスケジューリングとタスクの整理をします。さらに、公開後はどれくらいのタイミングで投稿を行うか、投稿用の記事を作成した場合の社内の承認機関、ユーザーからのネガティブなコメントや「炎上」の元になりそうなコメントが書き込まれた場合、どのように対応するのか、という運用フローの策定を行う必要があります。

運用フローの中でもとくに重要なのは投稿のタイミングと、ユーザーからのネガティブなコメントやクレームに対して素早く対処できる体制づくりをすることです。たとえば、投稿用の原稿作成から内容の確認、そして実際に投稿するまでの手順を具体的にし、投稿用の原稿をストックして予約投稿を行えば、定期的な投稿が可能になります。フローを固めておけば、負担の少ない運用ができるでしょう。

Facebookページ開設前・開設後のタスクの例

開設準備期間

- 運用方針の策定
- Facebookページの名前の決定
- 基本情報（名前、URL）の入力
- 管理人などの設定作業
- 投稿原稿のルール決定（内容、文体など）
- 画像の準備（カバー画像、投稿用画像）
- 投稿用テキストの準備

開設

開設後

- 投稿原稿作成から承認、投稿
- 記事の投稿（週○回、曜日、時間）
- コメントへの返信（週○回、その都度、など）
- コメントの監視
- ユーザーからの質問の対応
- ユーザーからのネガティブな投稿やクレームへの対応
- 効果測定、改善

開設までに行うべきタスクと、開設後のタスクの例です。スムーズに運用できるよう、開設後のタスクについてのルール策定をきちんと行いましょう。

Memo 開設までの期間

特別に「いつまでに開設したい」という希望がない限りは、1ヶ月程度の余裕を見て準備するとよいでしょう。Webサイトの制作と違い、Facebookページの開設時に用意するべき素材は画像とテキストだけですが、これらを外部に発注する際は余裕を持ったスケジューリングが必要です。

Hint 予約投稿

Facebookページには予約投稿の機能があり、日時を選択することができます。この機能を使えば、連休など、担当者が長期間の休暇を控えているときはもちろん、投稿をストックしておき、定期的な投稿を実現するために活用することができます。

Section 07

ソーシャルメディア利用の方針を決めよう

覚えておきたいキーワード
- ソーシャルメディア・ガイドライン
- コミュニケーションの運用ルール
- Facebook利用規約

ソーシャルメディアを利用するにあたって、利用したときのメリットとリスクを理解しておく必要があります。それらを踏まえて、ソーシャルメディア利用における方針を決定しておくことが大事です。具体的なポリシーとガイドラインを決定し、どのようにSNSを活用するのかをメンバー間で共有しましょう。

1 ソーシャルメディア利用のガイドラインを策定する

ソーシャルメディアはユーザー同士が情報交換を手軽に行えることで活用が進んでいますが、一方でソーシャルメディア上でのトラブルも起きています。いわゆる「炎上」が起きたとき、問題の発端となった発言をしたユーザーが属する企業に対しても影響が及ぶことがあります。

ソーシャルメディアを十分活用し、トラブルを回避するためには、企業内など、SNSを利用する関係者がメディアリテラシーを向上させ、関係者のあいだでポリシーとガイドラインを策定し、共有することが必要です。

コカ・コーラ社「ソーシャルメディア担当者に対して求めること」(一部抜粋)

- 公認アカウントにおいて、正式にコカ・コーラシステムを代表する立場として発言する場合、規定のトレーニングプログラムを修了して、認定を受けねばなりません。
- ソーシャルメディア上で発言する場合、その内容は誤解を招く曖昧な表現は避け、正確でなければなりません。

ソーシャルメディア・ガイドラインを公開している企業(例)

日本コカ・コーラ ソーシャルメディアガイドライン	https://www.cocacola.co.jp/company-information/social-media-guidelines
インテル・ソーシャルメディア・ガイドライン	https://www.intel.co.jp/content/www/jp/ja/legal/intel-social-media-guidelines.html
住友3M 個人向けソーシャルメディアガイドライン	https://www.mmm.co.jp/corporate/sns/socialmedia.html
新出光イデックスグループ ソーシャルメディアガイドライン	https://www.idex.co.jp/socialmedia/

多くの企業では自社でソーシャルメディアのガイドラインを定めています。他社の事例を参考にしながら作成しましょう。

Memo 「ポリシー」と「ガイドライン」

ポリシーは規範や方針のことをいいます。「ソーシャルメディアポリシー」は、SNS上でトラブルを起こさず、コミュニケーションを取るための考え方を決めるものです。ガイドラインは、ポリシーに基づいて、ルールを定めたものです。また、多くの企業で策定しているソーシャルメディア・ガイドラインはFacebookだけでなくTwitterやInstagram、ブログといったソーシャルメディア全体に対する考え方として策定されています。

Hint 炎上はなぜ起きるか

炎上は主に、ソーシャルメディア上で問題発言や問題行動を起こし、それが拡散されて多くのネットユーザーに広まることをいいます。また、実社会で起きた出来事がネット上にも広まるという形でも起きることもあります。つまり、ネット上での行動に問題がなくとも炎上は起きる可能性があるといえます。炎上してしまった場合は、いかに迅速に、誠実に対応するかが早く「鎮火」させるためのポイントです。

2 コミュニケーションに関する運用ルールを策定する

Facebookページはユーザーと交流できることが大きな特徴です。そこで、Facebookページを運用する際は、「いいね！」やコメントを投稿してくれるユーザーに対してどのように対応するかといったコミュニケーションの運用ルールを決めておきましょう。ルールを策定しておけば、ユーザーへの対応の質が均一化し、相手や状況によって対応が変わるといったことが起こりません。

具体的には、ユーザーからの投稿やコメントにどう対応するかなどを決定します（1人ずつ返信する、あるいはコメントに「いいね！」をするなど）。これについては、対応してもすべてのコメントに返信できない旨を記載している企業が多いようです。また、問い合わせは投稿でも受け付けるのか、あるいはメッセージでのみ受け付けるかといった内容を検討しておきます。

ユーザーとの交流は、エッジランクを考えるうえで非常に重要です（Sec.39参照）。Facebookページを持つ企業の多くがコミュニティガイドラインを定めているので、それらを参考にしてコミュニケーションの運用ルールを作成しましょう。

コミュニケーションの運用ルール例

- 「いいね！」やシェアをしてくれたユーザーへの対応は？
- コメントに返信をする？
- ユーザーからの質問には回答する？
- コメントに「いいね！」を付ける？
- ユーザーからメッセージを受け付ける？
- ネガティブなコメントの対処法は？
- 削除対象のガイドラインは？

etc...

コミュニティガイドラインを公開している企業（例）

シャープ　公式FBページ コミュニティ・ガイドライン	http://www.sharp.co.jp/corporate/socialmedia/fbgl.html
京王百貨店 公式Facebookページ コミュニティ・ガイドライン	https://www.keionet.com/info/shinjuku/fb/guideline/index.html
損保ジャパン日本興亜 公式Facebookページ コミュニティ・ガイドライン	https://www.sjnk.co.jp/facebook/guideline.asp
セイコーウォッチ株式会社 コミュニティガイドライン	https://www.seiko-watch.co.jp/guideline/

日本国内の企業が策定し、公表しているコミュニティガイドラインの例です。それぞれの企業の考え方によって違いが出ているので、参考にしましょう。

! Hint メッセージを受け付けるか設定する

Facebookページはユーザーからのメッセージを受け付けるかどうかを設定することができます（<設定>の<一般>をクリック）。メッセージを一切受け付けない代わりに、ユーザーからの問い合わせをすべて投稿のコメント欄で受け付け、オープンにするというやり方もあります。

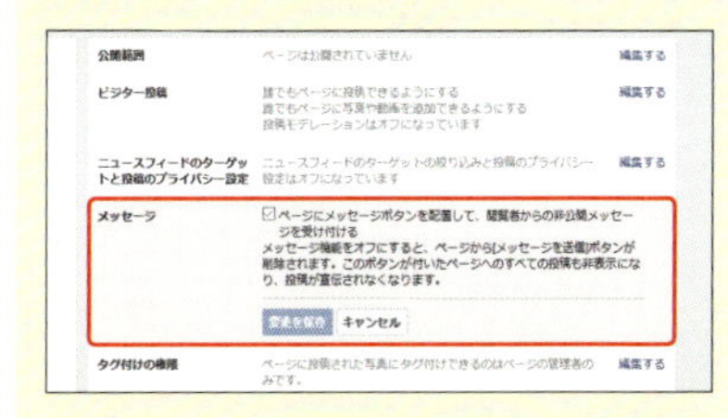

3 Facebookの利用規約は十分チェックする

Facebookは頻繁に仕様変更やルール、ガイドラインの変更を行うことでも知られています。これまで利用していた機能が仕様変更で使えなくなったということも珍しくありません。そのため、利用規約やガイドライン変更の情報は常に注意し、変更を反映させなければなりません。

ガイドラインからはずれたFacebookページは、発見され次第アカウントを削除されることもあります。そうなればせっかく開設し、ファンも増えているのに1から出直しということになり、また、アカウントを削除されたということ自体も企業のイメージを損ないかねません。なお、Facebookの利用規約は日本語での翻訳版が表示されていますが、英語版との違いがあれば英語版が優先されます。英語のため少しハードルが高いですが、ブラウザの翻訳機能や「Google翻訳」などの翻訳サイトを利用して、チェックしておきましょう。

Facebookの利用規約とガイドラインは「Facebook利用規約」(https://www.facebook.com/policies)に集約されています。細かな禁止事項も存在するため、Facebookページを運営するのであれば、ここに掲載されている規約はすべて把握しておきましょう。

! Hint ニュースルームとFacebook developersも確認しておく

最新の情報はニュースルーム(https://ja.newsroom.fb.com/)に、モジュールの開発に関係する情報はFacebook developers(https://developers.facebook.com/)にそれぞれ日本語および英語で掲載されます。

Facebookニュースルーム

Facebook developers(本文は英語)

! Hint Google翻訳を利用する

Googleが無料で提供しているサービス「Google翻訳」(https://translate.google.co.jp/)には、英文やWebサイトを日本語に翻訳する機能があります。左の入力欄に翻訳したいWebサイトのURLを入力し、右に表示されたURLをクリックすると、日本語表示されます。機械翻訳のため100%正しくは表示されませんが、内容を把握するためのヒントとして確認ができます。

1 翻訳したいWebサイトのURLを入力し、

2 表示されたURLをクリックすると、Webサイトが日本語翻訳されて表示されます。

第2章

Facebookページを作成しよう

Section 08

最初にFacebookページの名前を考えよう

覚えておきたいキーワード
▶Facebookページ名
▶Facebookページ利用規約
▶検索

Facebookページの作成時には名称の入力が必要ですが、名前を決定するには戦略が必要です。Facebookページでアピールしたいことを中心にして決定しましょう。また、記号や日付の使用など、利用規約に違反していないかの注意も必要です。

1 規約に沿った名前を考える

Facebookページを作成するとき、ユーザーに対してアピールしたいことを中心にして、Facebookページの名前を決定します。たとえば、企業や団体であれば会社・団体名、製品やブランドならそれらの名前を名称として入力することになるでしょう。

しかし、このときに注意するべきなのがFacebookページの利用規約です。ヘルプセンターの「Facebookではどんなページ名が認められますか。」(https://www.facebook.com/help/519912414718764)には、Facebookページの名前についての制限事項が記載されており、この規約に沿った名称でなければ利用することができません。

このページでは、具体的な名称のルールが説明されています。とくに注意が必要なのは、ブランドや場所、組織、著名人の公式ページ以外、「公式」という単語を用いてはいけないということです。そのほか、ページ名を一般的な単語(「ピザ」など)だけや、一般的な地域の名前だけで構成することも禁止されています。「Facebook」という言葉や変形させたものの使用も禁止です。

Facebookページ名の制限事項

- 一般名詞だけを使用することはできません。
  例:○ビール大好きクラブ
  ×ビール
  ×ピザ
- ローマ字を使用する場合は、文法的に正しい適切な大文字表記を使用します。略語を除き、大文字のみの使用はできません。
  例:○Linkup
  ×LINKUP
  ×fOOds oF tHE wOrld
- 記号や不要な句読点の使用はできません。
  例:×。。リンクアップカフェ。。
  ×™
  ×®

Hint 一般的な地名を入れたい場合

Facebookページの名称に「東京」「ニューヨーク」という地名だけを使った名称は使えませんが、団体名に元から地名が入っている場合は使うことができます(例としては「○○大会in東京」「FC東京」など)。

Memo そのほか禁止されている名称

不適切な、または人の権利を侵害する可能性がある言葉やフレーズをFacebookページの名称にすることは、禁止されています。アスタリスクや記号で部分的に隠された言葉の使用も禁止です。

2 検索されやすい名前／わかりやすいURLを考える

Facebookページの名称は、検索されやすい名前であり、ほかのページと似過ぎた名前にならないよう配慮する必要があります。Facebookページは検索エンジンの検索結果にも表示されるので、もしも、検索エンジンの上位に出てくる単語があればそちらを名称として使うべきでしょう。また、名称の候補をいくつか挙げたら、Facebook内で検索し、同業他社などに同じような名前がないかを確かめてみましょう。

もう1つ決めておくべきは「FacebookページのWebアドレス」です。Facebookページ作成の過程で、自分の好きなURLを設定することができます。このアドレスもわかりやすいURLにしておくとよいでしょう。

なお、一度決めたFacebookページの名称を変えたいという場合は、「ページ情報」のページから名称変更の申請を行うことができます（Sec.13参照）。しかし、現状の名前から大きく変更される場合、申請が通りにくいことがあるため、注意しましょう。

Facebook内で「ソーシャル・ネットワーキング」という単語で検索すると、似たような名称のFacebookページがたくさんヒットします。差別化を図るためにも、できるだけ同じような名称にならないよう注意しましょう。

Memo ユーザーネームの設定

好きなFacebookページのWebアドレスを取得するには、ページにユーザーネーム（Sec.14参照）を設定する必要があります。検索時に見つけやすくなる、という効果も得られるので、ぜひ設定しておきましょう。

Hint ページの名称を変えても、Webアドレスはそのまま

Facebookページの名称を変更しても、Webアドレス（URL）に影響はありません。また、URLを変更しても名称が変わることはありません。ただし、もしも名称を変更したら、URLについても名称にマッチしたURLになっているかを再確認しておきましょう。

Section 09

Facebookの個人アカウントを作成しよう

覚えておきたいキーワード
- アカウント作成
- プロフィール情報
- 登録

Facebookページを運用するには、Facebookの個人アカウントを取得する必要があります。まだ個人アカウントを持っていない方のために、ここでは、Facebookの個人アカウントを作成する手順を紹介します。なお、アカウント作成にはメールアドレスが必要です。

1 個人アカウントを作成する

Facebookページを作成、運用するにはFacebookの個人アカウントが必要です。先に個人アカウントを取得しておきましょう。また、できれば個人アカウントを取得して「友達」がある程度増えている状態にあるとよいです。これは、Facebookページを作成したことを「友達」に知らせることができ、認知度を上げやすくなるためです。

登録作業はパソコンのほか、スマートフォンからでも可能です。

Facebook「https://www.facebook.com/」にアクセスします。

1 氏名、メールアドレス、パスワード、生年月日と性別を入力、選択して、

2 <アカウント登録>をクリックします。

Memo 実名で登録する

Facebookは実名制を採用しているので、ニックネームやハンドルネームなどの偽名での登録を認めていません。登録自体は可能ですが、Facebook側で偽名と疑われたものはアカウント停止の処分を受けることがあります。アカウントを停止されないためにも、実名で登録することをおすすめします。

Hint 名前に使用できないもの

Facebookでは名前には次のものを利用することはできません。

①記号、数字、不要な大文字、繰り返し文字、句読点
②複数の文字種（漢字とローマ字など）
③肩書き（職業上や宗教上などの）
④名前に代わる語句またはフレーズ
⑤あらゆる種類の不快または露骨な語句（差別や偏見を含んだ表現のものなど）

3 パソコンの通知に関する選択画面が表示されるので、<後で>または<オンにする>をクリックします。ここでは<後で>をクリックします。

4 手順**1**で入力したメールアドレス宛に送信されたコードを入力し、

5 <次へ>をクリックします。

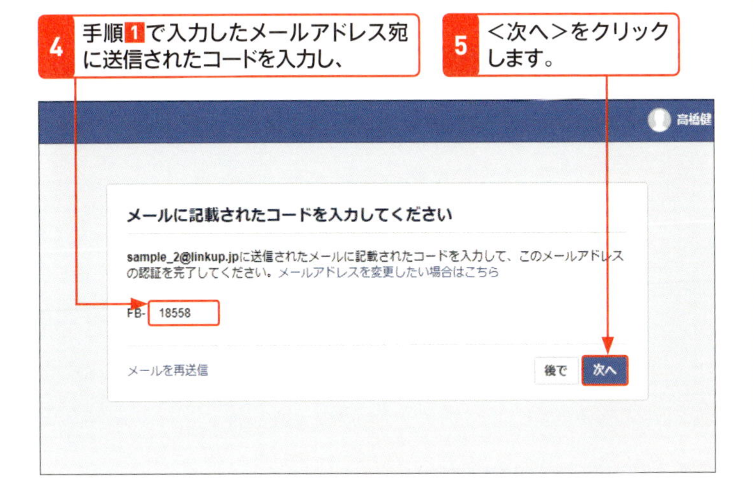

6 「アカウントが認証されました」と表示され、登録が完了します。

7 <OK>をクリックします。

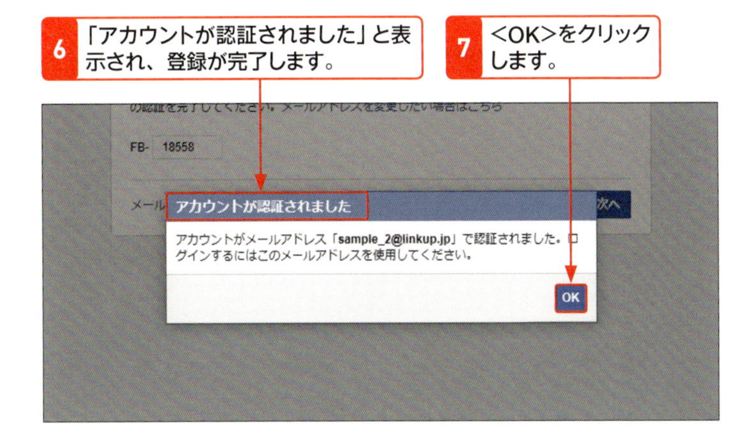

! Hint 確認メールが届かない場合

登録の段階で、Facebookのシステム側から届く確認メールが送信されますが、もしも届かない場合は、迷惑メールなどに振り分けられていないかを確認したうえで、Facebookの画面上から<メールを再送信>をクリックします。

! Hint 登録した名前を変更する

アカウント登録時に登録した名前は、一度登録すると60日間変更できません。名前を変更するには、Facebook画面右上の▼から<設定>をクリックし、「名前」を変更します。

Memo プロフィールの入力

Facebookページの作成直後は「いいね!」がもらいにくいため、まずは友達をFacebookページに招待することがおすすめです（Sec.23参照）。そのためにも、個人アカウントのプロフィールはしっかり入力し、友達ともつながっておきましょう。

8 再度以下の画面が表示されたら、＜後で＞または＜オンにする＞をクリックします。ここでは、＜後で＞をクリックします。

9 ホーム画面が表示されます。左側の名前にマウスカーソルを乗せ、表示された…をクリックし、

10 ＜プロフィールを編集＞をクリックします。

11 ＜基本データを編集＞をクリックします。

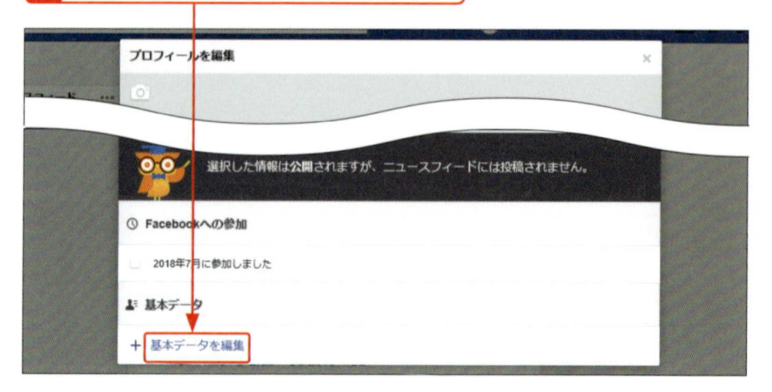

12 ＜写真を追加＞をクリックし、＜写真をアップロード＞をクリックすると、プロフィール写真の設定ができます。

13 ＜基本データ＞をクリックし、

14 各項目をクリックすると、プロフィールが入力できます。ここでは例として＜住んだことがある場所＞をクリックし、

15 ＜居住地を追加＞をクリックします。

16 居住地を任意で入力し、

項目により公開範囲を設定できます。地球儀のアイコンをクリックして＜友達＞または＜自分のみ＞を選択します。

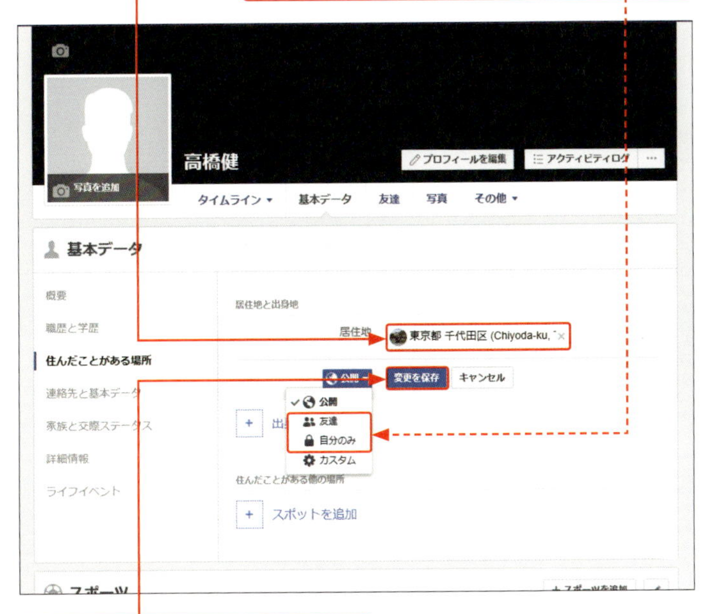

17 ＜変更を保存＞をクリックします。

Memo プロフィール写真の設定

Facebookでは利用者に、実名および実在の情報を提供することを規約で求めています。これによれば、プロフィール写真は本人の顔写真であることが望ましいです。中には顔写真ではなく、子ども時代の写真やペットの写真などを使っている例も多数見受けられますが、ビジネスに活用しようと考えているのであれば、自分の顔がわかる写真を設定することで、個人アカウントに対する信頼性が高まります。

Hint 入力すると候補が表示される

手順16で居住地を入力すると、Facebookに登録されている場所であれば、候補が表示されるので、クリックして選択しましょう。

Section 10

Facebookページを作ろう

覚えておきたいキーワード
▶Facebookページを作成
▶基本データの入力
▶プロフィール写真

いよいよ、実際にFacebookページを作成してみましょう。Facebook上での操作はかんたんで、４ステップで完了します。作成作業を行う時点では、最低限、Facebookページ名を決めておきましょう。プロフィール写真の画像も用意できているとベストです。

1 Facebookページを作成する

Memo 個人アカウントでログインしておく

Facebookページの作成に入る前に、あらかじめ個人アカウントでログインしておきます。Facebookページは、個人アカウントにひもづけられる形で作成されます。

「https://www.facebook.com/」にアクセスし、ログインしておきます。

1 ▼をクリックし、

2 <ページを作成>をクリックします。

3 Facebookページの大カテゴリ（ここでは「ビジネスまたはブランド」）の<スタート>をクリックし、

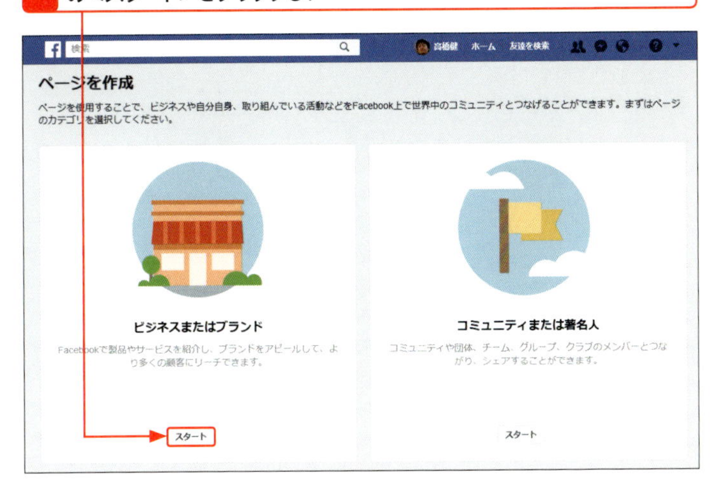

4 <ページの名前を入力してください>をクリックして、

5 ページの名前（会社名）を入力します。

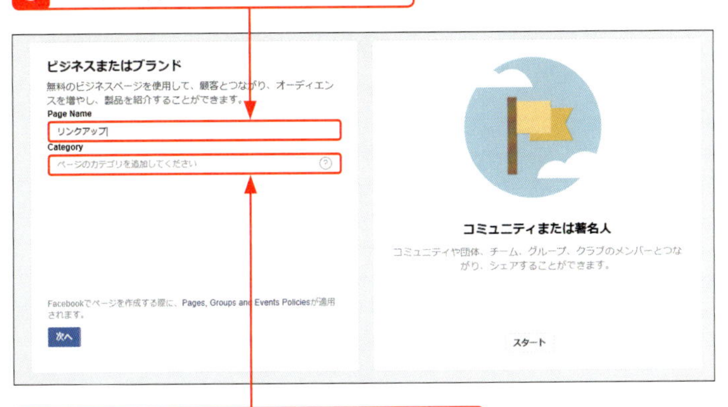

6 <ページのカテゴリを追加してください>をクリックします。

Memo コミュニティまたは著名人

企業であれば「ビジネスまたはブランド」を選択します。著名人や趣味のFacebookページを作成するといった場合は、「コミュニティまたは著名人」を選択します。

> **! Hint** プロフィール写真の設定はスキップできる
>
> プロフィール写真はこの場で設定しなくても、手続きをスキップすることができます。また、あとから別の画像に変更することも可能です（Sec.19参照）。

7 小カテゴリを入力し、

8 候補の中からカテゴリをクリックして、

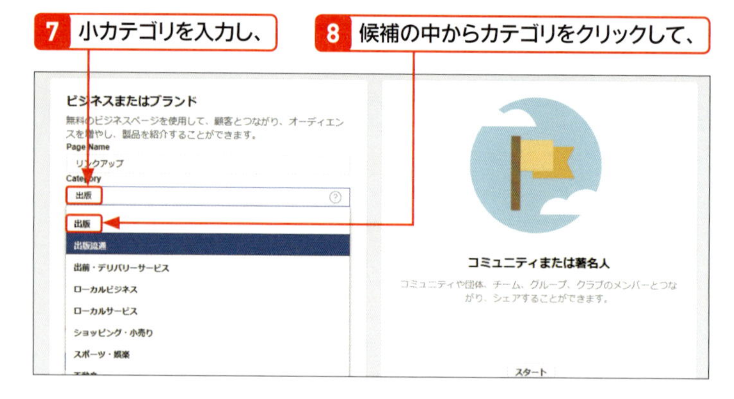

9 <次へ>をクリックします。

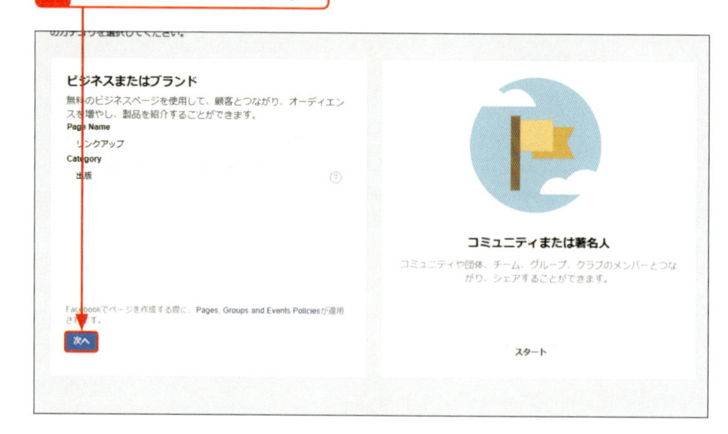

10 プロフィール写真の設定画面が表示されます。

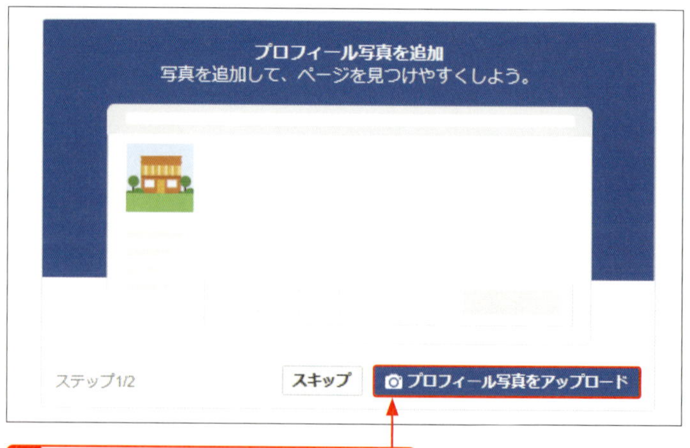

11 <プロフィール写真をアップロード>をクリックします。

12 設定したい画像ファイルを選択し、

13 <開く>をクリックします。

14 カバー写真の設定画面が表示されます。

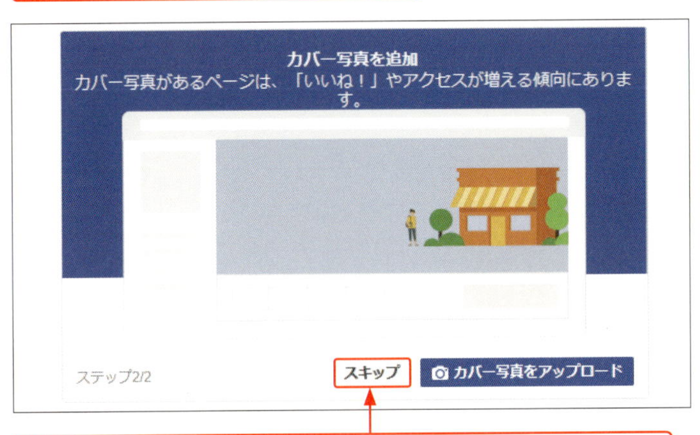

15 ここでは<スキップ>をクリックします（Sec.19で設定を行います）。

16 Facebookページが作成されました。

Memo プロフィール写真のサイズ

プロフィール写真は、パソコンでは170×170ピクセルの正方形で表示されます（スマートフォンでは128×128ピクセル）。長方形の画像をアップロードした場合は、正方形にトリミングされて表示されます。また、ぼやけた画像にしないためには320×320ピクセル以上のものにすることをおすすめします。

Hint 作成したら非公開にしよう

Facebookページを作成したら、詳細な設定が完了するまでは非公開にしておきましょう（Sec.12参照）。

Section 11

Facebookページの画面の見方を覚えよう

覚えておきたいキーワード
- アカウント切り替え
- 画面構成
- タブメニュー

管理者は個人アカウントからFacebookページに自由にアクセスして作業することができます。Facebookページの画面からは、投稿や各種設定、インサイトの確認などを行うことが可能です。

1 Facebookページを表示する

作成したFacebookページは、自分の個人アカウントのページからかんたんにアクセスすることができます。個人アカウントでログインを行い、以下の手順でFacebookページを表示します。

1 個人アカウントで、▼をクリックします。

2 「Facebookページ」の下の＜（Facebookページ名）＞をクリックします。

3 Facebookページが表示されました。

Memo ログインは個人アカウントで

Facebookページは、個人アカウントにひもづけられる形で作成されます。したがって、Facebookページの管理は、個人アカウントと同様のメールアドレスまたは電話番号、パスワードでログインをして行います。

Hint 個人アカウントとFacebookページの違い

個人アカウントは、ユーザーが自分自身を表す目的で利用するものであり、ユーザーの名前（実名）で使用します。Facebookページは企業や団体、ブランド、著名人などが営利目的の意味も持ちながら、ユーザーと交流し情報発信するために利用するものです。Facebookは規約において個人アカウントとFacebookページの使い分けをするよう定めており、営利目的や自分以外の人・物・ブランドなどをアピールするために個人アカウントを利用していると、利用停止の措置がとられることもあります。

2 Facebookページの画面構成

Facebookページに切り替えると、以下のような画面が表示されます。自分で管理しているFacebookページの表示は、実際のFacebookページとは異なり、管理者だけに表示されるページの管理を行うための各種設定やインサイトページ、Facebook広告の管理ページなどへのリンクがあります。また、この画面から記事を投稿することもできます。

❶ タブメニュー	「受信箱」「お知らせ」「インサイト」「投稿ツール」「広告」それぞれのページへ移動します（次ページ参照）。
❷ 設定	公開範囲の設定や、タグ付けの設定、ページの削除など、Facebookページに関するさまざまな設定を行う「設定」ページへ移動します。
❸ ボタンを追加	Facebookページから商品の購入や登録、問い合わせなどを呼び込む「コールトゥーアクション」の設定を行うページへ移動します。
❹ 投稿フィールド	Facebookページへ記事を投稿するときは、ここから行います。
❺ タイムライン	過去にFacebookページへ投稿した記事が、ここに新しい投稿から時系列で表示されます。

Memo Facebookページのトップに戻る

各ページへ移動した際に、画面左上の<Facebookページ>をクリックすると、Facebookページのトップページに戻ることができます。

クリックします。

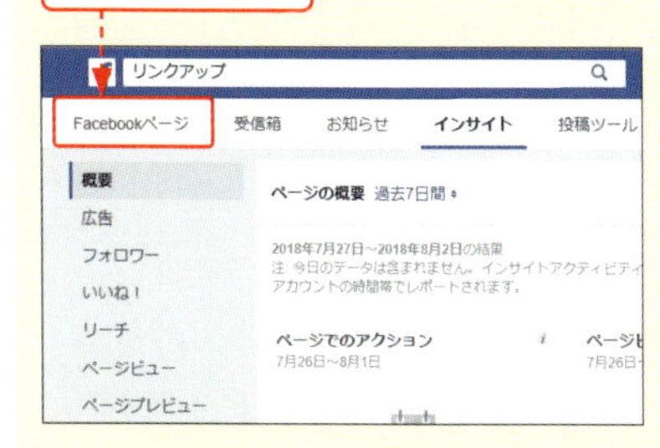

Memo 「新しいページにようこそ」を非表示にする

Facebookページを作成したあとはしばらく投稿フィールドの上に「新しいページにようこそ」という項目が表示され、行うべき設定のアドバイスなどが表示されます。とくに表示の必要がないときには、×をクリックすると、非表示にすることができます。

クリックします。

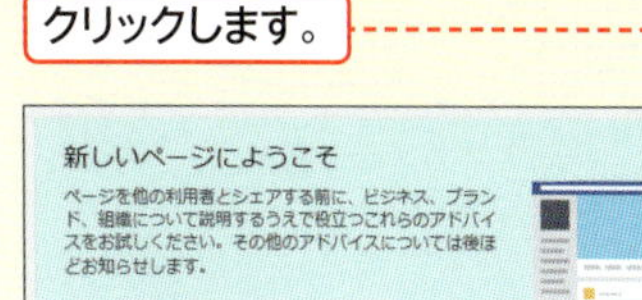

3 タブメニューを確認する

Memo 各ページの詳しい解説

「受信箱」についてはSec.33、「お知らせ」についてはSec.32、「インサイト」については第7章、「広告」については第6章で解説をしています。

Facebookページのトップページ上部には、「受信箱」「お知らせ」「インサイト」「投稿ツール」「広告」のタブメニューが表示されます。クリックするとそれぞれのページへと移動します。

受信箱

投稿へのコメントやMessengerのメッセージなどをまとめて確認することができます。

お知らせ

いいね!やコメント、シェアなどの通知が一覧で確認できます。

インサイト

投稿に対してのアクションなどさまざまな分析ができます。

投稿ツール

投稿済の記事のリーチ数の確認や、日時指定投稿の管理などが行えます。

広告

Facebook広告の出稿や、広告の管理などを行うことができます。

4 「設定」画面を確認する

Facebookページに関するさまざまな設定は、「設定」画面から行うことができます。ここでは、Facebookページの「設定」画面を表示する方法を説明します。

1 Facebookページ画面右上の<設定>をクリックすると、「設定」画面が表示されます。

Memo 個人アカウントのニュースフィードに戻る

画面上部の<ホーム>をクリックすると、個人アカウントのニュースフィードに戻ることができます。

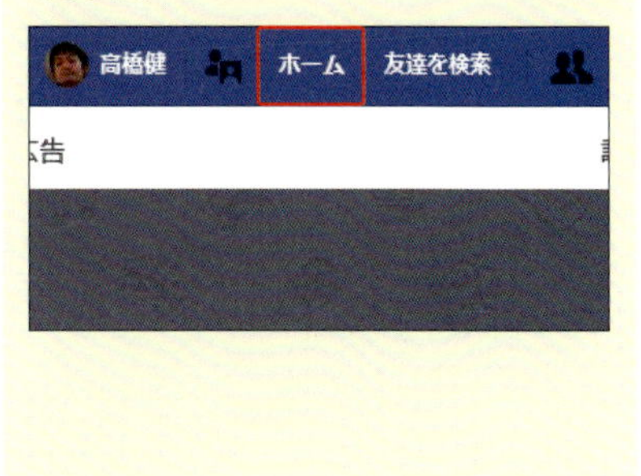

Section 12

Facebookページの公開・非公開を設定しよう

覚えておきたいキーワード
- 公開範囲
- 公開
- 非公開

Facebookページは作成できましたが、初期の段階ではまだ未完成です。カバー写真やプロフィール写真、基本データなどの情報を入れてないFacebookページは「非公開」の状態にして、完成した段階で「公開」に切り替えましょう。

1 非公開に切り替える

Facebookページ作成までのステップが完了した時点では、Facebookページは公開されている状態になっています。未完成のままのFacebookページはユーザーから見た印象もよくないので、すべての設定が完了するまでは「非公開」に切り替えておきましょう。

1 Facebookページの＜設定＞をクリックします。

2 「公開範囲」の右にある＜編集する＞をクリックします。

3 ＜ページは公開されていません＞をクリックし、

4 ＜変更を保存＞をクリックします。

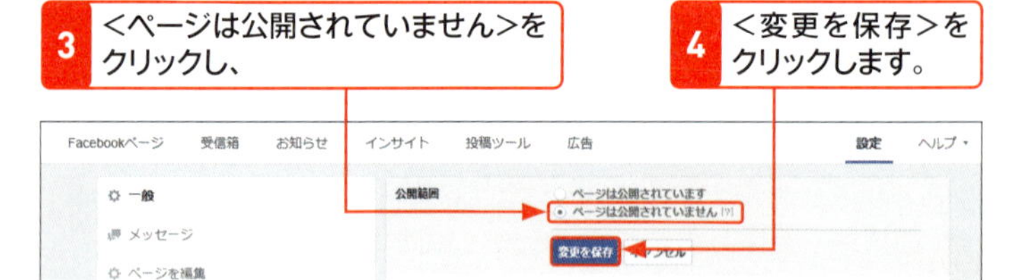

5 ＜次へ＞→＜非公開にする＞→＜閉じる＞の順にクリックします。

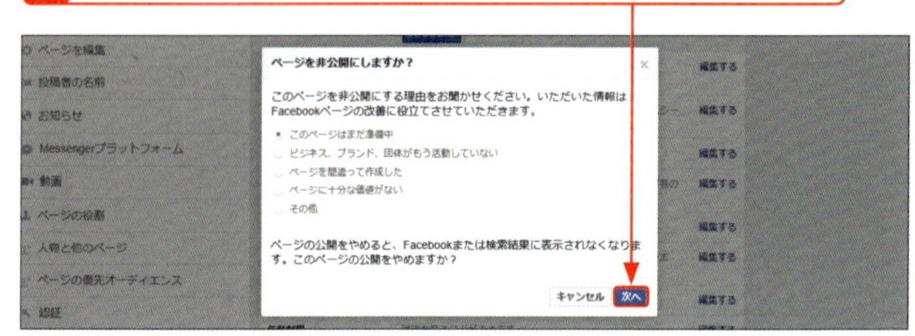

Memo 「非公開」時は管理人のみ表示可能

「非公開」の状態でFacebookページを閲覧できるのは管理人（Sec.16参照）だけです。Facebookページに「いいね!」を付けたファンでも見ることはできません。

2 公開に切り替える

非公開の状態から公開に切り替えるには、公開範囲の欄で設定作業を行います。

1 前ページと同様に「設定」画面を表示し、「公開範囲」の右にある<編集する>をクリックします。

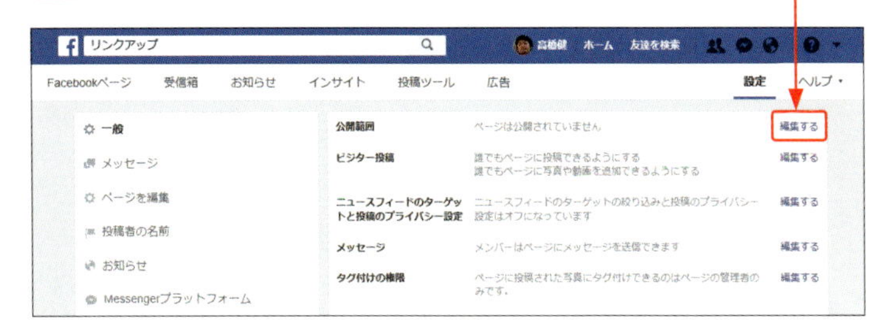

2 <ページは公開されています>をクリックし、

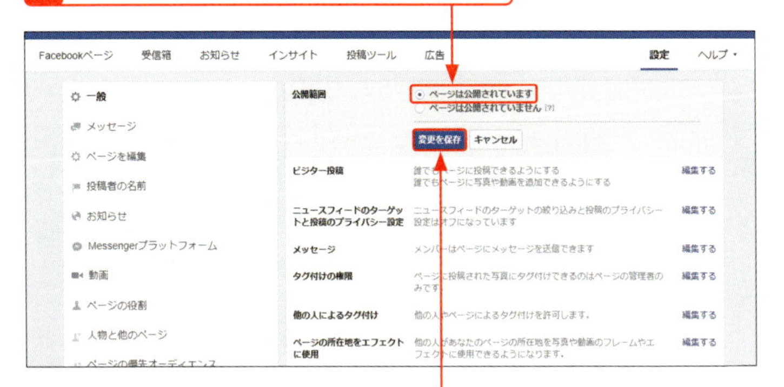

3 <変更を保存>をクリックします。

4 「公開範囲」の欄に「このページは公開されています」と表示され、公開されます。

Memo 設定が完了したら公開する

本書のSec.13〜22では、Facebookページにあらかじめ設定しておいたほうがよい項目を解説しています。これらの設定が完了した段階で、公開に切り替えるようにしましょう。

Section 13

Facebookページの基本情報を設定しよう

覚えておきたいキーワード
- 基本データ
- ページ情報
- カテゴリ

Facebookページの基本情報は、ページに訪れたユーザーに信用してもらうための大事な情報です。ユーザーに対して、どんなFacebookページなのかをアピールするためにも、できるだけすべての項目を入力しておきましょう。

1 ページ情報を設定する

Facebookページの基本情報は、トップ画面左の「ページ情報」から編集することができます。ページ情報は、ユーザーへどのようなFacebookページなのかを知ってもらう自己紹介のようなものです。1つでも多くの項目を記入して充実させましょう。

1 Facebookページのトップ画面で、<さらに表示>→<ページ情報>の順にクリックします。

2 「ページ情報」の設定画面が表示されます。

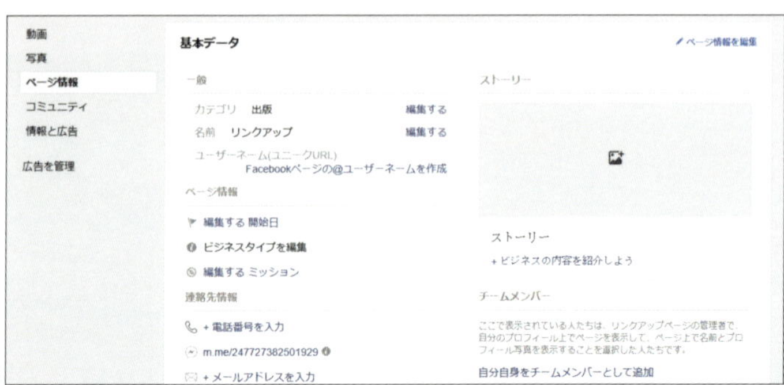

3 各項目をクリックすることで、設定を行うことができます。

> **Memo ページ情報を「ホーム」タブの下に配置する**
>
> ページ情報は、Facebookページを信用してもらうための重要な情報です。ユーザーがアクセスしやすいように、ホームタブの下に配置しておくとよいでしょう。Facebookページトップ画面で<設定>→<テンプレートとタブ>の順にクリックして、「ページ情報」の⠿をドラッグして「ホーム」の下まで移動すると、タブの順番を変更することができます。

> **Hint 項目を変更する**
>
> すでに入力されている項目を変更するには、項目にマウスカーソルを乗せると表示される<編集する>をクリックします。

2 ページ情報の入力項目例

ページ情報の入力項目は「カテゴリ」に何を選択したかによって表示される内容が変わります。たとえば、カテゴリの項目で「出版」を選択すると、項目には「開始日」「ミッション」「ウェブサイト」「ページ情報」「製品」といった項目が追加されます。別のカテゴリを選択すると、項目数が減ることもあります。ここでは、一部の項目の概要や入力例を紹介しますので、入力の際に参考にしてください。

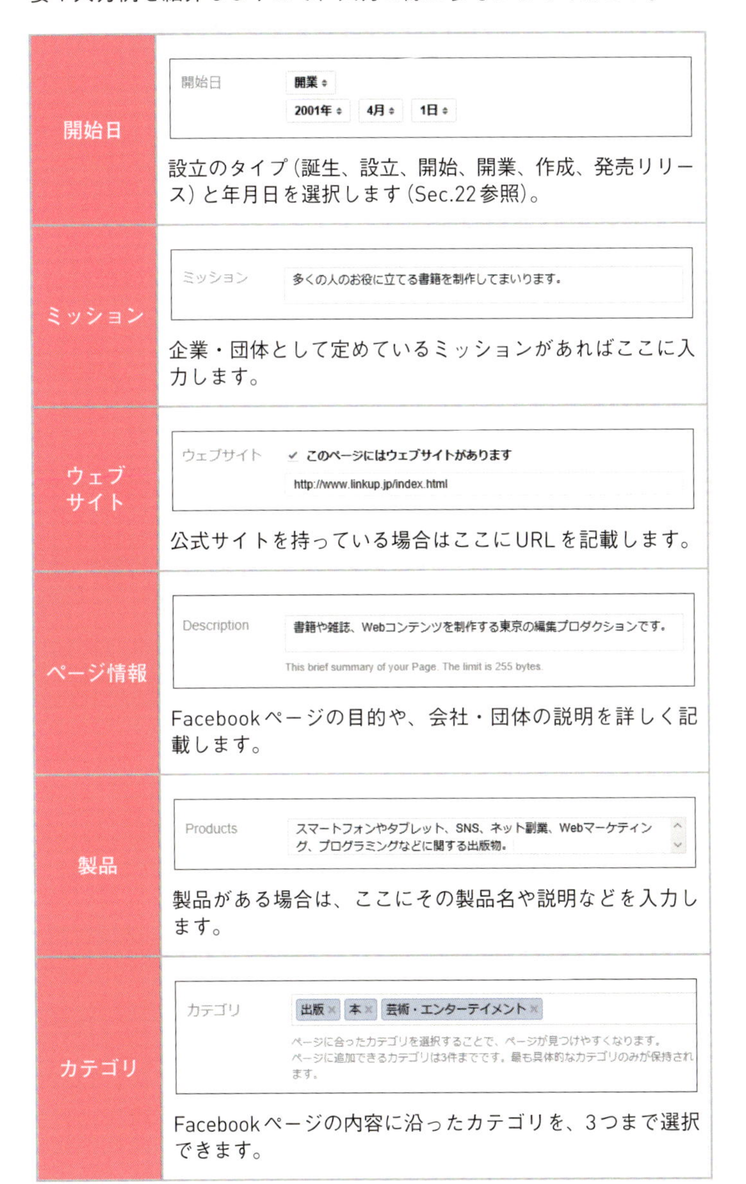

開始日	開始日　開業　2001年　4月　1日 設立のタイプ（誕生、設立、開始、開業、作成、発売リリース）と年月日を選択します（Sec.22参照）。
ミッション	ミッション　多くの人のお役に立てる書籍を制作してまいります。 企業・団体として定めているミッションがあればここに入力します。
ウェブサイト	ウェブサイト　✓ このページにはウェブサイトがあります　http://www.linkup.jp/index.html 公式サイトを持っている場合はここにURLを記載します。
ページ情報	Description　書籍や雑誌、Webコンテンツを制作する東京の編集プロダクションです。　This brief summary of your Page. The limit is 255 bytes. Facebookページの目的や、会社・団体の説明を詳しく記載します。
製品	Products　スマートフォンやタブレット、SNS、ネット副業、Webマーケティング、プログラミングなどに関する出版物。 製品がある場合は、ここにその製品名や説明などを入力します。
カテゴリ	カテゴリ　出版 × 本 × 芸術・エンターテイメント ×　ページに合ったカテゴリを選択することで、ページが見つけやすくなります。ページに追加できるカテゴリは3件までです。最も具体的なカテゴリのみが保持されます。 Facebookページの内容に沿ったカテゴリを、3つまで選択できます。

Memo 「カテゴリ」の変更

カテゴリの変更回数に制限はありません。ただし、カテゴリを変更すると、項目の内容も変わります。変更前のカテゴリで入力した項目は、カテゴリ変更後も引き継がれます。

Step up 入力項目を削除したい

各項目で入力した内容を削除したい場合は、項目をポイントして<編集する>をクリックし、内容を削除してから<保存>をクリックします。

Section 14

ユーザーネーム (URL) を設定しよう

覚えておきたいキーワード
- ユーザーネーム
- URL
- アカウント認証

Facebookページは**ユーザーネーム**を設定することで、短く、わかりやすいURLにすることができます。名刺にURLを印刷しておく、または別のWebサイトやSNSで宣伝するといったアピール活動にも役立つので、ユーザーネームはぜひ取得するようにしましょう。

1 わかりやすいURLに変更する

ユーザーネームとは、FacebookページのURLを表すものです。Facebookページ作成の当初は自動に割り当てられたURLになっていますが、ユーザーネームの設定を行うことで、URLをカスタマイズして好きな英数字に変更することができます。なお、**ユーザーネームをあまり頻繁に変更するのは好ましくありません**。ガイドラインに沿っているか、または同じユーザーネームが存在していないかを確認のうえ、長い間使えるものを慎重に決めましょう。

1 Facebookページのトップ画面で、<Facebookページの@ユーザーネームを作成>をクリックすると、

2 「ページのユーザーネームを作成」画面が表示されるので、<ユーザーネーム>をクリックします。

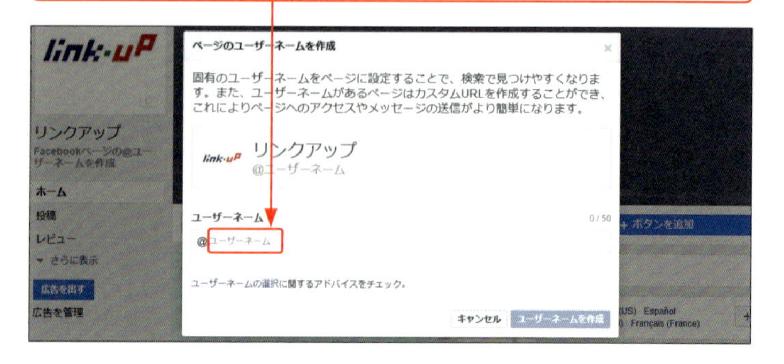

Memo ユーザーネームとは

ユーザーネームとはFacebookページのURLのことで、「https://www.facebook.com/○○/」の○○に当たる部分です。Facebookページの内容に沿った、よりよいものを設定しましょう。

Hint ユーザーネームのガイドライン

ユーザーネームの付け方については、Facebookの利用規約に反しないものであることはもちろん、付け方のルールが定められています。ユーザーネームは5文字以上で、英数字(A～Z、0～9)とピリオド(.)のみ使用できます。また、ピリオド(.)および大文字の使用によってユーザーネームを区別することはできません。たとえば、「johnsmith55」、「john.Smith55」、および「john.smith.55」はすべて同じユーザーネームとみなされます。

3 希望のユーザーネームを入力し、

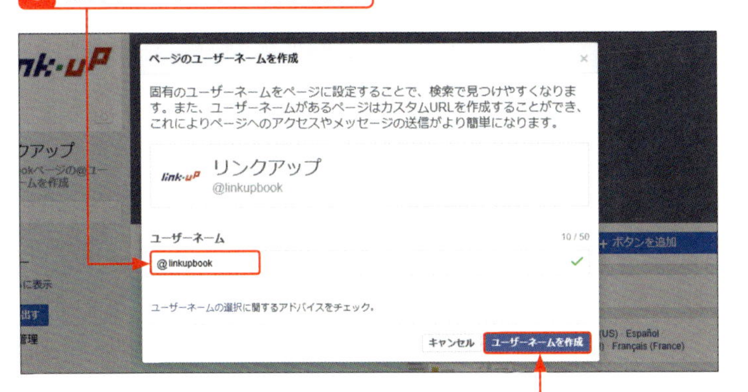

4 <ユーザーネームを作成>をクリックします。

5 入力したユーザーネームが利用可能であれば、「作成されました!」と表示されます。

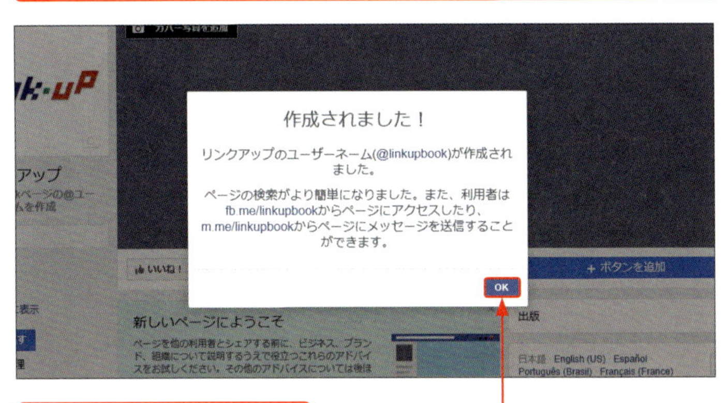

6 <OK>をクリックします。

7 ユーザーネームが作成されます。

Memo ほかのユーザーと重複したら使用不可

ユーザーネームはほかのユーザーが使用しているものは利用できないため、重複がないかを設定の段階で確認します。もしすでに使用されている場合は手順3で「このユーザーネームは利用できません。まだ使用されていないユーザーネームを入力してください。」と表示されます。

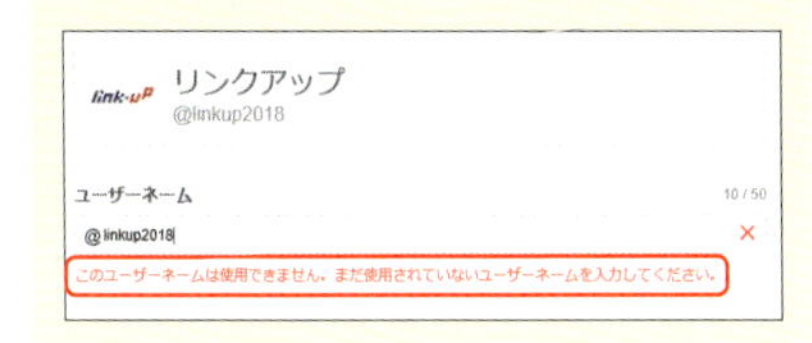

Hint 作成できない場合

個人アカウントが認証されていない場合、ユーザーネームが作成できないことがあります。その場合は、画面右上の▼→「設定」をクリックし、「ユーザーネーム（ユニークURL）」の項目をクリックして個人アカウントの認証を行ってください。

Step up ユーザーネームを変更する

ページ情報（Sec.13参照）の「ユーザーネーム（ユニークURL）」の項目に<編集する>のリンクが表示されるので、これをクリックするとユーザーネームの変更を行える画面が表示されます。

Section 15

Facebookページにスポット（地図）を追加しよう

覚えておきたいキーワード
- スポット
- 地図
- 基本データ

店舗を構えている会社などは、お客様をいかに店舗へと呼び込むことができるかが重要です。Facebookページに住所を登録することで、スポットを表示させて、店舗への案内が可能となるように準備をしておきましょう。

1 スポット（地図）を追加する

店舗に集客をするためには住所を知ってもらい、店舗に足を運んでもらわなければいけません。そのために、住所と地図をユーザーに認知してもらいましょう。

ユーザーの活動範囲内なのかどうかを、ひと目でわかるようにしておくことが重要です。

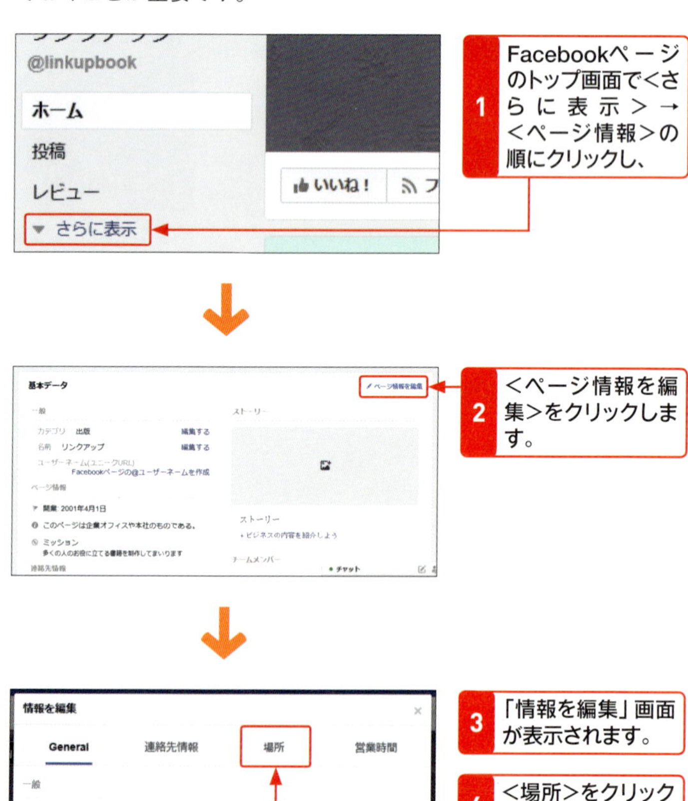

Memo 個人ユーザーがスポットにチェックインして投稿する

Facebookには個人ユーザーが記事を投稿する際に、投稿者が今いる場所として、登録スポットにチェックインをするという機能があります。たとえば飲食店などに訪れた個人ユーザーがそのお店にチェックインをすることで、その投稿を見た友達がチェックイン先のFacebookページを見てくれる可能性も出てきます。そのため、右の方法でスポットを追加しておくことをおすすめします。

5 <番地>をクリックし、

6 番地を入力します。

7 <市区町村>をクリックし、

8 市区町村を入力して、

9 該当する候補をクリックします。

Memo スポットを修正

登録したスポットを修正したい場合は、追加するときと同様の手順で編集を行います。

Memo チェックイン不可だと地図も非表示になる

地図の下にある＜お客様がビジネスの住所に来店する（これがオフの場合、住所やチェックインは表示されません）＞のチェックボックスをクリックしてオフにすると、個人ユーザーが投稿時にチェックインする際に表示されなくなります。必ずチェックボックスがオンになった状態にしておきましょう。

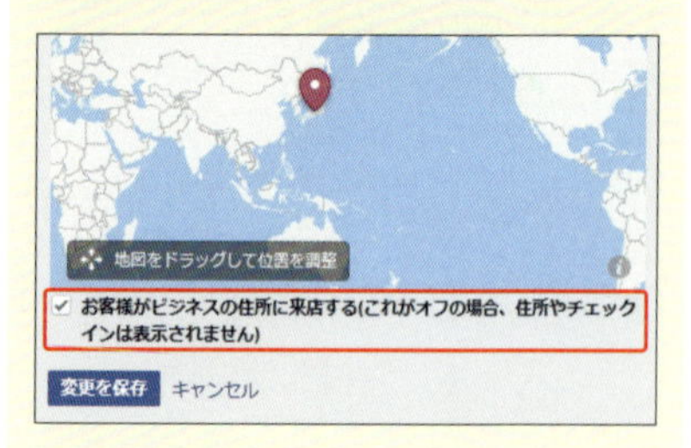

10 ＜郵便番号＞をクリックし、

11 郵便番号を入力します。

12 地図にあるピンを日本へとドラッグし、

13 ＋を何回かクリックして地図を拡大します。

＋と－をクリックすると、地図を拡大／縮小できます。

地図上をドラッグすると、表示位置を変更できます。

14 ピンをドラッグして住所の場所へと移動させます。

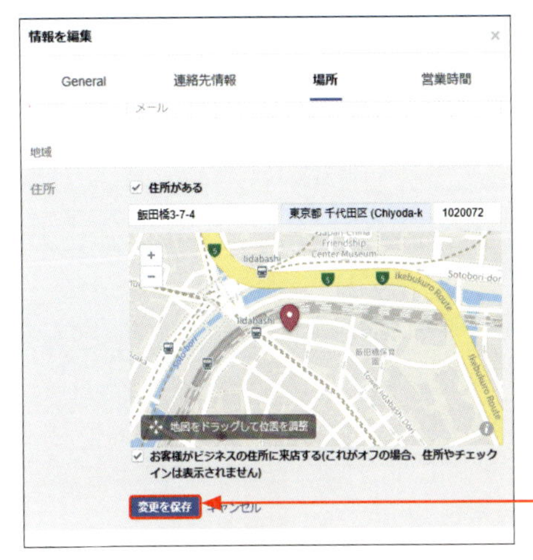

15 問題なければ＜変更を保存＞をクリックし、

16 ×をクリックします。

Memo 営業時間を登録する

飲食店やショップなど、Facebookページに営業時間を掲載したい場合は、＜営業時間＞をクリックすると、登録することができます。なお、＋をクリックすると、時間帯を追加することができ、お昼の時間帯と夜の時間帯に営業している場合などでも対応できます。

1 ＜営業時間＞をクリックすると、

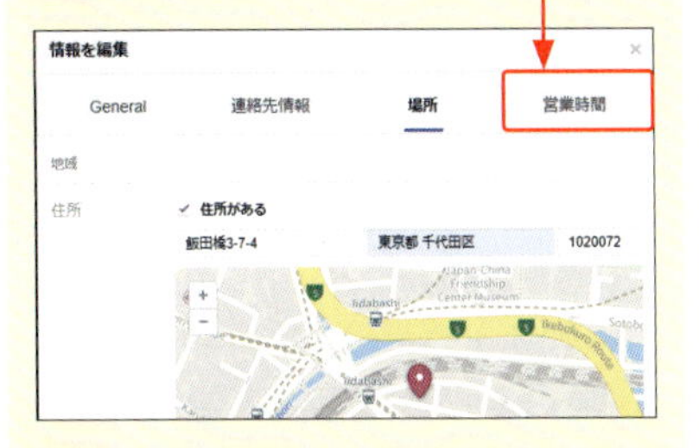

2 営業時間の登録ができます。

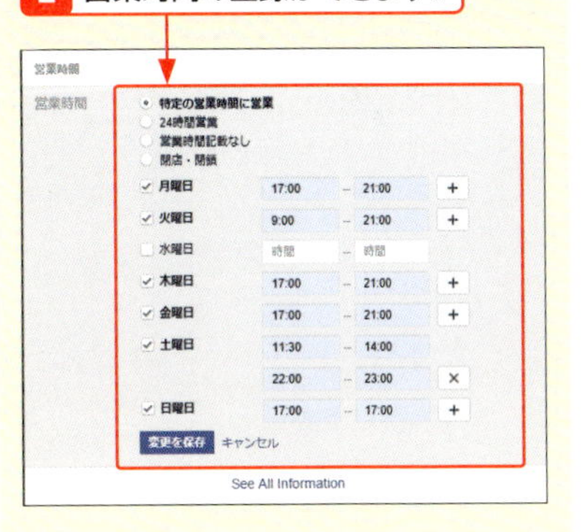

Section 16

Facebookページの管理人を設定しよう

覚えておきたいキーワード
- 管理人
- 管理者
- モデレーター

Facebookページは複数のメンバーで管理することができます。また、それぞれの管理人に権限を設定し、役割分担をして運営できるしくみが用意されています。企業やグループで運営する際に活用しましょう。

1 管理人を追加する

Facebookページを作成したユーザー自身は当然、管理人になりますが、自分以外のメンバーも加わってFacebookページを運営する場合は管理人機能を利用して、複数のメンバーがFacebookページを調整できるようにしておくと便利です。

また、管理人には5種類（P.61のMemo参照）の役割が定められています。どの役割の管理人に任命するか、必要に応じて設定しましょう。

1 ＜設定＞をクリックし、

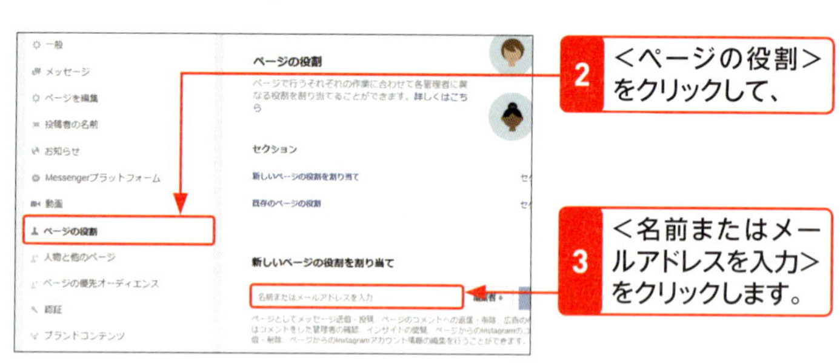

2 ＜ページの役割＞をクリックして、

3 ＜名前またはメールアドレスを入力＞をクリックします。

4 管理人にする人の名前、またはメールアドレスを入力します。

Facebook上で友達になっている人の名前を途中まで入力すると、自動で候補となるユーザーが表示されます。

Memo 管理人の設定と削除

Facebookページを作成した人は自動的に「管理者」になります。管理人を追加したり、管理人を削除することができるのは「管理者」の権限を持った管理人だけです。

Memo メールアドレスの入力について

管理人の設定でメールアドレスを入力するのは、管理人として追加したいユーザーが「友達」でない場合に利用します。Facebookの個人アカウントにひもづいて登録しているメールアドレスを入力した場合、そのユーザーのニュースフィードの右側に、管理人として設定されたことの通知が表示されるので、その通知を承認すると管理人となります。なお、この通知は拒否することができます。

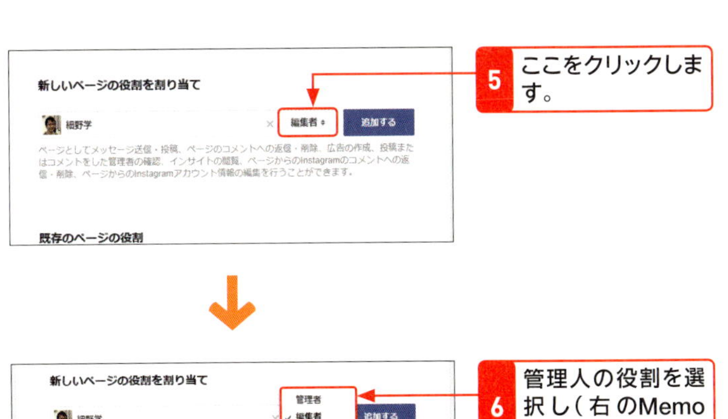

5 ここをクリックします。

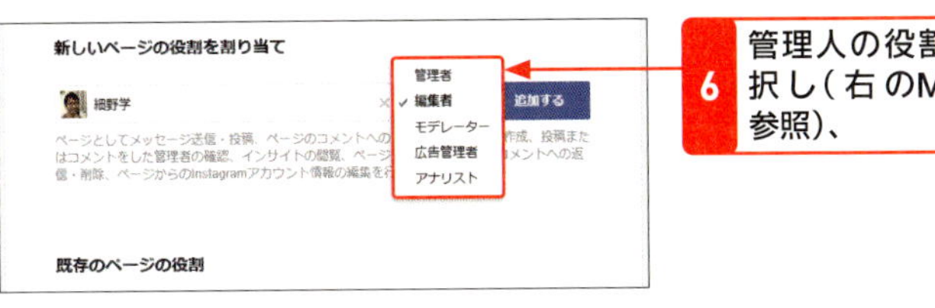

6 管理人の役割を選択し（右のMemo参照）、

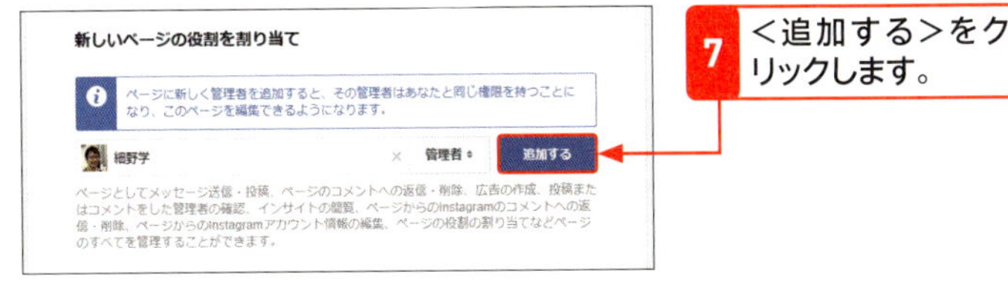

7 ＜追加する＞をクリックします。

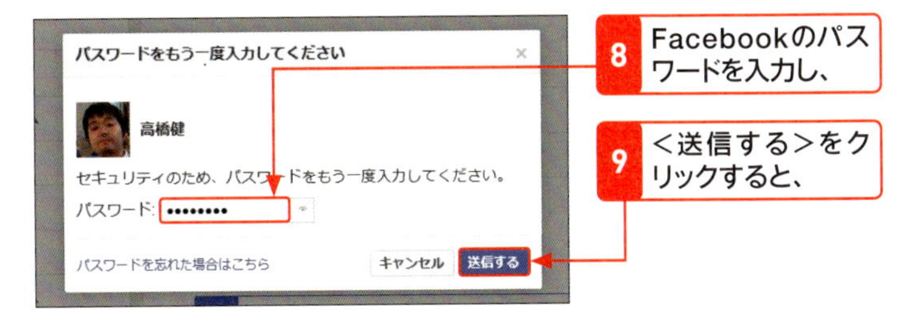

8 Facebookのパスワードを入力し、

9 ＜送信する＞をクリックすると、

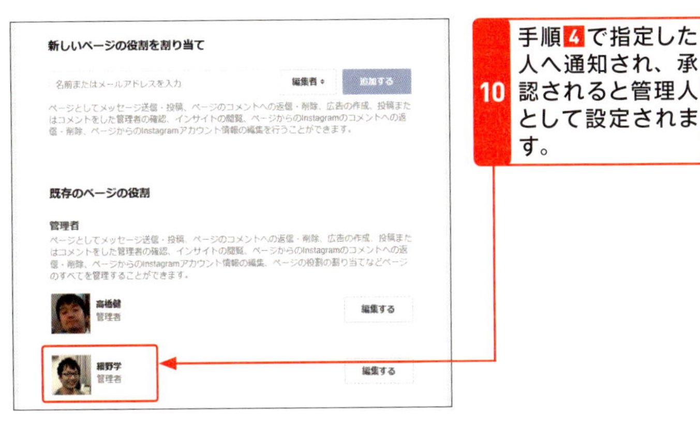

10 手順**4**で指定した人へ通知され、承認されると管理人として設定されます。

Memo 管理人の権限（役割）

管理人の権限（役割）には以下のようなものがあります。

①管理者
②編集者
③モデレーター
④広告管理者
⑤アナリスト

Facebookページにおけるあらゆる作業を行えるのは管理者で、その次が編集者、モデレーターの順に広い権限が与えられています。広告管理者はFacebook広告の作成とインサイトの閲覧、アナリストはインサイトの閲覧のみに限定されています。
各役割について詳しくは、以下のURLを参照してください。
https://www.facebook.com/help/289207354498410

Keyword モデレーター

モデレーターとは調停役のことで、Facebookページにおいてはコメントの投稿と削除、広告の作成、インサイトの確認が行えます。投稿された記事をチェックし、ユーザーとのコミュニケーションを取る役割です。場にそぐわない投稿などがあったときは、モデレーターの判断で返信したり削除したりする対応も行います。

2 管理人の権限を変更する

Hint 変更したユーザーへ通知される

管理人権限を変更したユーザーにはその旨が通知されます。通知には「招待」と記載されていますが、この通知が届いている時点ですでに権限が変更されています。

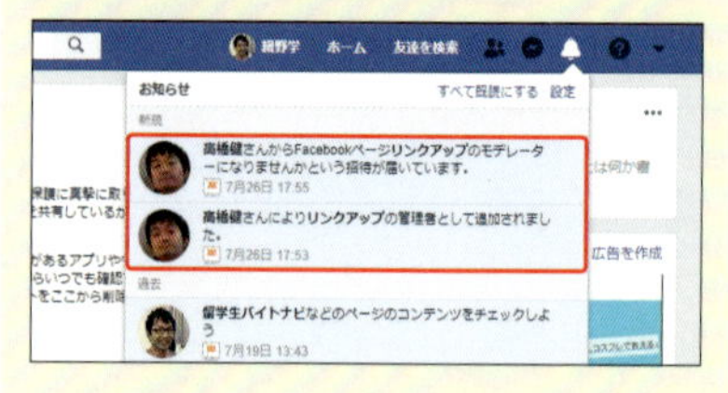

管理権限の設定は、はじめにFacebookページを作成した管理者が行います。

ここで注意しておきたいのは、すべての権限を持つ管理者の人数です。人数の少ないチームで運営する場合はとくに、管理者を最低1人以上追加しておくことをおすすめします。万が一、早急な対応が必要なときに管理者権限がある管理人でないとできない、ということも起こり得ますし、管理者がさまざまな理由でチームから外れることも考えられます。権限は1人に集中させ過ぎないことが大切です。

管理人の人数に制限はなく、何人でも管理人になることができます。この管理人の中で、さらに役割分担を行い、責任範囲を明確にしておきたい場合は管理人の権限を変更しましょう。

管理人の権限は最初に設定したときにも指定できますが、あとから担当が変更になったといった場合には次の方法で変更します。

1 P.60を参考に管理人の設定画面を表示します。

2 権限を変更したいアカウントの右にある<編集する>をクリックし、

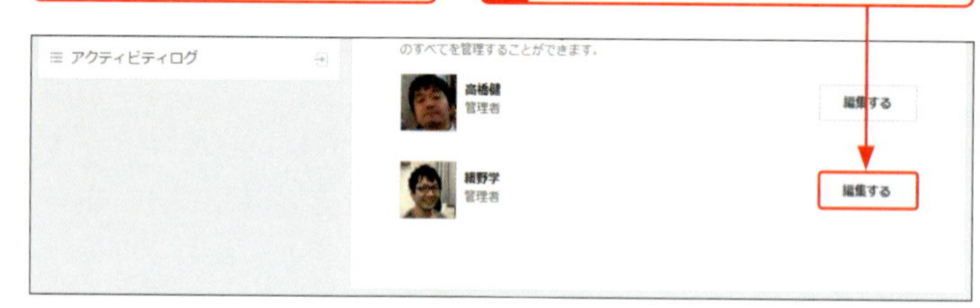

3 名前の右に現在の権限が表示されているので、権限をクリックします。

4 5種類の中から1つをクリックし、

5 <保存>をクリックします。

3 管理人を削除する

企業内のチームで運営している場合、異動や退職などでメンバーが変わることはよくあります。この場合は管理人を削除しておきましょう。

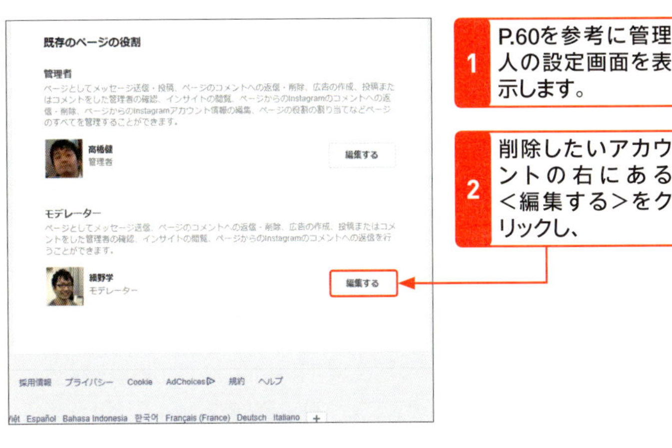

1 P.60を参考に管理人の設定画面を表示します。

2 削除したいアカウントの右にある<編集する>をクリックし、

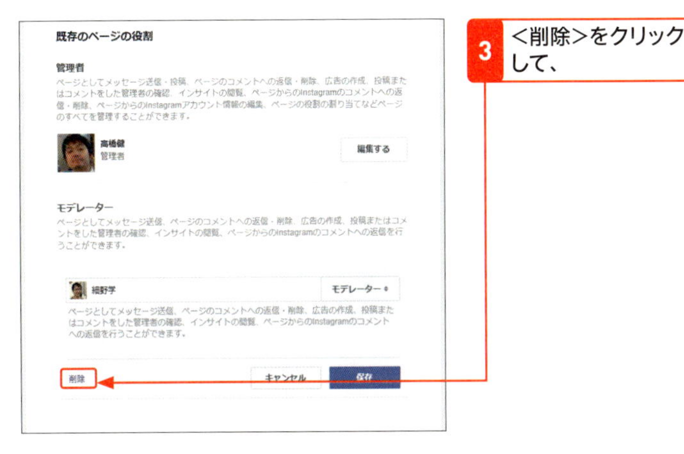

3 <削除>をクリックして、

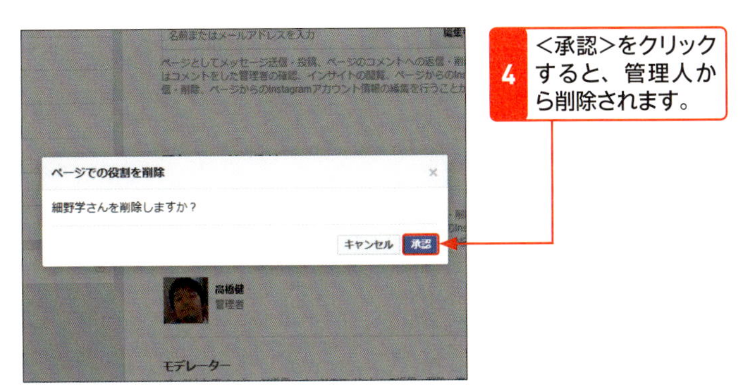

4 <承認>をクリックすると、管理人から削除されます。

Memo 削除は通知されない

管理人の削除を行った場合は、削除されたユーザーには通知されません。あらかじめ、管理人から削除することを本人に知らせておきましょう。

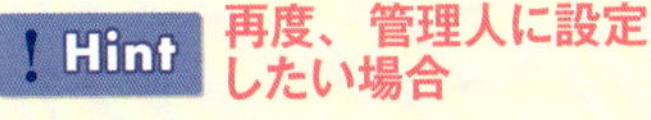

Hint 再度、管理人に設定したい場合

一度、管理人から削除したユーザーでも再び管理人に設定することは可能です。その場合はP.60～62で解説している手順通り、管理人の追加と権限の設定を行います。

Section 17

投稿とコメント欄の設定をしよう

覚えておきたいキーワード
- 投稿の設定
- モデレーション
- 不適切な言葉のフィルタ

Facebookページのタイムラインへの投稿は、初期状態では誰でも投稿できる設定になっていますが、ユーザーの投稿を受け付けない設定に変更することもできます。運営方針によって、投稿を制限したい場合に利用しましょう。

1 ユーザーの投稿を制限する

Facebookページは、初期状態では誰でもタイムラインに投稿できるようになっていますが、ユーザーからの投稿ができない設定や、投稿があってもタイムラインには表示させないように設定することができます。迷惑な投稿が増えたときや、運営の方針などでユーザーからの投稿を受け付けないときなどに設定しましょう。

タイムラインへの投稿を制限する

1 Facebookページのトップ画面で<設定>をクリックし、

2 「ビジター投稿」の右にある<編集する>をクリックします。

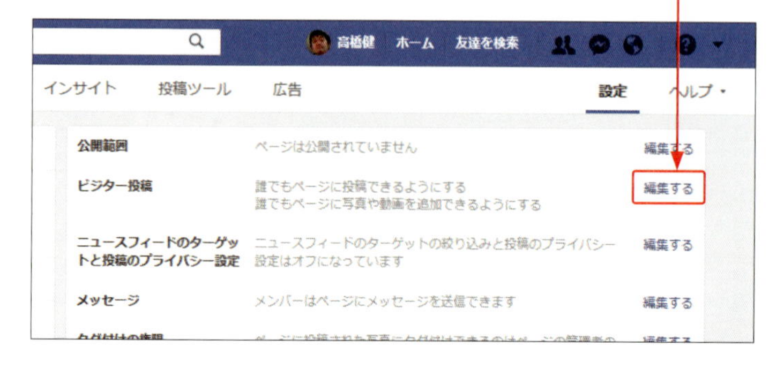

Memo 投稿の表示位置

ユーザーからタイムラインへ投稿された内容は、Facebookページ左側の<投稿>をクリックし、「ビジター投稿」欄に表示されます。右の設定を行うと、「ビジター投稿」の表示もなくなります。

Memo 投稿を制限したあとのページ

ユーザーからの投稿を受け付けない設定にすると、Facebookページ上から、近況や写真・動画のアップロードを行うボックスが表示されなくなります。

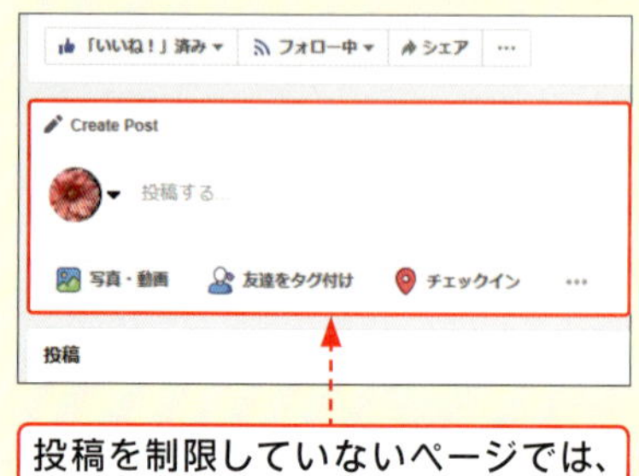

投稿を制限していないページでは、「Create Post」が表示されます。

投稿を制限したあとのページでは、「Create Post」が表示されません。

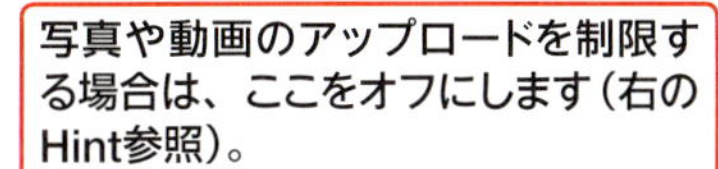

写真や動画のアップロードを制限する場合は、ここをオフにします（右のHint参照）。

3 <他の人のページへの投稿を許可しない>をクリックし、

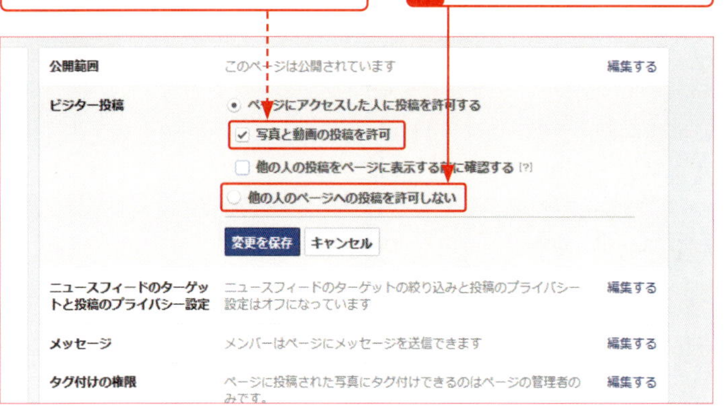

4 <変更を保存>をクリックします。

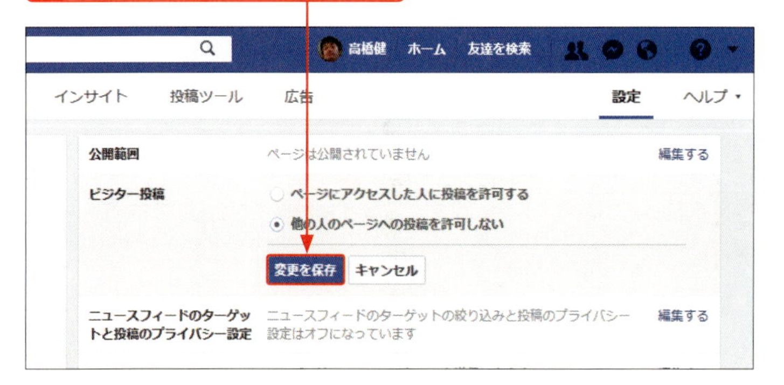

タイムラインへの投稿を許可制にする

1 手順3の画面で<他の人の投稿をページに表示する前に確認する>をクリックして、

2 <変更を保存>をクリックします。

Hint テキスト投稿のみを許可する

Facebookページに投稿できるパターンは「テキストのみ」と「テキストと写真・動画」のいずれかになります。手順3の画面にある<写真と動画の投稿を許可>をオフにすると、「テキストのみ」のパターンになります。

Hint 許可制時に投稿された投稿を表示する

タイムラインへの投稿を許可制にしているときに投稿があった場合、その投稿をFacebookページに表示するには、画面右上の→通知の順にクリックし、該当する投稿のをクリックして、<ページに表示>をクリックします。この操作を行わないと、タイムラインに投稿は表示されません。

1 をクリックし、

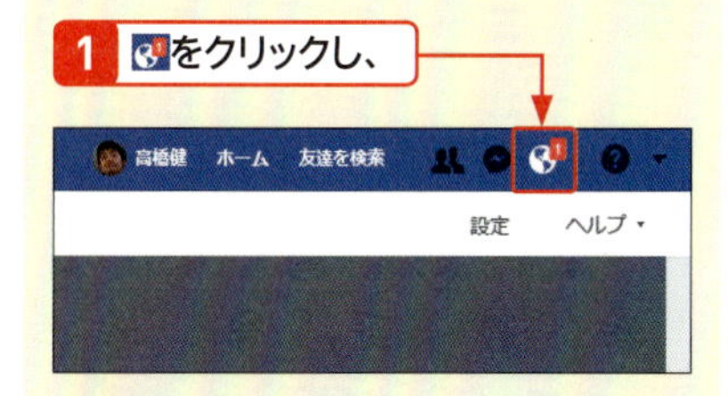

2 該当の通知をクリックして、

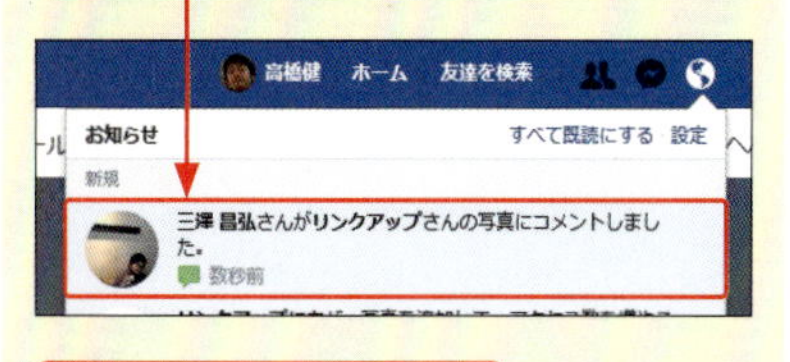

3 をクリックしたら、

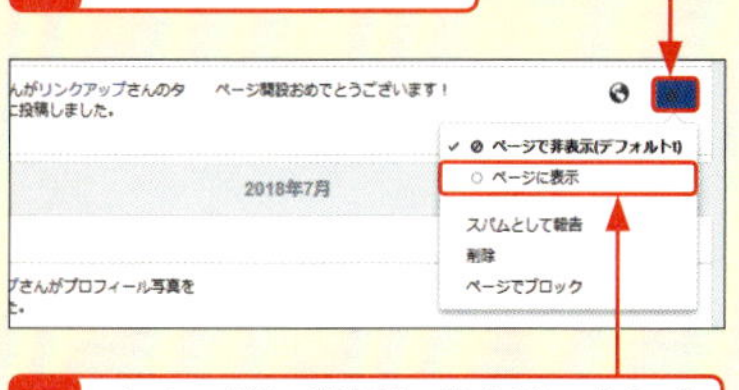

4 <ページに表示>をクリックします。

2 投稿される言葉を制限する

> **! Hint 不快な投稿をするユーザーへの対応**
>
> 不適切な言葉を含んだ投稿やコメントを繰り返すユーザーが現れたときは、該当ユーザーのアクセスをブロックすることができます。ユーザーのブロックについては、Sec.76で解説しています。

投稿内容に不適切な言葉や、とくにページ内で表示したくない言葉（スパムワード）がある場合、その言葉を指定して、**指定した言葉を含む投稿やコメントをブロック**することができます。心ないユーザーが不適切な言葉を投稿するようなことが起きた場合に役立ちます。

この設定を行うと、設定した言葉を含んだ投稿やコメントは何度投稿しても、一切表示されません。

スパムワードをブロックする

1 P.64手順**2**の画面で、「ページのモデレーション」の右にある＜編集する＞をクリックし、

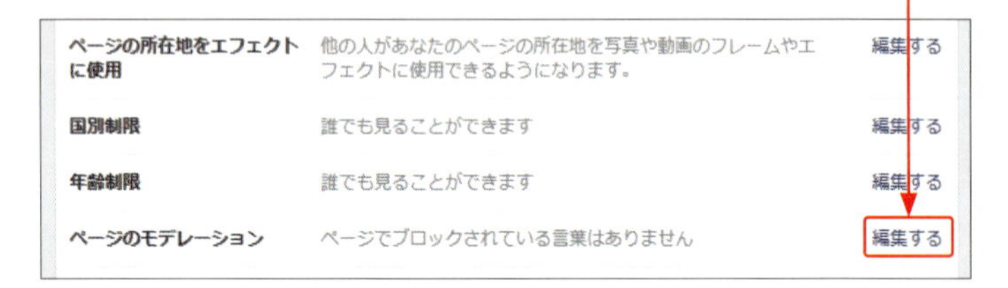

2 制限したい言葉を入力します。言葉が複数ある場合はコンマ区切りで入力します。

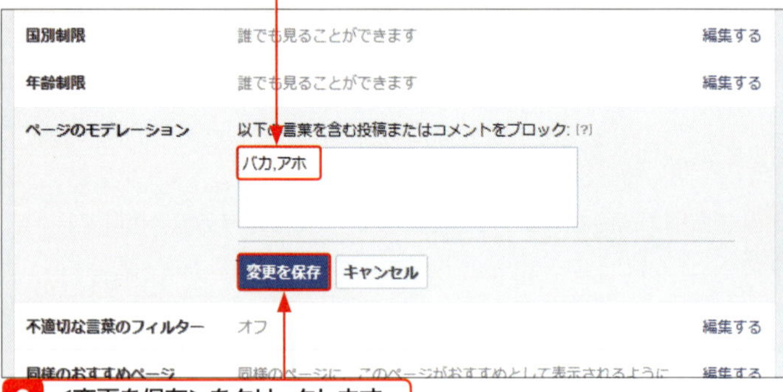

3 ＜変更を保存＞をクリックします。

4 ブロックする言葉が登録されます。

ページの所在地をエフェクトに使用	他の人があなたのページの所在地を写真や動画のフレームやエフェクトに使用できるようになります。	編集する
国別制限	誰でも見ることができます	編集する
年齢制限	誰でも見ることができます	編集する
ページのモデレーション	次の言葉を含む投稿はブロックされます: バカ,アホ	編集する

不適切な言葉全般を制限する

1 P.64手順2の画面で、「不適切な言葉のフィルター」の右にある<編集する>をクリックし、

ページのモデレーション	次の言葉を含む投稿はブロックされます: バカ,アホ	編集する
不適切な言葉のフィルター	オフ	編集する
同様のおすすめページ	同様のページに、このページがおすすめとして表示されるようにするかどうかを選択できます	編集する
ページアップデート	ページ情報を更新したり、マイルストーンに達したり、レビューを受けたりすると、自動的にページ投稿が行われます。	編集する

2 ∨をクリックして、

ページのモデレーション	次の言葉を含む投稿はブロックされます: バカ,アホ	編集する
不適切な言葉のフィルター	オフ ∨ [?] 変更を保存 キャンセル	
同様のおすすめページ	同様のページに、このページがおすすめとして表示されるようにするかどうかを選択できます	編集する
ページアップデート	ページ情報を更新したり、マイルストーンに達したり、レビュー	編集する

3 プルダウンメニューから<中>または<強>を選択し、

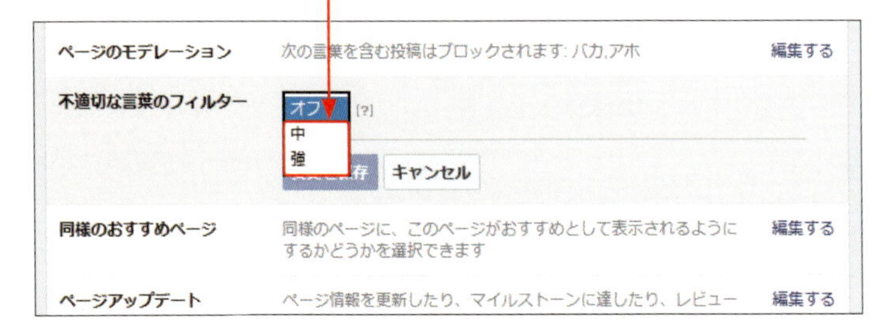

4 <変更を保存>をクリックすると、フィルターが設定されます。

ページのモデレーション	次の言葉を含む投稿はブロックされます: バカ,アホ	編集する
不適切な言葉のフィルター	中 ∨ [?] 変更を保存 キャンセル	
同様のおすすめページ	同様のページに、このページがおすすめとして表示されるようにするかどうかを選択できます	編集する
ページアップデート	ページ情報を更新したり、マイルストーンに達したり、レビュー	編集する

Memo 「不適切」とされている対象の言葉

Facebookは、不適切と設定している対象の言葉は公表していません。コミュニティから不適切として頻繁に報告された言葉が対象とされており、一般的に、公序良俗に反する言葉が対象になっていると考えられています。

Memo フィルターの「中」「強」の選択

不適切な語句の内容は非公表なため、「中」と「強」の内容や強度の違いはわかっていません。不適切な言葉が投稿されることが心配と感じる場合は、「強」にしておきましょう。

Section 18

思わず見たくなるカバー写真とプロフィール写真を考えよう

覚えておきたいキーワード
- カバー写真
- プロフィール写真
- 画像

Facebookページにアクセスして最初に目に入るのが、カバー写真とプロフィール写真です。写真の表示サイズは定められているので、それに合った画像を用意し、コンセプトやイメージを伝えられるようカスタマイズしましょう。

1 カバー写真・プロフィール写真のポイント

カバー写真は、Facebookページを印象づける重要な写真です。Facebookページのテーマとなっている会社や団体、製品などのイメージを伝える画像を使いましょう。カバー写真のサイズは幅820ピクセル、高さ312ピクセルで表示されます（スマートフォンでは、幅640ピクセル、高さ360ピクセル）。

プロフィール写真には、会社・団体のロゴやブランドのマーク、製品の外観やキャラクターを使っている場合が多くあります。プロフィール写真は170×170ピクセルの正方形で表示され（スマートフォンでは、128×128ピクセル）、画像が長方形でもこのサイズに収まるように調整されます。

また、プロフィール写真に設定した画像は、ニュースフィード上で表示するアイコンとしても使われます。このとき、アイコンは縮小されて表示されるので、できるだけ縮小されてもわかりやすい被写体や色の画像を使うとよいでしょう。

どちらも画像の変更回数に制限はないので、一定期間ごとにカバー画像を変えて模様替えするといったことも可能です。

Hint 写真を用意するときは

カバー写真やプロフィール写真は、基本的に規定よりも余裕を持ったサイズのものをアップロードするようにしましょう。
画像はアップロードすると自動的にリサイズされますが、規定のサイズ以下の画像をアップロードすると、画像をもう一度アップロードするようにメッセージが表示されます。

Memo カバー画像に適したサイズ

カバー写真に使用する画像は、幅851ピクセル、高さ315ピクセルで、100キロバイト未満のJPEGファイルが推奨されています。Facebookページの読み込み時間を高速化するためにはこのサイズ・ファイル形式が適しているとされています。

2 カバー写真の事例

カバー写真のパターンとしてよく使われているものは、自社の製品を紹介したもの、自社やお店の雰囲気が伝わるもの、キャラクターを登場させたもの、自社の活動イメージやブランドイメージを象徴するもの、の4パターンです。

また、季節の移り変わりやキャンペーンを実施するタイミングでカバー写真を変更したり、一般から画像を募集し、その画像をカバー写真として使うといった、ユーザー参加型のカバー写真にしているページもあります。

カバー写真は会社・団体としてのブランドイメージを表現するために使われると同時に、ユーザーを飽きさせないためのFacebookページ上の仕掛けとしても使われているのです。

ブランドの象徴

「ドン・キホーテ(Don Quijote)」
URL：https://www.facebook.com/donki.jp
まちなかでもひときわ目を引くブランド名の看板をカバー写真に採用しています。

季節感

「味の素株式会社(Ajinomoto CO.JP)」
URL：https://www.facebook.com/ajinomoto.co.jp
かき氷とスイカで夏らしさを演出しています。

キャラクター

「J:COM」
URL：https://www.facebook.com/JCOM.ZAQ
テレビCMでもおなじみのキャラクター「ざっくぅ」をカバー写真にも起用しています。

ユーザーからの投稿写真

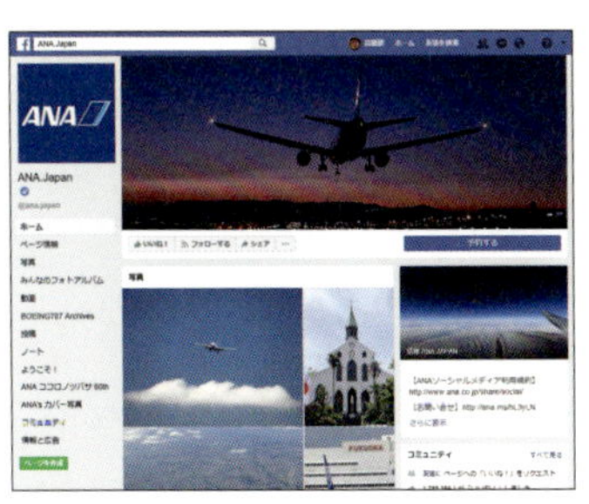

「ANA.JAPAN」
URL：https://www.facebook.com/ana.japan
「皆様からの一枚」として、ユーザーが投稿した写真をカバー写真の一部として使用しています。ユーザーとの交流の場としてカバー写真を活用しています。

Hint カバー写真の変更は通知される

カバー写真を変更すると、「いいね!」を付けてくれたファンにそのことが通知されます。あまり頻繁にカバー写真を変更すると、通知される側もうんざりしてしまうことがあるので注意が必要ですが、季節やイベントごとにカバー写真を変え、ファンに通知することでFacebookページへの再訪問を促せる効果も期待できます。

Memo 画像ファイルの種類

画像ファイルはJPEGかPNGファイルで問題ありません。ただし、ロゴなどの文字を含む画像の場合はPNGの方がよい結果を得られるとされています。

Section 19 カバー写真とプロフィール写真を設定しよう

覚えておきたいキーワード
- カバー写真
- プロフィール写真
- アップロード

Facebookページ用に準備したカバー写真とプロフィール写真を、さっそく実際のFacebookページに設定してみましょう。写真の印象は非常に大事です。写真を設定してみて、思っていた通りのイメージになるかどうかを確認しましょう。

1 カバー写真を設定する

カバー写真は最も目立つ箇所にあるので、ユーザーの目に最初に飛び込んできます。製品写真や会社のロゴといった重要なものは、目立つ位置に配置しましょう。イメージとしてカバー写真を設定する場合は、配置をあえて中心よりもずらしてみると、ときにはおしゃれな印象を与えてくれます。

1 <カバー写真を追加>をクリックし、

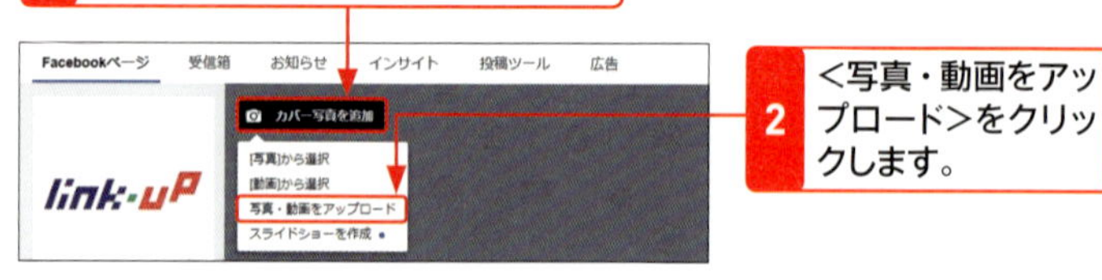

2 <写真・動画をアップロード>をクリックします。

3 カバー写真に使用する写真を選択し、

4 <開く>をクリックします。

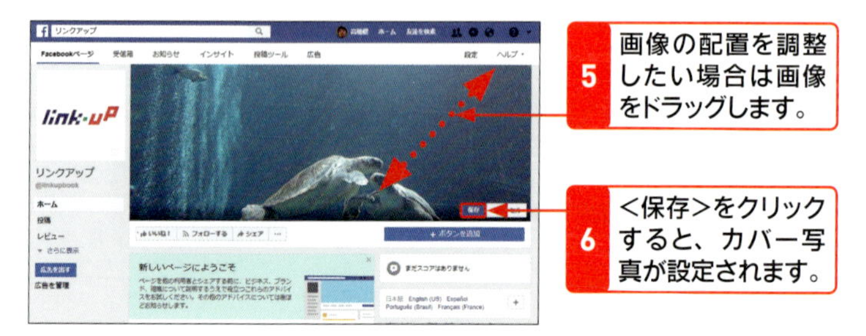

5 画像の配置を調整したい場合は画像をドラッグします。

6 <保存>をクリックすると、カバー写真が設定されます。

! Hint 写真アルバムから選択する

Facebookページに投稿した写真を使いたい場合は、手順2のメニューに表示される<[写真]から選択>をクリックし、表示された画面から選択します。

! Hint カバー写真を削除する

カバー写真にマウスのカーソルを合わせると表示される<カバー写真を変更>をクリックし、<削除する>をクリックすると、カバー写真が削除されます。

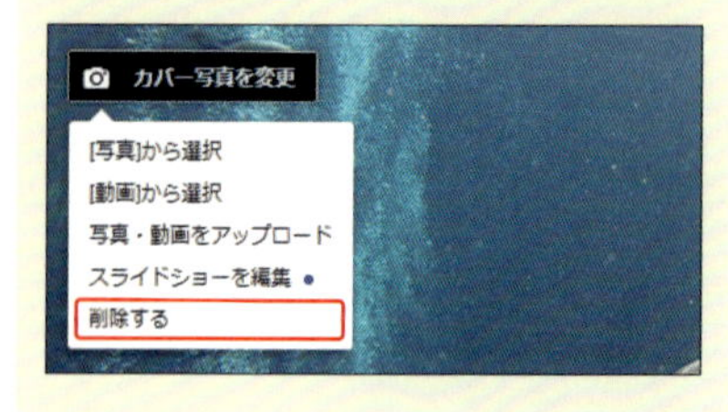

2 プロフィール写真を設定する

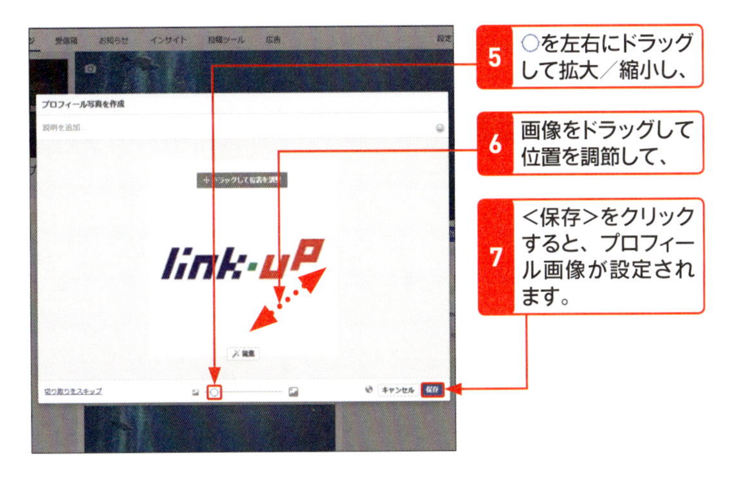

5 ○を左右にドラッグして拡大／縮小し、
6 画像をドラッグして位置を調節して、
7 <保存>をクリックすると、プロフィール画像が設定されます。

Memo 「写真を撮る」の使い方

パソコンにWebカメラが内蔵されている場合は、そのカメラで撮影した画像がFacebookにアップロードされ、プロフィール写真として利用することができます。自分の顔写真をプロフィール写真に設定したい場合に使うと便利です。

Hint プロフィール写真を削除する

プロフィール写真を削除する場合は、プロフィール写真にマウスのカーソルを合わせると表示されるをクリックし、<削除する>をクリックすると、プロフィール写真が削除されます。

Section 20

行動をうながすボタンを設置しよう

覚えておきたいキーワード
- コールトゥーアクション
- お問い合わせ
- リンク

Facebookページから直接、自社サイトのお問い合わせページなどへ誘導することができると、とても便利です。「コールトゥーアクション」ボタンを設置して、閲覧者を直接自社のWebサイトへ誘導しましょう。

1 「コールトゥーアクション」ボタンを設置する

Facebookページの運営は、最終的に自社の売上アップにつなげるという目的があります。ただし、Facebookページをただ見てもらっただけでは、売上向上にはつながりません。自社のWebサイトやECサイトへアクセスしてもらい、資料請求などにつなげられると理想的です。

Facebookページに「コールトゥーアクション」ボタンを設置することで、閲覧者を直接誘導しやすくすることができます。商品やサービスに合わせてボタンを選択し、用意されている設定の中からふさわしいものを選びましょう。

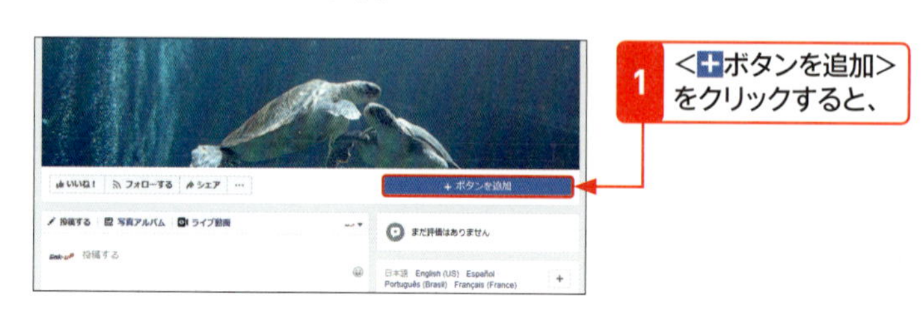

2 「ページボタンを追加」画面が表示されます。

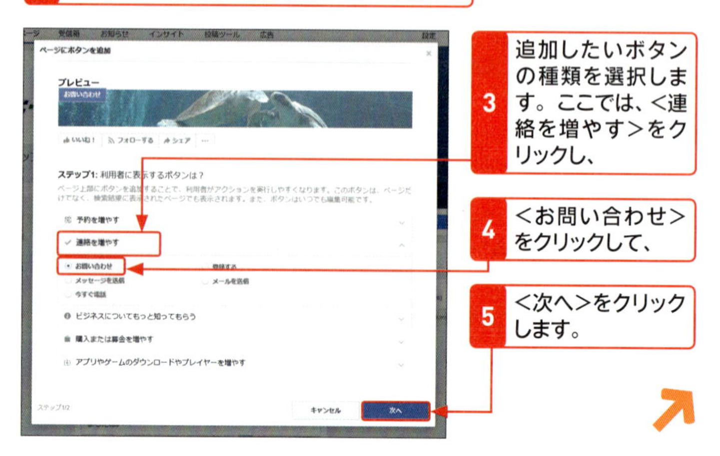

3 追加したいボタンの種類を選択します。ここでは、<連絡を増やす>をクリックし、
4 <お問い合わせ>をクリックして、
5 <次へ>をクリックします。

Memo ボタンの種類

Facebookページのトップページに設置できるボタンは、以下の通りです。

- 予約を増やす
  - 「予約する」ボタン
- 連絡を増やす
  - 「お問い合わせ」ボタン
  - 「登録する」ボタン
  - 「メッセージを送信」ボタン
  - 「メールを送信」ボタン
  - 「今すぐ電話」ボタン
- ビジネスについてもっと知ってもらう
  - 「動画を見る」ボタン
  - 「詳しくはこちら」ボタン
- 「購入または募金を増やす」
  - 「購入する」ボタン
  - 「クーポンを見る」ボタン
- アプリやゲームのダウンロードやプレイヤーを増やす
  - 「アプリを利用」ボタン
  - 「ゲームをプレイ」ボタン

Memo ボタンの設置は1つのみ

「コールトゥーアクション」ボタンの設置できる数は、1つのFacebookページにつき、1つのみです。

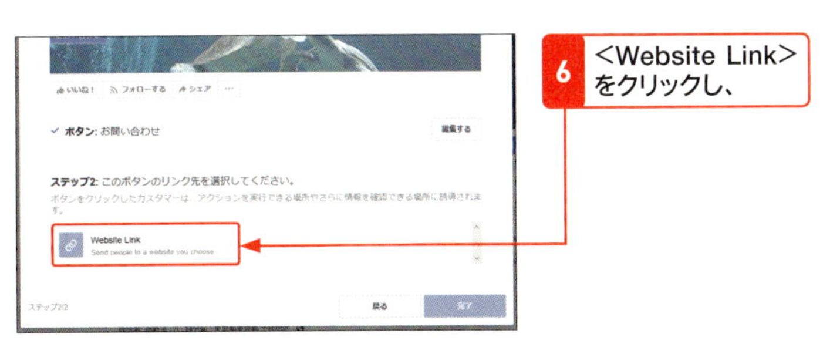

6 <Website Link>をクリックし、

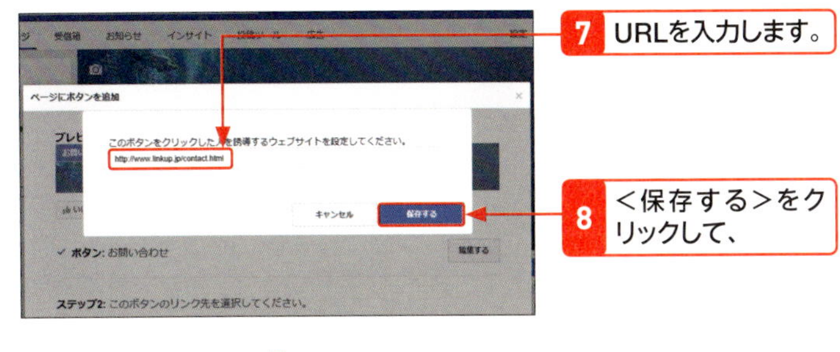

7 URLを入力します。

8 <保存する>をクリックして、

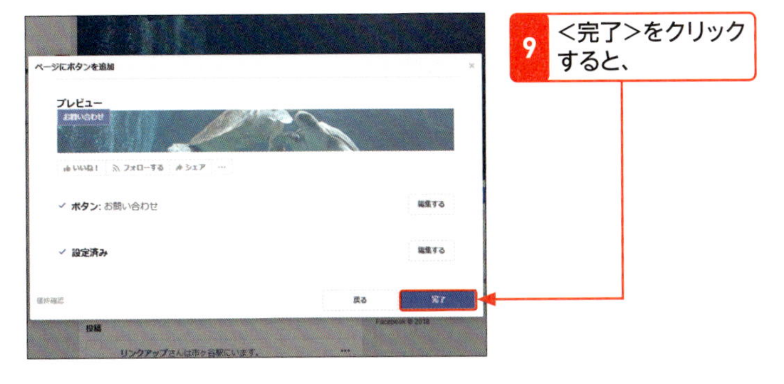

9 <完了>をクリックすると、

10 ボタンが設置されます。

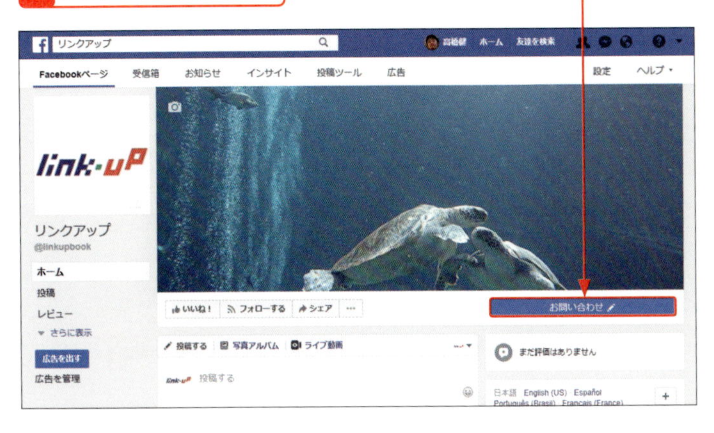

Memo 正しく設定されたか確認する

設置した「コールトゥーアクション」ボタンが正しく設定されているかどうかを確認するには、ボタンにマウスカーソルを乗せて、表示される<ボタンをテスト>をクリックします。すると、閲覧者がクリックするのと同じ動作が行われます。

Memo ボタンを変更／削除する

設置した「コールトゥーアクション」ボタンの内容を変更するには、ボタンをクリックすると表示される手順2の画面で編集が可能です。また、ボタンにマウスカーソルを乗せ、表示される<ボタンを削除>をクリックすると、設定したボタンの削除ができます。

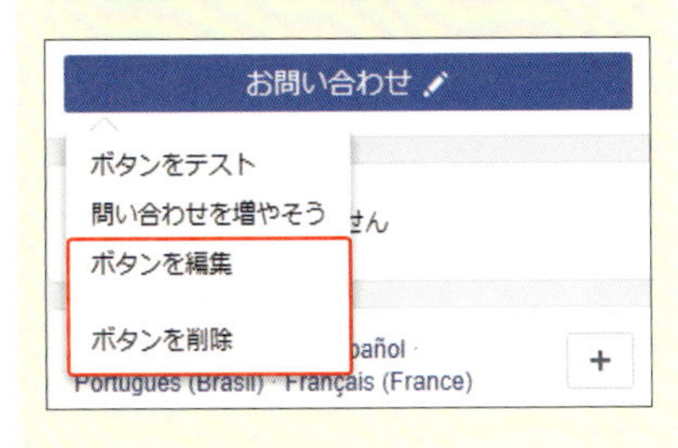

Section 21

アピールしたいタブを表示させよう

覚えておきたいキーワード
- タブ
- タブを追加
- テンプレート

タブをクリックすると、ユーザーは、ページ内の情報にすばやくアクセスすることができます。ユーザーがほしい情報にすぐアクセスできるよう、アピールしたいタブを表示させたり、並べ替えたりしましょう。

1 テンプレートを変更する

ここでいうタブとは、プロフィール写真の下に配置される「ホーム」「投稿」などのリンクのことです。タブは「テンプレート」を変更することで、ページの種類に合わせた表示にすることができます。たとえば、「ビジネステンプレート」を選択すると「クーポン」タブが表示されるようになります。なお、初期状態では、「標準」のテンプレートが設定されています。

1 Facebookページのトップ画面で<設定>をクリックし、

2 <テンプレートとタブ>をクリックします。

3 「テンプレート」の<編集する>をクリックします。

4 使用するテンプレートの<詳細を見る>→<テンプレートを使用>→<OK>の順にクリックすると、テンプレートが適用されます。

Memo テンプレートの種類

テンプレートは、以下の9種類が用意されています。自分のFacebookページの種類に合ったものを選択しましょう。

- 標準
- ビジネス
- 会場
- 非営利団体
- 政治家
- サービス
- レストラン・カフェ
- ショッピング
- Video Page

2 タブを追加する／並べ替える

タブは、必要に応じて追加したり、並べ替えたりしましょう。なお、ホームタブはいちばん上に固定されており、2つめ以降のタブの順番を並べ替えることができます。

1 前ページ手順1～2を参考に「テンプレートとタブ」画面を表示し、＜タブを追加＞をクリックします。

2 追加したいタブの＜タブを追加＞をクリックすると、新規追加されます。

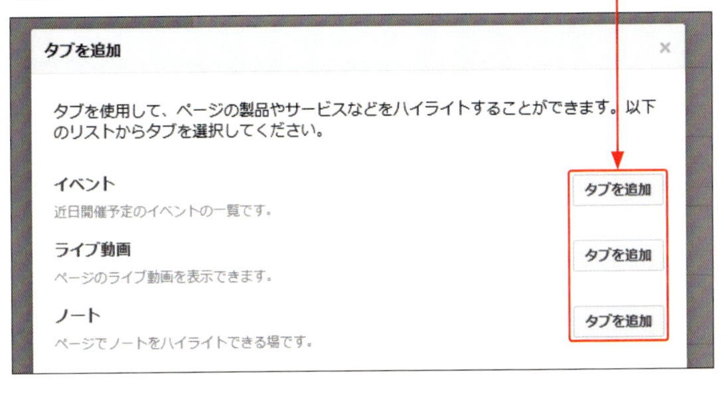

3 タブの を上下にドラッグすると、順番を並べ替えることができます。

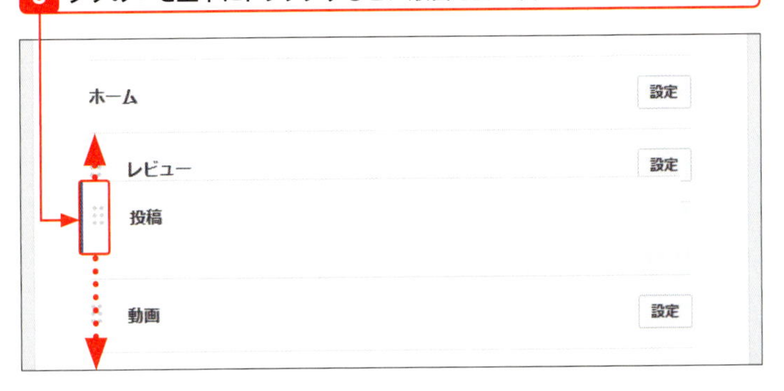

Memo 見せたいタブは上に配置する

閲覧する環境によっては、Facebookページトップ画面において、4つめ以降のタブは隠れており、＜さらに表示＞をクリックしなければ見ることができないことがあります。また、スマートフォンから閲覧した場合も、後ろの方のタブは横にスクロールしないと見えません。とくに見せたいタブは、上から3つ以内に表示されるように並べ替えましょう。

Hint タブを非表示にする

タブを非表示にするには、手順の画面で非表示にしたいタブの＜設定＞→＜オン＞→＜保存する＞の順にクリックします。なお、＜オン＞が表示されないタブについては、非表示にすることができません。

クリックします。

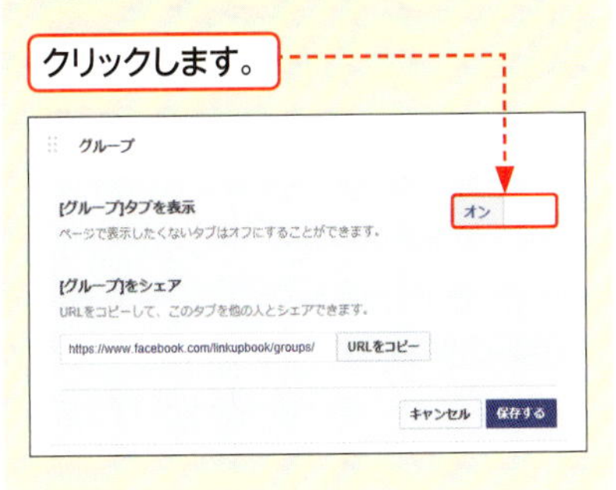

Section 22

会社のマイルストーンを投稿しよう

覚えておきたいキーワード
▶開始・創立に関する情報
▶大事な出来事
▶イベント

Facebookページには、会社や団体の大事な出来事である「マイルストーン」を投稿することができます。これによって、設立から今日までの歴史をユーザーに見てもらうことができます。なお、「マイルストーン」を投稿するには、事前の設定が必要です。

1 会社・団体の開始日を設定する

「マイルストーン」を投稿するには、はじめに開業や設立などの「開始日」を設定する必要があります。会社や団体のスタートの時期を投稿することで、「マイルストーン」に過去の日付を設定することができるようになります。

1 P.52を参考にページ情報の設定画面を表示します。

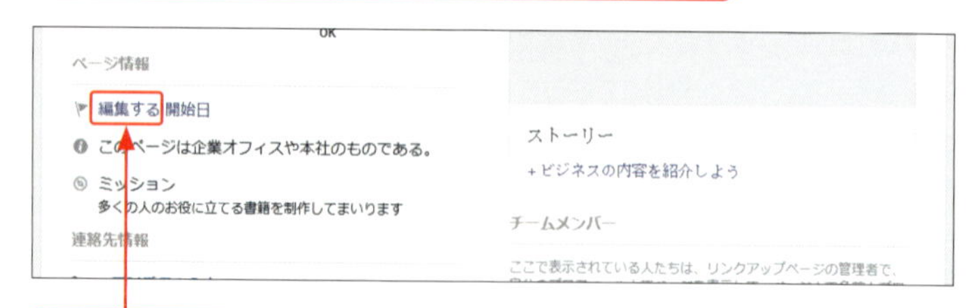

2 「開始日」の左にある<編集する>をクリックし、

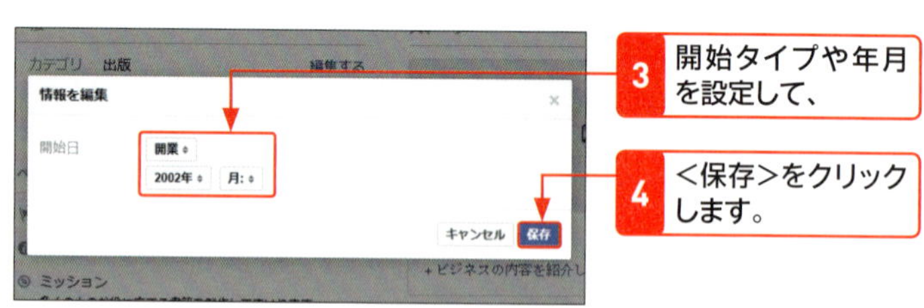

3 開始タイプや年月を設定して、

4 <保存>をクリックします。

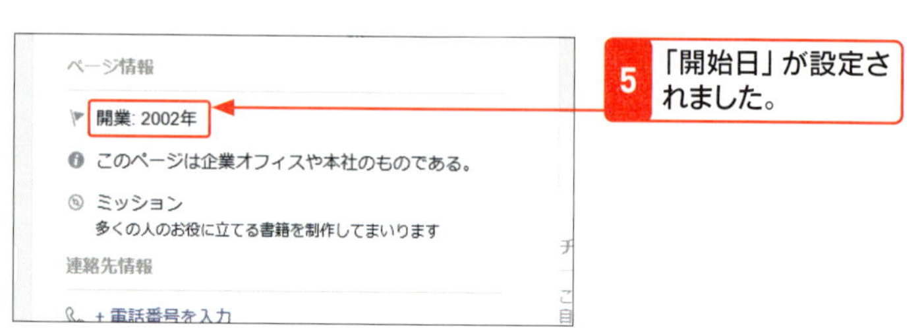

5 「開始日」が設定されました。

Memo 開始タイプの種類

手順3の開始タイプは、「誕生」「設立」「開始」「開業」「作成」「発売／リリース」の中から選ぶことができます。

Hint 開始日を編集する

一度入力した内容を変更したい場合などは、手順1に表示されている の右部分にカーソルを合わせ、<編集する>をクリックすると編集画面が表示されます。

1 <編集する>をクリックし、

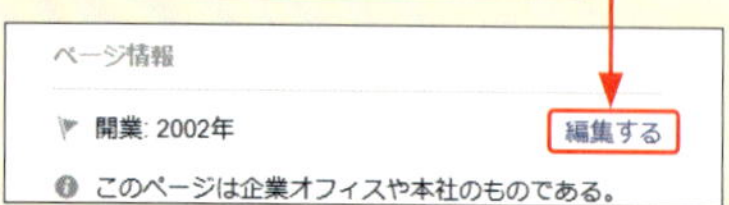

2 編集内容を入力して、

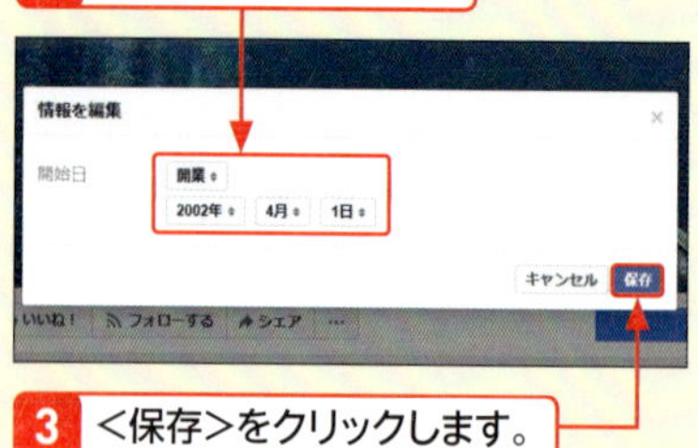

3 <保存>をクリックします。

2 マイルストーンを投稿する

設立・スタートから今日へと至るまでのイベント、出来事を投稿しておくと、会社やブランドの歴史がわかるコンテンツとして、Facebookページを充実させることができます。登録できるいちばん古い日付は西暦1000年1月1日です。

1 ••• をクリックし、

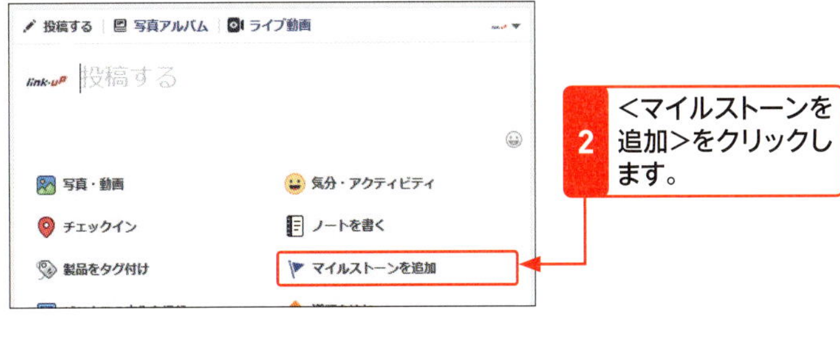

2 <マイルストーンを追加>をクリックします。

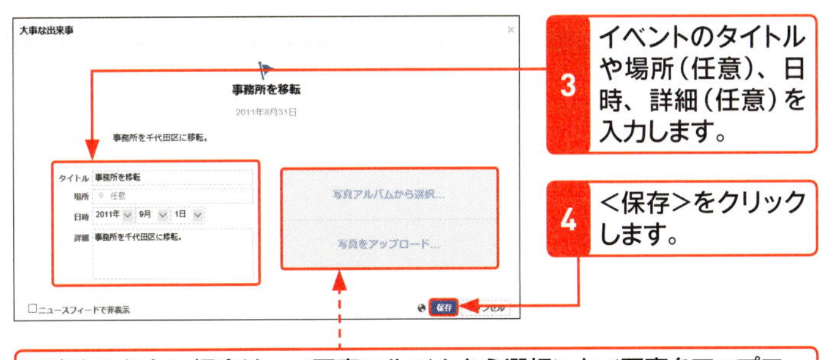

3 イベントのタイトルや場所(任意)、日時、詳細(任意)を入力します。

4 <保存>をクリックします。

写真を入れたい場合は、<写真アルバムから選択>か<写真をアップロード>をクリックします。

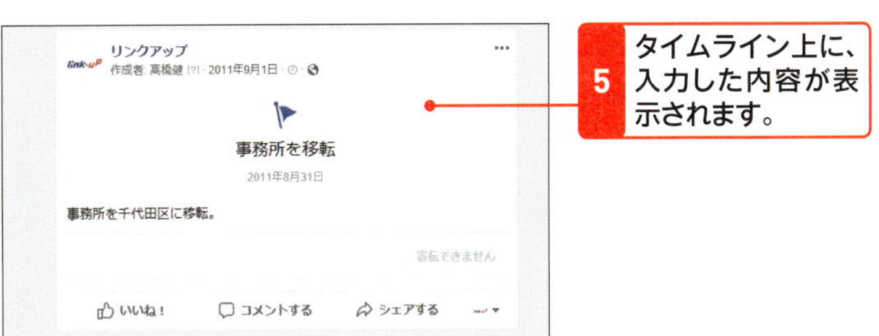

5 タイムライン上に、入力した内容が表示されます。

Memo ページ情報に表示される

Facebookページの左にある<さらに表示>→<ページ情報>をクリックすると、「基本データ」の欄に入力した内容が表示されています。

Hint ニュースフィードで非表示にする

投稿したイベントをニュースフィードに表示しない場合は、手順3の画面で<ニュースフィードで非表示>をオンにします。

Step up 内容を編集/削除する

一度入力した内容を変更したり、画像をアップロードしたい場合、削除したい場合などは、手順5の画面で•••をクリックし、<大事な出来事を編集>または<ページから削除>をクリックします。

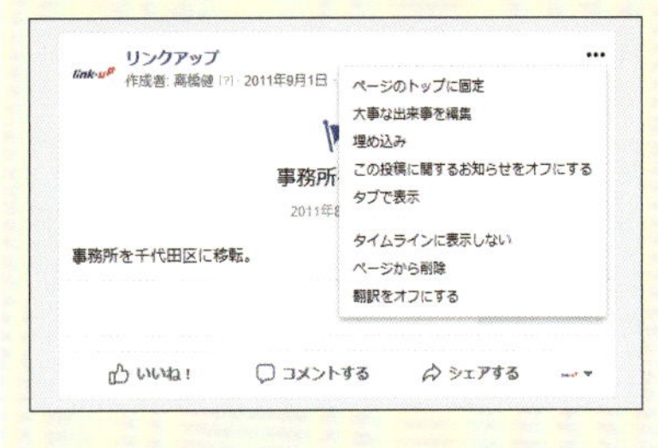

Section 23

友達をFacebookページに招待しよう

覚えておきたいキーワード
- ファン数を増やす
- 友達
- 招待

作成したFacebookページを宣伝するにはいくつかの方法がありますが、まずは**自分の「友達」に知らせて**、Facebookページを見てもらいましょう。友達がFacebookページをシェアすると、その友達の友達にもFacebookページが伝わることとなります。

1 友達をFacebookページに招待する

作成したばかりのFacebookページを見てもらえる相手といえば、やはり「友達」になっているユーザーであるといえます。友達に知らせて「いいね！」を付けてもらったり、「シェア」してもらったりすれば、さらに「友達の友達」にも伝わるので、宣伝効果は高くなります。

友達に伝えるには、友達を招待する専用画面、またはFacebookページのトップ画面に表示される友達のリストから「招待」を行います。Facebookのシステムが友達にメッセージを通知してくれるので、メッセージの本文を作成する必要はなく、手軽に知らせることができるようになっています。

1 •••をクリックし、

2 <友達を招待>をクリックします。

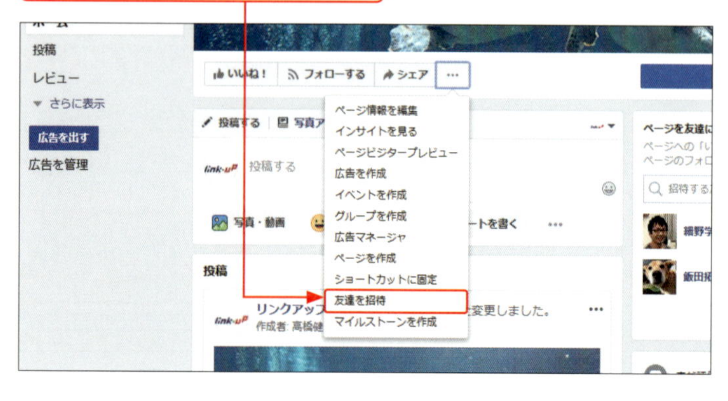

Hint Facebookページは「公開」にする

非公開状態にしていると、手順2の項目が表示されません。作成途中のために「非公開」の設定にしている場合は、必ず「公開」にしてから友達を招待しましょう。

Step up 招待したあと、直接メッセージも送ってみる

招待を送信すると、Facebookのシステム上から「いいね!」のリクエストが届いていることが通知されますが、受け取った側は味気なく感じることもあります。送信した「友達」が実際の知り合いである場合は、リクエストに加えて直接メッセージを送り、Facebookページを作ったことを知らせると、より丁寧です。

3 招待する友達の右にある○をクリックして✓にし、

4 <招待を送信>をクリックすると、友達に「いいね!」のリクエストが送信されます。

5 友達が「いいね!」をしてくれると、通知が来ます。をクリックすると、

6 「○○(友達名)さんが「△△」(Facebookページ名)に「いいね!」しました。」と「○○(友達名)さんが△△(Facebookページ名)への「いいね!」のリクエストを承認しました。」の2つの通知が確認できます。

Memo 何度もしつこく招待しない

Facebookページの内容に興味がなさそうな友達や、あまり深く交流していない友達に何度も招待すると、うんざりされてしまうかもしれません。普段から親しくしている友達に対してもいえますが、こういった友達にはとくに何度も繰り返し招待しないように気を付けましょう。

Hint トップ画面から招待する

Facebookページのトップ画面右側に表示される「ページを友達にすすめよう」からも同様に招待することができます。表示されている友達の右にある<招待>をクリックしましょう。なお、<すべての友達を表示>をクリックすると、手順3の画面が表示されます。

クリックします。

Column Facebookページの投稿は必ずユーザーのニュースフィードに表示される?

ニュースフィードとは「友達」の投稿や「いいね！」を付けているFacebookページからの投稿を表示する画面で、リアルタイムに更新されます。

しかし、Facebookページからの投稿が必ず「いいね！」を付けたユーザーのニュースフィードに表示されるとは限りません。個人アカウントのユーザーは、自分で友達やFacebookページからの投稿を表示するか、非表示にするかを設定することができるからです。またFacebookには、Facebookが独自に設定しているアルゴリズム「エッジランク」という投稿の表示の優先順位があり、エッジランクの判断によっては、投稿してもユーザーのニュースフィードには届かないこともあります（詳しくはSec.39で説明しています）。

ニュースフィードに表示され、ファンを増やすには、ユーザーからの反応率が高いコンテンツを提供し続けることが重要です。Facebookページを運営することは、ユーザーにとって有益で、興味関心を引くコンテンツを作成し、ユーザーの反応に敏感になることが求められるのです。

「いいね!」を付けたFacebookページが必ずしも表示されるわけではありません。「エッジランク」の判断によっては、ニュースフィードに表示されないこともあります。

第3章

Facebookページを運営しよう

Section 24

Facebookページに「いいね!」を付けてもらおう

覚えておきたいキーワード
- いいね!
- ファン
- 投稿に工夫

Facebookページを多くのユーザーに見てもらうためには、ユーザーから1つでも多くの「いいね!」を付けてもらうことが必要になります。どうしたら「いいね!」がもらえるかの施策を考え、工夫をこらしましょう。

1 Facebookページをまずは知ってもらう

Facebookページに「いいね!」を付けてもらうには、まずはFacebookページの存在を知ってもらう必要があります。その方法としては、次の3つがあります。

①友達を招待する(Sec.23参照)
②自社で運営するWebサイト、SNSで宣伝する
③Facebook広告を出す(第6章参照)

①は個人アカウントで「友達」になった人に対して、作成したFacebookページへの招待メールを送信することで行えます。もし友達が「いいね!」をクリックしてくれれば、友達のニュースフィードにそのことが表示されます。②は、自社のWebサイトやTwitterを利用して、告知や宣伝を行う方法です。③はFacebook広告に出稿して、Facebookページを宣伝する方法です。

これらの方法を行うことで、まずは多くの人にFacebookページを知ってもらいましょう。

Facebookを知ってもらう3つの方法

Hint Facebookページの告知媒体

Facebookページの告知には、チラシやポスター、名刺にFacebookページのURLまたはQRコードを載せるといった方法や、Twitterアカウントがあれば、Twitterで告知するといった方法もあります。また、何かしらの形で広告を出す予定があれば、会社名やURLとともに、Facebookページを作ったことも付け加えましょう。Webと紙媒体をフルに利用することが大切です。

Step up Webサイトにも「いいね!」を設置する

自身でWebサイトを持っているのであれば、「いいね!」ボタンを設置しましょう(Sec.56～57参照)。Webサイトに訪問したユーザーに対してFacebookページをアピールでき、「いいね!」のクリックをうながすことができます。

2 「いいね!」がもらえる投稿を考える

Facebookでは、Facebookページに「いいね！」を付けたユーザーのことを「ファン」と呼びます。ファンになったユーザーのニュースフィードにはFacebookページからの投稿が表示されるようになります。さらに、ファンがページの投稿へ「いいね！」を付けるなどアクションを起こした場合、その友達のニュースフィードに投稿が表示されます。そのため、ほかのユーザーが関心を持ってくれれば、Facebookページに訪れてくれる可能性があります。このように情報が広がり、ファンの数が増えれば増えるほど、Facebook上にページの存在が知られるようになります。

とはいえ、ユーザーに「いいね！」を付けてもらうためには、投稿の内容がカギとなります。人気のあるFacebookページは興味・関心を持てる投稿、ユーザーから意見を募るようなユーザー参加型の投稿にするなど、さまざまな工夫を凝らしています。どんなコンテンツを投稿するか、よく検討しましょう（Sec.40参照）。

「いいね！」が広まってFacebookページが宣伝される

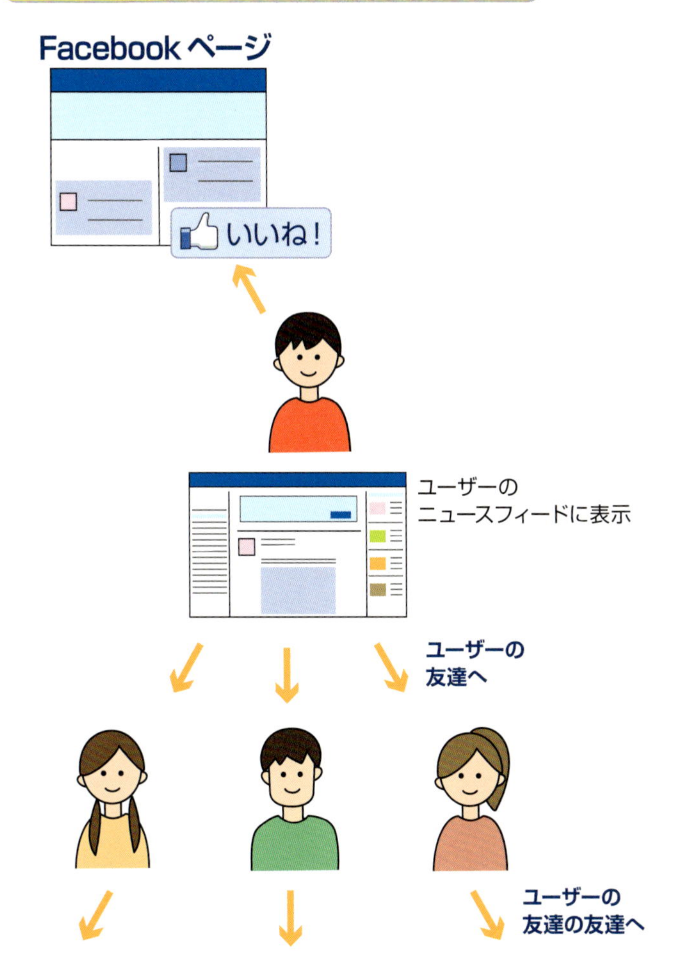

Memo　2種類の「いいね!」に注意

Facebookページで使われる「いいね!」のボタンには2種類あります。ひとつはFacebookページ自体への「いいね!」で、もうひとつは個別の投稿への「いいね!」です。Facebookページのファンとしてカウントされているのはページ自体への「いいね!」の数です。

Hint　「いいね!」はキャンセルできる

一度「いいね!」を付けたとしても、その評価は永久ではありません。ユーザー側はFacebookページからの投稿が不要だと感じたら「いいね!」をキャンセルすることもできます。ファンを飽きさせない投稿を続けることがなによりも大切です。

Section 25

文章を投稿しよう

覚えておきたいキーワード
- 投稿する
- テキスト
- 位置情報

Facebookページに文章を投稿してみましょう。このとき、文章だけではなく位置情報を付けて投稿することもできます。投稿は「ファン」との交流の第一歩です。「いいね！」やコメントがもらえるような、読み手が共感できる文章を投稿するように心がけましょう。

1 文章を投稿する

Facebookページへの投稿はタイムライン上の入力エリアから行います。「投稿する」と表示されている入力エリアで、テキストのみの投稿を行うことができます。

また、現在地の情報を投稿に含めることもできます。たとえば、レジャースポットを紹介する投稿をするという場合に、場所を同時に登録すると、その場所の地図も表示されます。

1 ＜Postを作成する＞をクリックします。

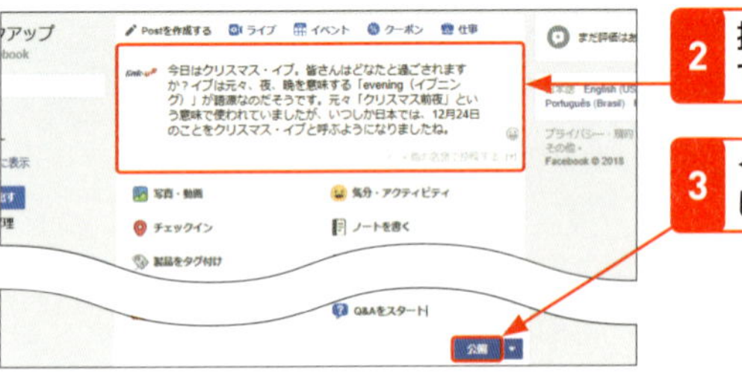

2 投稿内容を入力して、

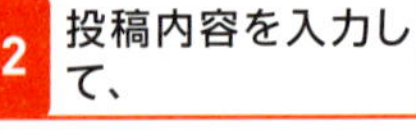

3 ＜公開＞をクリックします。

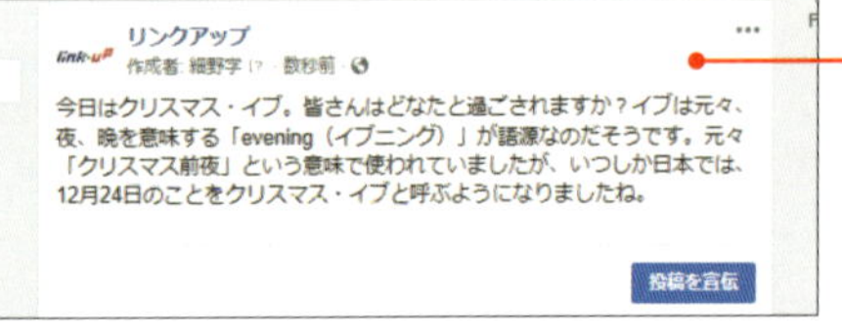

4 投稿がタイムライン上に反映されます。

Hint 投稿内容はポリシーに従おう

「投稿する」といっても、最近の出来事を投稿する必要はなく、新しく発売される製品の紹介や、自己紹介、活動の内容など、投稿する内容は自由です。ただし、企業であれば社内で取り決めたポリシーに従い、著作権に留意した投稿になるよう配慮しましょう。

2 位置情報を付けて投稿する

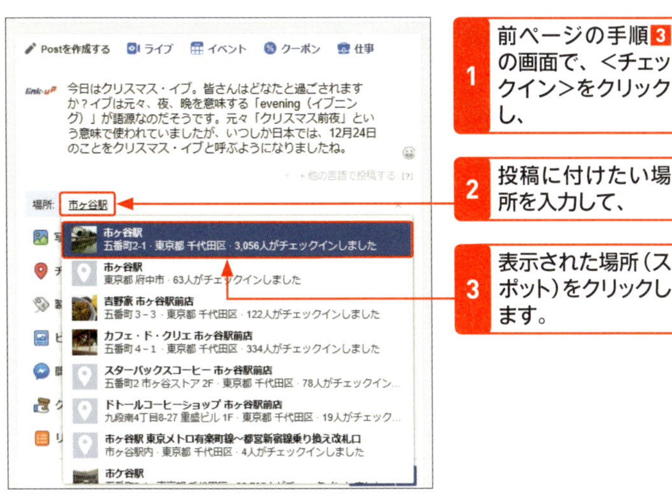

1 前ページの手順**3**の画面で、<チェックイン>をクリックし、

2 投稿に付けたい場所を入力して、

3 表示された場所（スポット）をクリックします。

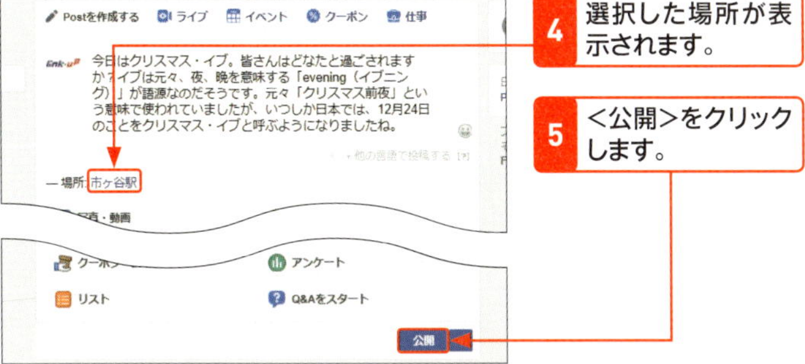

4 選択した場所が表示されます。

5 <公開>をクリックします。

6 位置情報を付けて投稿すると、入力した位置情報を示す地図とともに投稿が反映されます。

Memo 投稿する場所

場所の入力は必ずしも地名だけでなく、Facebookに登録されているお店やレジャー施設、アミューズメントパークなどからも選択することができます。

Memo 地図をクリックする

手順**6**で地図の部分をクリックすると、地図が大きく表示されます。なお、場合によって地図が表示されないこともあります。

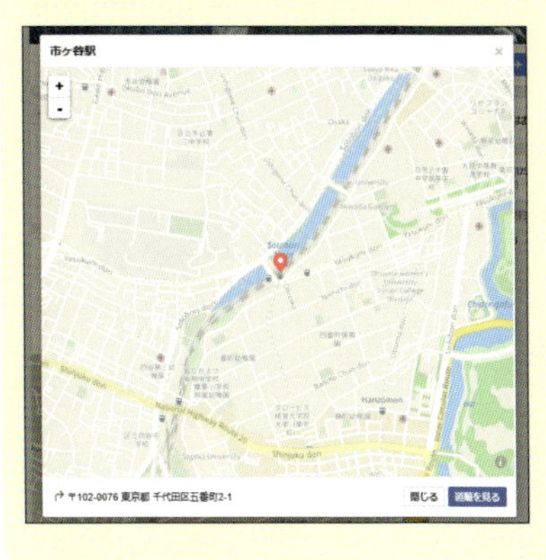

Section 26

写真を投稿しよう

覚えておきたいキーワード
- 写真
- 写真サイズ
- 回転

投稿に写真があるとニュースフィードでの存在感が強くなり、ユーザーの目を一段と引きつけます。テキストと写真を同時に投稿できるとベストです。とくに画像がない場合でもイメージ画像のようなものを投稿するなどして、積極的に写真を投稿しましょう。

1 写真を付けて投稿する

Memo 写真の形式とサイズ

Facebookページにアップロードできる写真のファイル形式はJPEG、PNG、BMP、GIF、TIFFファイルです。ただし、1MB以上のPNGファイルは粗く表示されてしまう可能性があるので、その場合は、1MB以下にしてからアップロードしましょう。また、写真のファイルサイズは15MB以内が推奨されています。

近況を投稿するとき、写真があると、より一層ユーザーの興味や関心を引きやすくなります。とくに写真が必要ない内容であっても、イメージ写真を用意して投稿するとよいでしょう。

1 <写真・動画>をクリックし、

2 <写真／動画をアップロード>をクリックします。

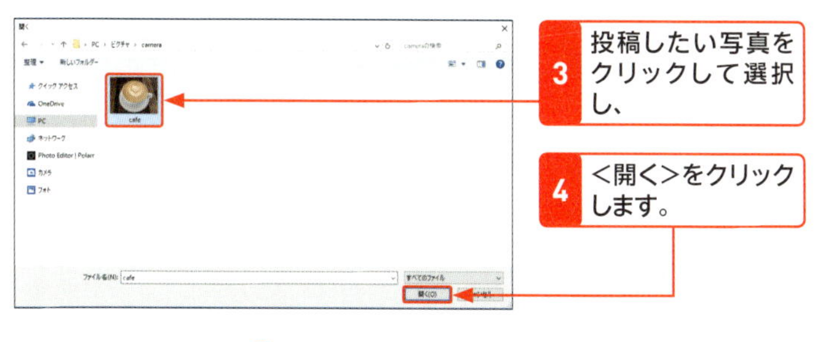

3 投稿したい写真をクリックして選択し、

4 <開く>をクリックします。

5 テキストを入力して、

6 <公開>をクリックします。

7 テキストと写真が投稿されます。

8 写真をクリックすると、大きく表示されます。

Hint 複数の写真を投稿するには

複数の写真を投稿する場合は、手順5で+をクリックすると追加することができます。

Hint 投稿した写真を回転させる

投稿した写真は、あとから回転させて表示させることができます。回転はクリックするごとに90°ずつ回転します。

1 手順8で写真をクリックし、<オプション>をクリックして、

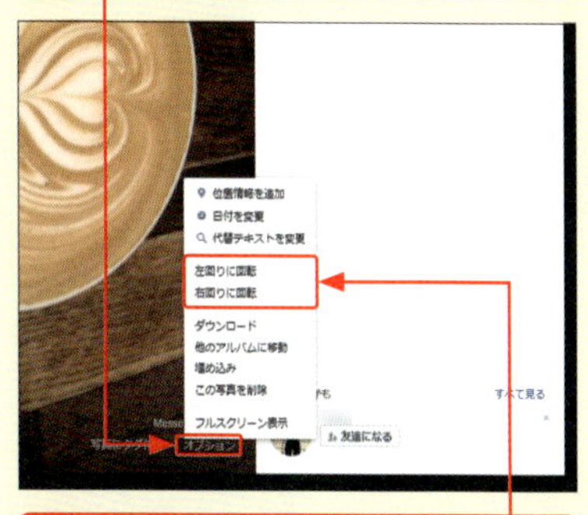

2 <左回りに回転>もしくは<右回りに回転>をクリックします。

Section 27

複数の写真をアルバムにまとめて投稿しよう

覚えておきたいキーワード
- アルバム
- 写真
- 複数の写真

2枚以上の写真をニュースフィードに投稿したい場合は、Sec.26の通常の写真の投稿方法でもできますが、**投稿と同時にアルバムを作成するという方法で投稿することができます**。写真をカテゴリ分けして投稿するときに便利です。

1 アルバムを作成して写真を投稿する

2枚以上の写真を投稿したい場合は、Facebookのアルバムの機能を使って投稿すると便利です。Sec.26の方法でも複数写真の投稿は可能ですが、投稿した写真が「タイムラインの写真」というアルバムに格納されるため、改めて写真の整理をする必要があります。

1 <写真・動画>をクリックし、

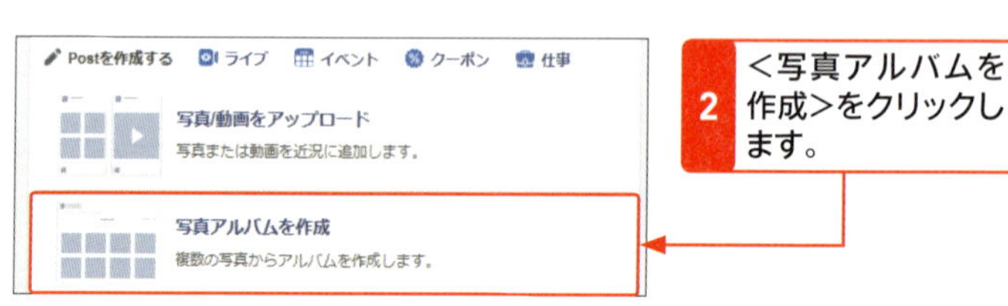

2 <写真アルバムを作成>をクリックします。

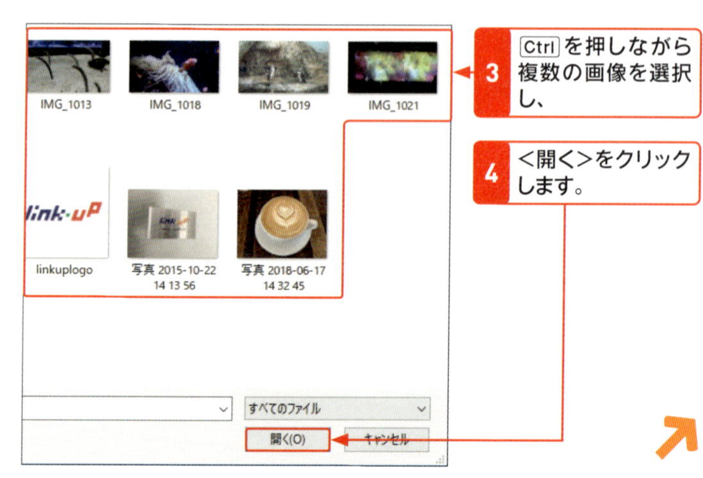

3 Ctrl を押しながら複数の画像を選択し、

4 <開く>をクリックします。

Memo アルバムとは

アルバムは、投稿した写真をまとめて管理できる機能です。イベントの写真など、バラバラに管理したくない場合に便利です。アルバムを閲覧するには、Facebookページの左側にある<さらに表示>→<写真>をクリックし、見たいアルバムを選択します。

Hint 写真を追加する

手順7の画面で<写真を追加>をクリックすると、さらに写真を追加することができます。

5 読み込まれた画像が表示されるので、適宜補足の文章を入力します。

6 アルバム名とアルバムの説明、撮影場所などを入力します。

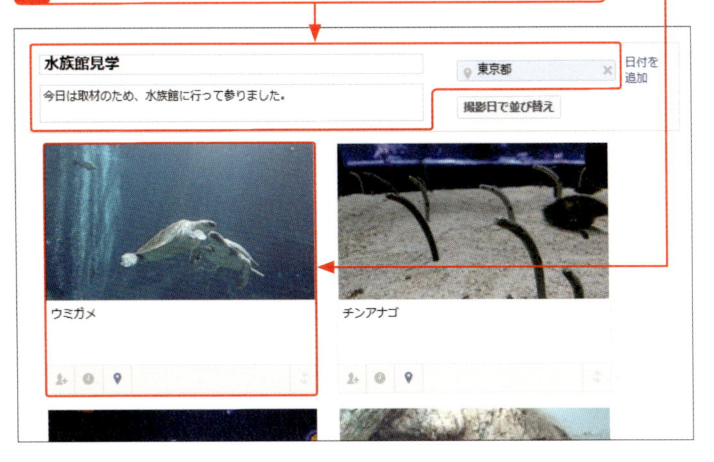

7 <写真を投稿>をクリックすると、

8 タイムラインに説明文とともに表示されます。

Hint 高画質で表示する

手順**7**の画面で<高画質>をオンにすると、画質の劣化をおさえてアップロードすることができます。

Memo 入力情報は編集可能

写真の投稿時に入力した、撮影場所や日時、アルバムのタイトルの情報は投稿後も変更することができます。Facebookページのトップ画面のメニューから<写真>をクリックし、編集を行いたい写真を直接クリックすると、「編集する」メニューで行うことができます。

Section 28

アルバムを見やすく編集しよう

覚えておきたいキーワード
- 写真の整理
- 他のアルバムに移動
- アルバムの表紙

投稿した写真が収録されているアルバムを整理して、ユーザーが見やすい状態にしておきましょう。また、写真の表示順を変更することで、タイムライン上に表示されるアルバムの写真も変更されます。見栄えがよい写真が大きく表示されるようにしましょう。

1 タイムラインの写真をアルバムに移動する

Memo タイムラインの写真

アルバムを作成せずに投稿した写真は、「タイムラインの写真」というアルバムにまとめられて表示されます。それらの写真を別のアルバムに移動したい場合は、右の操作で行えます。

タイムラインに投稿した写真をテーマごとのアルバムに移動したいときや、間違えて別のアルバムに入れてしまったという場合には、写真をほかのアルバムに移動させることができます。

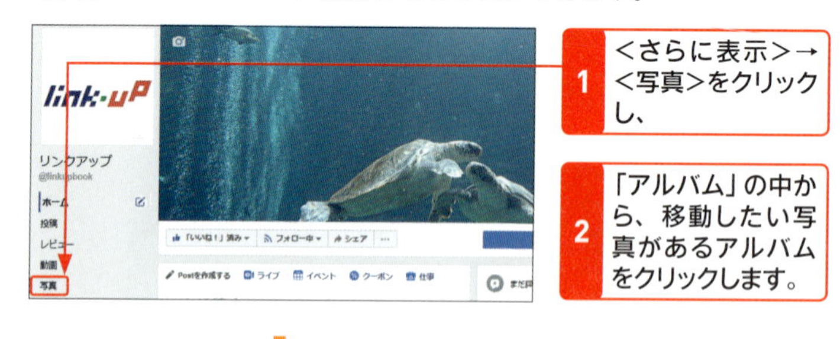

1 <さらに表示>→<写真>をクリックし、

2 「アルバム」の中から、移動したい写真があるアルバムをクリックします。

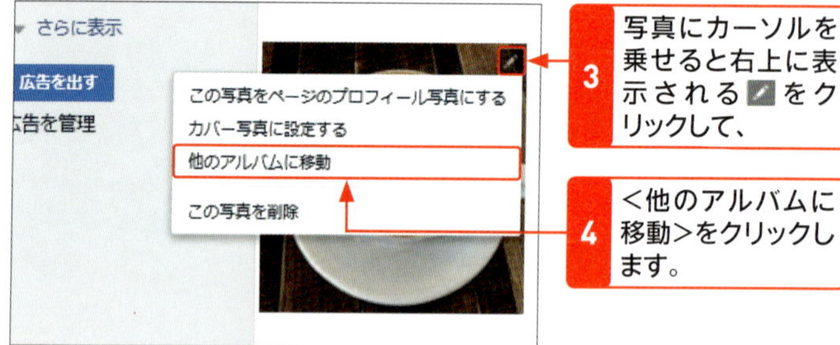

3 写真にカーソルを乗せると右上に表示されるをクリックして、

4 <他のアルバムに移動>をクリックします。

5 移動先のアルバムをプルダウンメニューから選択して、

6 <写真を移動>をクリックします。

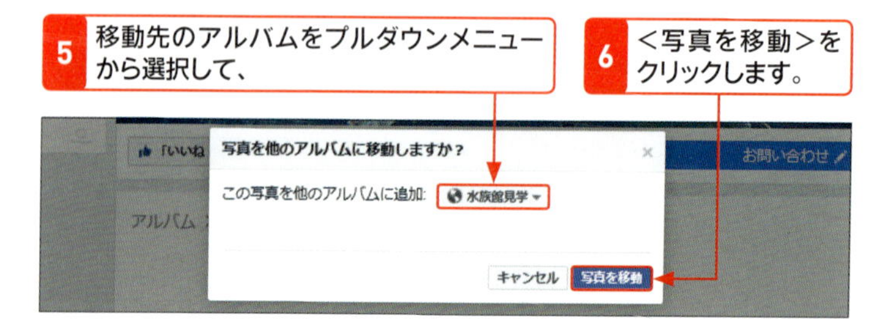

第3章 Facebookページを運営しよう

2 見栄えのよい写真を大きく表示する

アルバム機能を使った投稿は、タイムライン上で写真がタイル状になって表示されます。通常はアップロードした順番で表示されていますが、この表示は、アルバムの写真を並べ替えることで変更できます。とくに、アルバムのいちばん最初の写真が大きく表示されるので、見栄えのよい写真に変更しておきましょう。

1 <さらに表示>→<写真>をクリックします。

2 アルバムをクリックします。

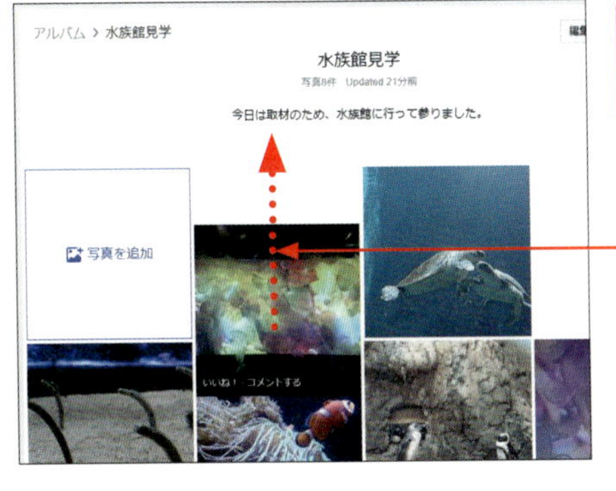

3 大きく表示したい写真を先頭までドラッグします。

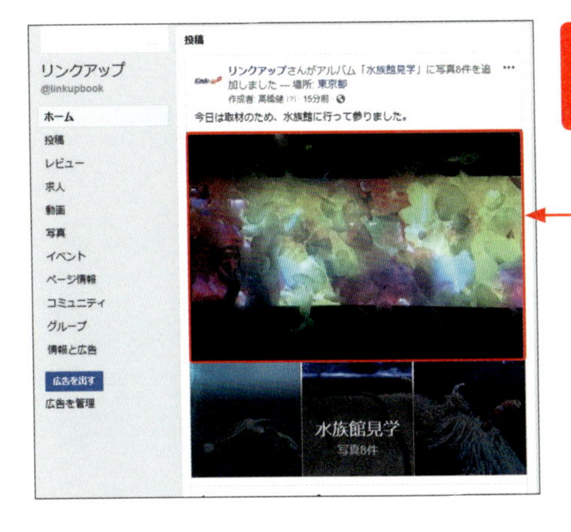

4 手順3の画像が、大きく表示されます。

Hint アルバムを共有するには

手順3の画面で ··· →<リンクを取得>の順にクリックすると、Facebookのアカウントを持っていない人も写真を閲覧できるURLが表示されます。

Memo アルバムを削除する

アルバムを削除したい場合は、手順3の画面で ··· →<アルバムを削除>をクリックすると削除できます。

Section 29

写真にタグや位置情報を追加しよう

覚えておきたいキーワード
- タグ
- プライバシー
- 位置情報

Facebookページへ投稿した**写真に、個人アカウントからタグ付け**をすることができます。関係者などをタグを付けることで、どのような人物がその写真に関連しているかなどを知らせることができます。また、位置情報を付けて、具体的なスポット名や地図を表示させることも可能です。

1 写真に人物をタグ付けする

写真に**タグ**を付けることで、誰がその写真に写っているか、関連しているかなどを知らせることができます。タグ付けをすることでユーザーがいつ、どこにいたのかという情報を広めることにもなるので、**プライバシーの侵害がないように**、タグ付けをするユーザーを関係者に限定するなど、事前にルールを策定しておきましょう。

1 タグ付けしたい写真をクリックします。

2 <写真にタグ付け>をクリックします。

3 写真内のタグ付けしたい部分をクリックし、

4 名前を入力、または表示されている中から選択して、

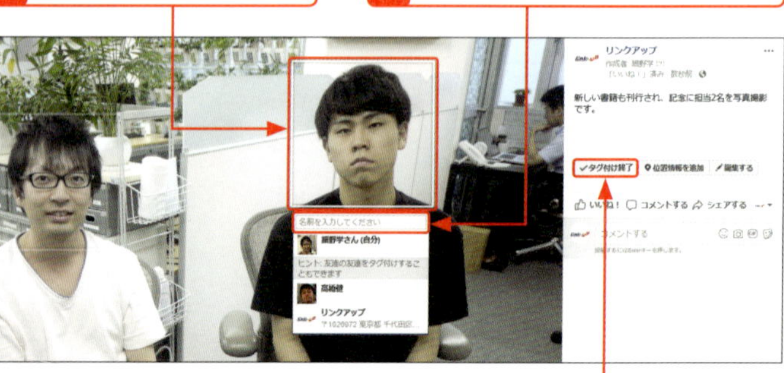

5 <タグ付け終了>をクリックします。

Memo タグ付けを嫌うユーザーもいる

ユーザーの中には、タグ付けされることで自分の行動が見知らぬ第三者にも広まることを嫌う人もいます。誰でもタグ付けを快く受け入れるわけではありませんので、タグ付けするユーザーは社内や内輪のメンバーに限定するといった配慮も必要です。

Step up タグ付けできる権限を制限する

Facebookページ右上の<設定>をクリックし、「タグ付けの権限」で<(ページ名)が投稿した写真や動画に他の人がタグ付けすることを許可する>をオンにすると、ほかのユーザーもタグ付けできるようになります。管理者のみにしたい場合はオフにしておきます。

Hint タイムラインでの見え方

Facebookページのタイムライン上では「友達:(タグ付けしたユーザー名)」と表示されます。

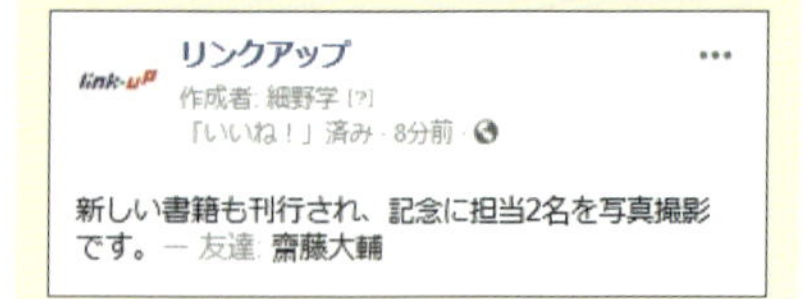

2 写真に位置情報を付ける

投稿した写真の場所を示すには、位置情報を付ける方法がかんたんです。たとえば、投稿で紹介したお店やレジャースポットなどの位置情報を設定すれば、スポットページと関連付けられ、地図やスポット情報をユーザーにわかりやすく伝えることができます。

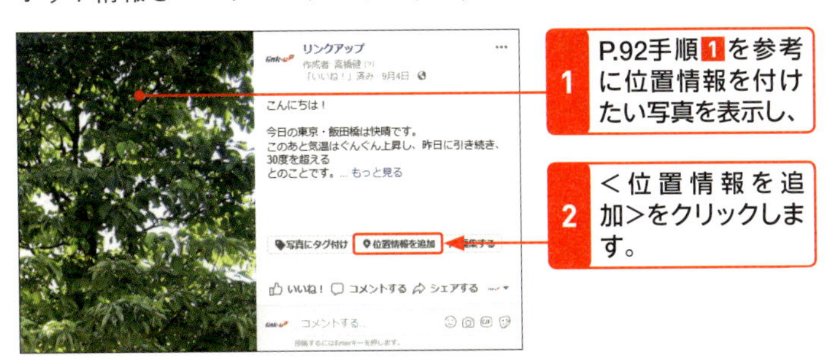

1 P.92手順1を参考に位置情報を付けたい写真を表示し、

2 <位置情報を追加>をクリックします。

3 スポット名などの位置情報を入力し、

4 表示される候補の中から選択します。

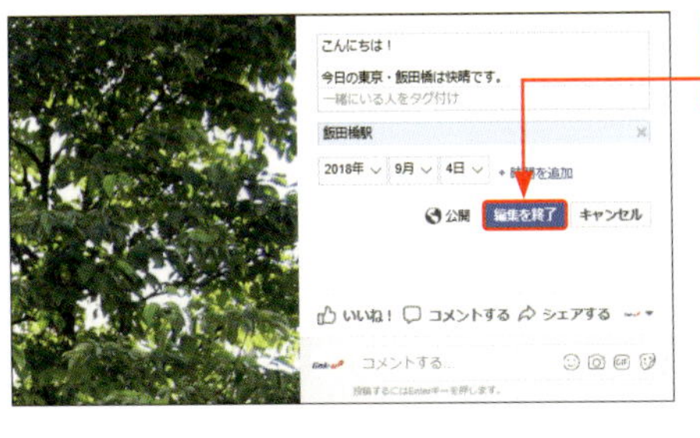

5 <編集を終了>をクリックすると、

6 写真に位置情報が表示されます。

Hint タイムラインでの見え方

タグ付けをした写真に位置情報を追加すると、Facebookページのタイムライン上では「一緒にいる人：(タグ付けしたユーザー名) 場所：(付けた位置情報のスポット)」と表示されます。

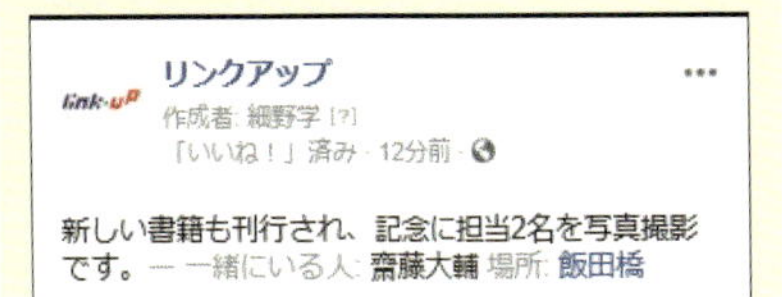

Hint スポットページを開く

位置情報をクリックすると、スポットページを開くことができます。スポットページには住所や地図、「いいね!」やチェックインをした人数、チェックインした友達、周辺のスポット情報、レビューなどが表示されます。

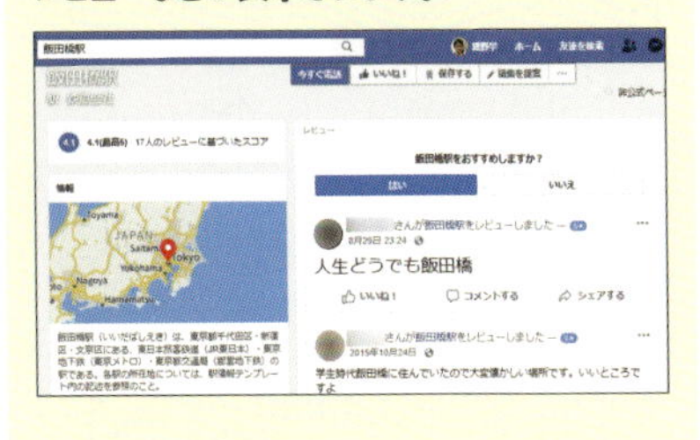

Memo タグや位置情報を削除する

手順2の画面で<編集する>をクリックし、登録したタグや位置情報の×をクリックすると、情報を削除できます。

Section 30

動画を投稿しよう

覚えておきたいキーワード
▶ 動画
▶ 動画の形式
▶ YouTube

Facebookページでは、スマートフォンやビデオカメラで撮影した動画を投稿することも可能です。すでにプロモーション向けの動画を持っている場合や、コンテンツとして注目してもらいたいときなど、ユーザーに強く投稿を印象付けたい場合に効果的です。

1 動画を投稿する

自社の商品やサービスを具体的に紹介したい場合は、文章や画像よりも動画で見せると伝わりやすいということがあります。Facebookでは多くの動画ファイル形式に対応しており、ビデオカメラだけでなくスマートフォンで撮影した動画もアップロードできるので、手軽でかんたんです。

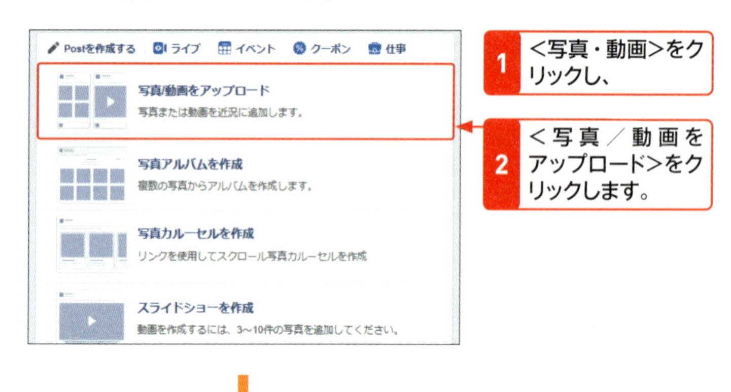

1 <写真・動画>をクリックし、

2 <写真／動画をアップロード>をクリックします。

3 投稿したい動画を選択し、

4 動画のタイトルと説明文を入力して、

5 <次へ>をクリックして、必要に応じて投稿ツールオプションを設定し、<公開>をクリックします。

Memo 投稿可能な動画の形式

Facebookページに投稿できる動画の形式は次の通りです。FacebookではMP4形式が最適としています。

3g2（モバイル動画）、3gp（モバイル動画）、3gpp（モバイル動画）、asf（Windows Media動画）、avi（AVI動画）、dat（MPEG動画）、divx（DIVX動画）、dv（DV動画）、f4v（Flash動画）、flv（Flash動画）、m2ts（M2TS動画）、m4v（MPEG-4動画）、mkv（マトロスカフォーマット）、mod（MOD動画）、mov（QuickTimeムービー）、mp4（MPEG-4動画）、mpe（MPEG動画）、mpeg（MPEG動画）、mp4（MPEG-4動画）、mpg（MPEG動画）、mts（AVCHD動画）、nsv（Nullsoft動画）、ogm（Ogg Mediaフォーマット）、ogv（Ogg Videoフォーマット）、qt（QuickTimeムービー）、tod（TOD動画）、ts（MPEGトランスポートストリーム）、vob（DVD動画）、wmv（Windows Media動画）

Hint 投稿には時間がかかる

投稿した動画はFacebook側でエンコードが行われるため、しばらく時間がかかります。

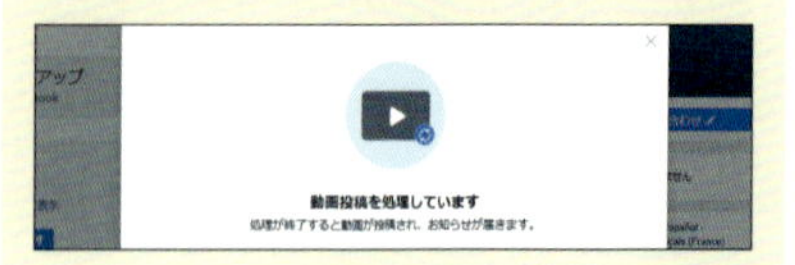

2 YouTubeの動画を投稿する

YouTubeに投稿しているオリジナルの動画をFacebookページにも投稿することができます。この場合はURLを投稿欄にコピーするだけです。投稿後、動画をクリックしても画面遷移はなく、Facebookページ上で動画が再生されます。

すでにYouTubeに投稿している動画があるなら、この方法で動画を投稿するとよいでしょう。

1 投稿したい動画が掲載されているYouTubeのページを表示し、<共有>をクリックします。

2 URLをコピーします。

3 <Postを作成する>をクリックします。

4 投稿内容を入力し、

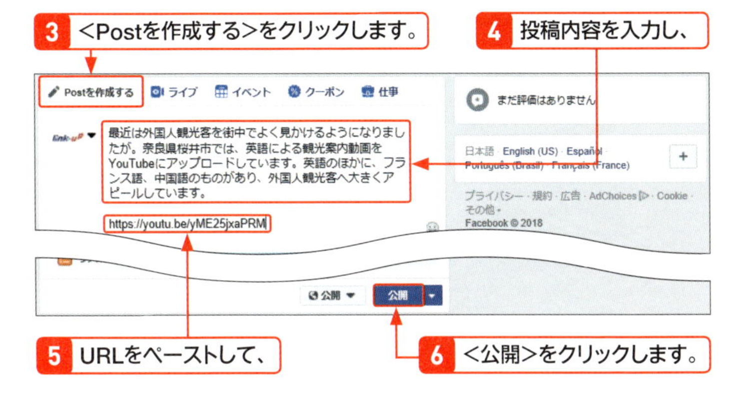

5 URLをペーストして、

6 <公開>をクリックします。

7 Youtube動画が表示されます。

Hint Facebookアイコンはクリックしない

YouTubeのページでFacebookのアイコンをクリックすると、個人アカウントでの投稿になってしまいます。Facebookページに投稿するには、左の方法を行ってください。

Section 31

繰り返し見てほしい情報は「ノート」に記そう

覚えておきたいキーワード
- ノート
- 投稿
- 書式

普段の投稿よりも長めの文章を投稿したいときや、より濃い情報を投稿したいときは「ノート」機能を使いましょう。ニュースフィードの投稿と違い、常に固定のコンテンツとしてストックできます。

1 見せたい、読ませたい情報を「ノート」に書く

「ノート」とはブログのように文章と写真を書き込んで保存できる機能です。コラムなど長めの文章や情報を載せたい場合は、ノートに書くようにしましょう。

たとえば、ユーザーに必ず読んでほしいことをノートにまとめ、ページのトップに固定で表示する、といった活用方法もあります(Sec.48参照)。

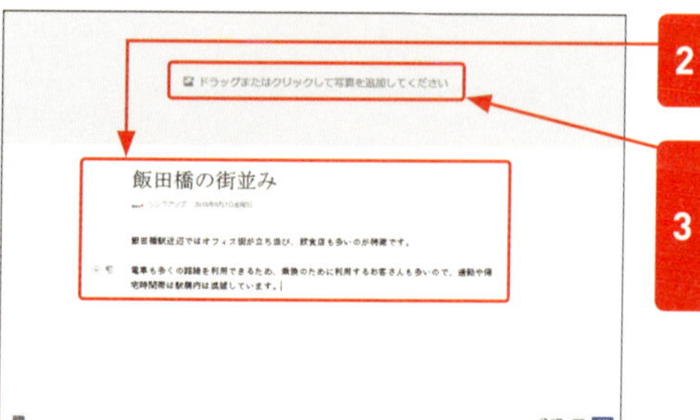

2 タイトルと本文を入力します。

3 <ドラッグまたはクリックして写真を追加してください>をクリックします。

> **Memo ノートは保存した日が公開日**
>
> ノートの場合、公開する日時は指定できません。公開するタイミングをはかりたい場合はいったん下書き保存し、公開日時になった時点で手動で公開処理します。

4 ノートに追加したい写真をクリックします。

5 <公開>をクリックします。

6 「ノートが公開されました。」と表示されます。<閉じる>をクリックします。

Memo 記事の書式を変更する

ノートの編集画面では、文字をドラッグして選択することで、書体や書式などを変更することができます。太字、斜体、下線、箇条書き、引用などを指定して、読みやすい記事を作成しましょう。

Hint ノートを編集する

Facebookページの左側にある<さらに表示>→<ノート>をクリックすると、作成したノートが表示されます。この画面でノートをクリックし、右上の<ノートを編集>をクリックすると編集が行えます。

Section 32

ファンからのコメントに返事をしよう

覚えておきたいキーワード
▶返信
▶非表示
▶削除

投稿した近況にコメントを付けてくれたファンは、「いいね！」を付けてくれたファンよりもさらに一歩踏み込んだ間柄といえます。こういったファンに引き続き興味を持ってもらうためにも、コメントへの返信はできるだけ行い、コミュニケーションを取りましょう。

1 コメントに返信する

投稿に対してコメントが付くと、「お知らせ」にコメントが付いたことが通知されます。投稿へのコメントという形で反応があると、コメントしたユーザーにとっても嬉しいものです。Facebookページの盛り上がりにつながりますので、できるだけコメント返信を行うようにしましょう。

ときには苦情や誹謗中傷が書き込まれる可能性もありますが、そのような場合は冷静に対処することが大切です。

1 コメントが書き込まれると「お知らせ」にバッジが付きます。＜お知らせ＞をクリックします。

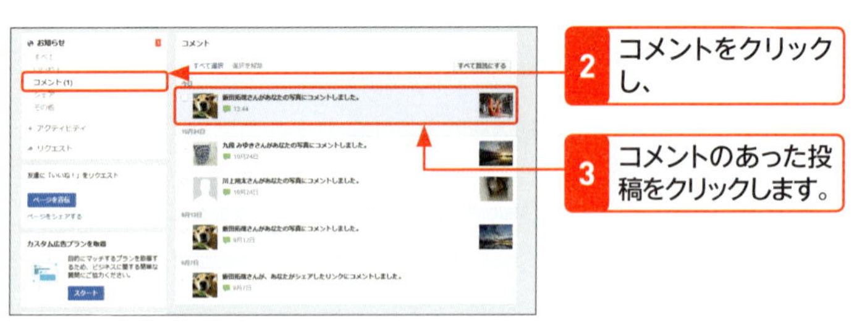

2 コメントをクリックし、

3 コメントのあった投稿をクリックします。

4 コメントの＜返信＞をクリックし、

5 返信コメントを入力して、

6 Enter を押します。

! Hint 返信を編集する

いったん投稿した返信を編集したい場合は、タイムライン上の投稿で、自分の返信にマウスカーソルを合わせると右上に表示される［…］→＜編集＞をクリックします。編集したコメントは「編集済み」と表示されます。

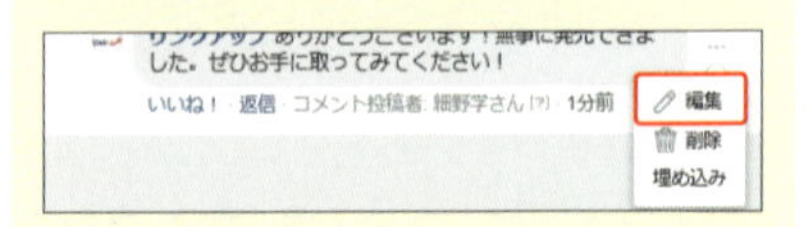

! Hint 投稿した返信を削除する

投稿した返信を削除したい場合は［…］→＜削除＞をクリックします。「このコメントを削除してよろしいですか?」と表示されるので＜削除＞をクリックすると、コメントが削除されます。

Step up 写真を付けて返信する

写真を付けてコメントに返信することもできます。コメントの入力エリアにある［カメラ］をクリックすると、写真を読み込んで投稿することができます。

2 投稿されたコメントを非表示／削除する

投稿されたコメントの内容に不適切な内容が含まれていたり、個人情報が書き込まれたりといった問題があった場合は、該当のコメントを非表示にしたり削除したりすることができます。また、投稿したユーザーをブロックするときもこの方法で行えます。

1 非表示にしたいコメントにマウスカーソルを合わせると、右上に[…]が表示されるのでクリックし、

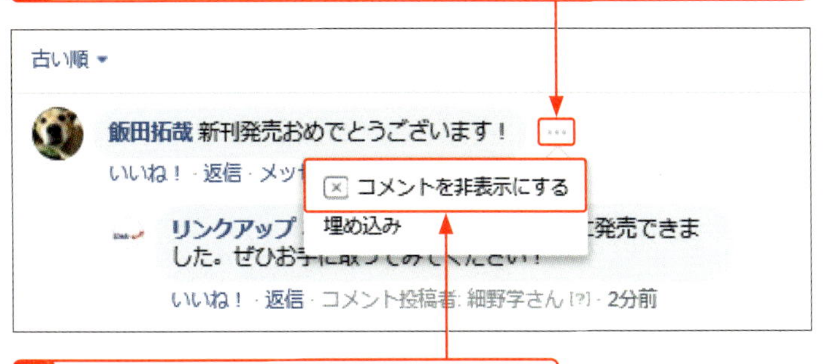

2 ＜コメントを非表示にする＞をクリックします。

3 コメントが非表示になります。

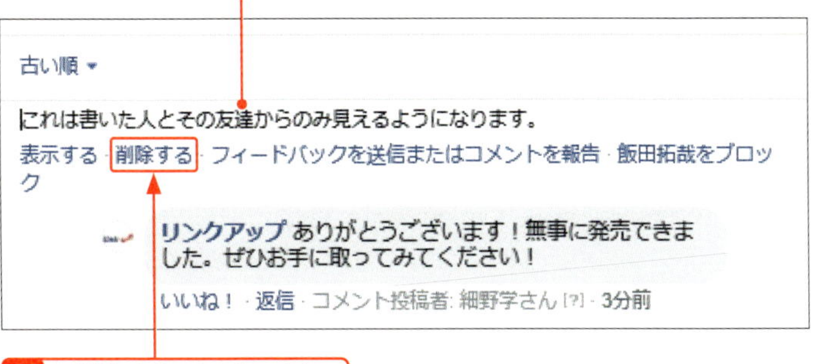

4 ＜削除する＞をクリックし、

5 ＜削除＞をクリックすると、コメントが削除されます。

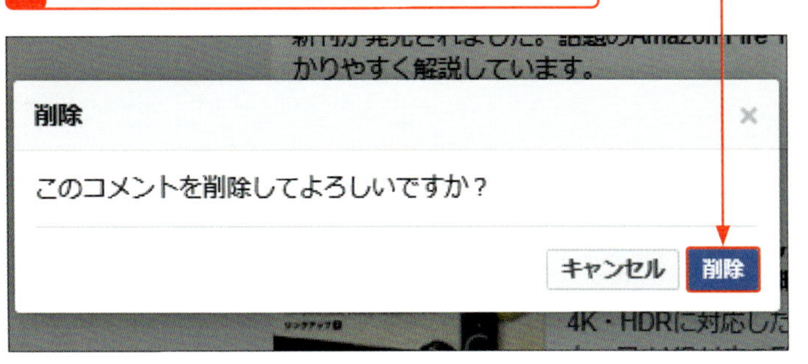

Memo コメントを非表示にしても投稿者は見える

非表示にしたコメントは、投稿した人とその友達には表示されます。コメントを書いた人にとってはコメントが表示されているように見えるため、自分のコメントが非表示になっていることはわかりません。完全に誰にも見えないようにしたい場合は削除を行いましょう。

Memo 一時的に投稿を禁止する

手順**4**で＜（アカウント名）をブロック＞をクリックすると、コメントした人の投稿を禁止することができます。禁止を解除するのもコメント欄から行えます。一時的に投稿を禁止して、様子を見て解除するといったやり方も可能です。

Hint コメントを再表示する

一度非表示にしたコメントを再び表示したい場合は、手順**4**で＜表示する＞をクリックします。

Section 33

メッセージで問い合わせに対応しよう

覚えておきたいキーワード
- メッセージに返信
- 完了
- メッセージを削除

Facebookのユーザーは、Facebookページに対してメッセージを送信することができます。ユーザーから送られてきたメッセージはよく読んで、適切に対応しましょう。ここでは、ユーザーからのメッセージに対応する方法を解説します。

1 メッセージに返信する

Facebookページからメッセージを送ることができるのは、メッセージを送ってくれたユーザーに対してのみ、となっています。これはFacebookページから無闇にユーザーにメッセージを送らないようにするための対策です。

また、Facebookページとしてユーザーからのメッセージを受け取るかどうかを設定することもできます。初期状態ではメッセージを受け取る設定になっているので、メッセージ機能を一切使用しない場合は、非表示の設定を忘れずに行いましょう。

1 ユーザーからのメッセージが届くと、「受信箱」にバッジが付きます。＜受信箱＞をクリックします。

2 返信を送るにはメッセージをクリックします。

3 返信内容を入力し、

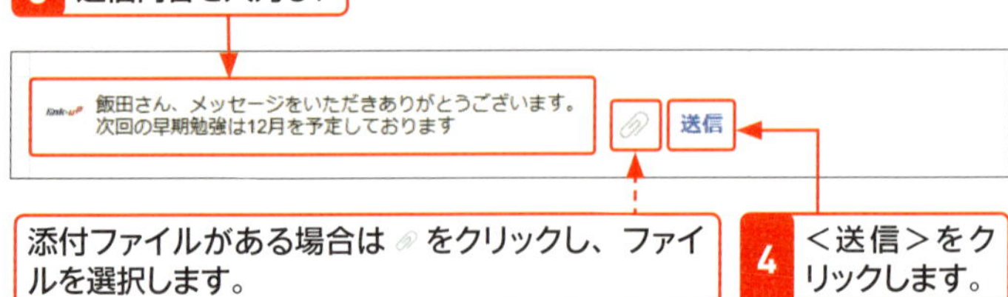

添付ファイルがある場合は  をクリックし、ファイルを選択します。

4 ＜送信＞をクリックします。

5 返信した内容が表示されます。

Memo ユーザーへのメッセージで注意したいこと

メッセージを受け付ける場合は、ユーザーからの問い合わせや苦情が送られてくることもあり得ます。どんな内容の問い合わせであっても、迅速で丁寧な対応を心がけましょう。返信が遅れそうな場合でも「担当者から改めてご連絡します」というひと言があると印象が違います。

Step up メッセージを受け付けない

Facebookページの右上にある＜設定＞をクリックし、「メッセージ」の＜編集する＞をクリックします。＜メッセージボタンを表示して、閲覧者からの非公開メッセージを受け付ける＞をオフにし、＜変更を保存＞をクリックすると、ユーザーがメッセージを送信できないようになります。

2 届いたメッセージを整理する

届いたメッセージは、「受信箱」に保存されます。受信メッセージが多くなって整理したい場合には、手動で「完了」に振り分けることができます。また、不要なメッセージは削除可能です。

既読メッセージを「完了」に移動する

1 振り分けたいメッセージを表示し、<完了済みにする>をクリックします。

2 <メイン>をクリックし、

3 <完了>をクリックすると、メッセージが移動していることが確認できます。

メッセージを削除する

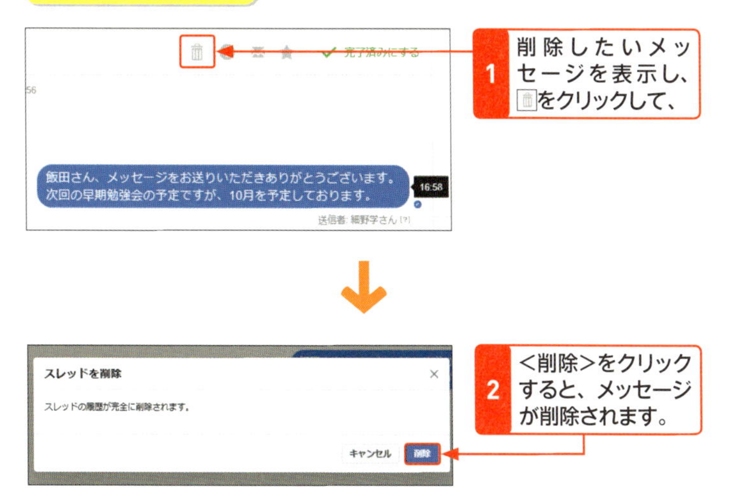

1 削除したいメッセージを表示し、🗑をクリックして、

2 <削除>をクリックすると、メッセージが削除されます。

> **Memo メッセージを使った勧誘や宣伝は禁物**
>
> メッセージを送ってくれたユーザーだからといって、頼まれてもいない自社の製品やサービスの宣伝を含む内容のメッセージは途端に嫌われることになり、イメージを損なうことになりかねません。個別に対応できるメッセージでも、あくまでユーザーに対応するための窓口であると心得えましょう。

Section 34

予約投稿を設定しよう

覚えておきたいキーワード
▶予約投稿
▶投稿日時を指定
▶予約投稿を修正、削除

新しい情報の告知など、タイミングを見計らった投稿や、休日にも投稿したい場合は**予約投稿**の機能を利用しましょう。タイムラインへの投稿を欠かさず行うために、ぜひ知っておきたい機能です。

1 日時を指定して投稿する

新製品やサービスの告知を行うために指定したタイミングで投稿したいときや、休みのために数日間タイムラインへの投稿ができないといった場合には、予約投稿の機能を利用しましょう。また、投稿の時間によってユーザーからの反応に違いがあるかを比較したいときにも便利です。

予約投稿の方法は通常の投稿の手順の中で、年月日と時間を指定するだけです。

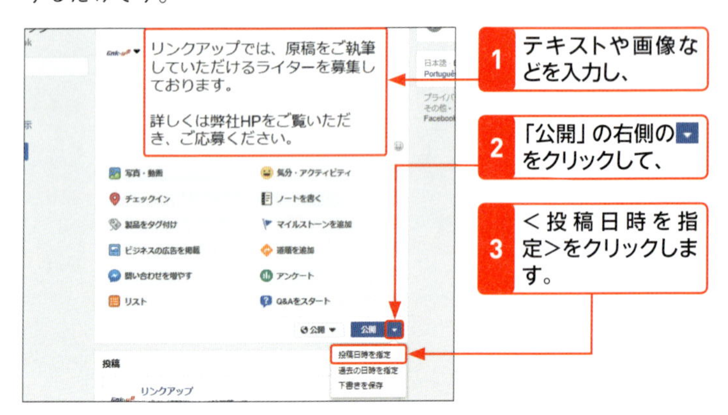

1 テキストや画像などを入力し、

2 「公開」の右側のをクリックして、

3 <投稿日時を指定>をクリックします。

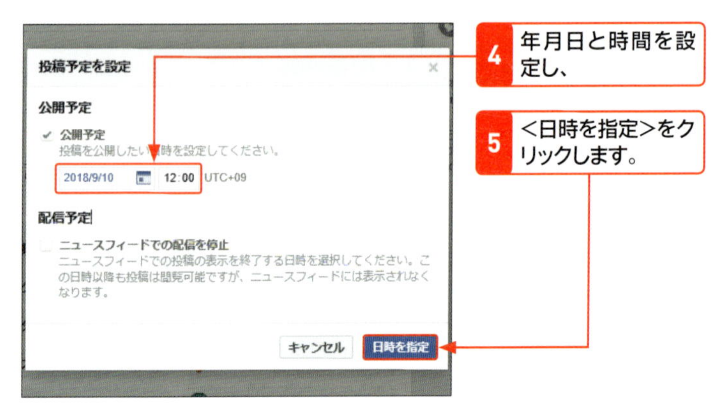

4 年月日と時間を設定し、

5 <日時を指定>をクリックします。

Hint 過去の日付でも投稿できる

手順3で<過去の日時を指定>をクリックすると、年月日を指定して過去の日付で近況を投稿することができます。

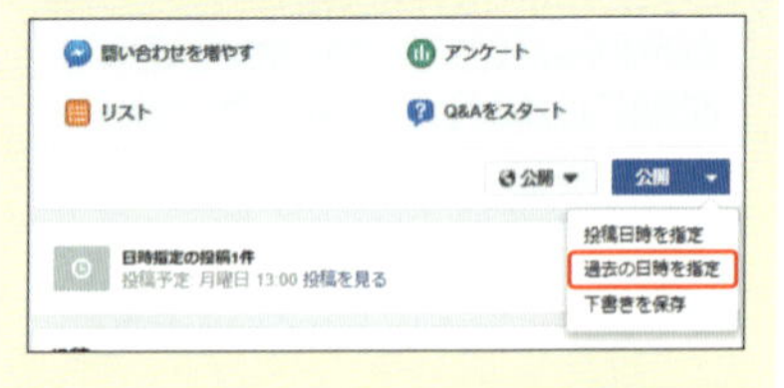

Memo 年月日の設定

手順4で現在の年月日をクリックすると、カレンダーが表示されて日付を選択することができます。

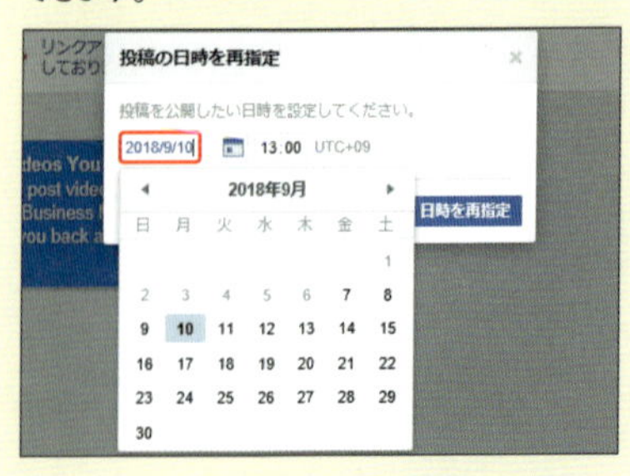

2 予約投稿を確認／修正する

予約投稿した内容を確認したいとき、または予約した日時を修正したい場合は以下の手順で日時を再指定します。

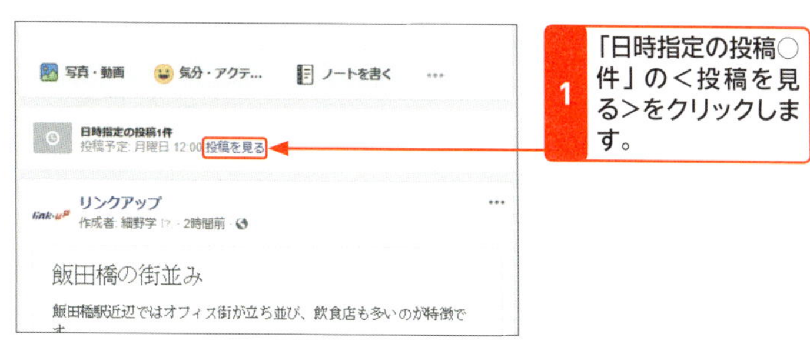

1 「日時指定の投稿◯件」の＜投稿を見る＞をクリックします。

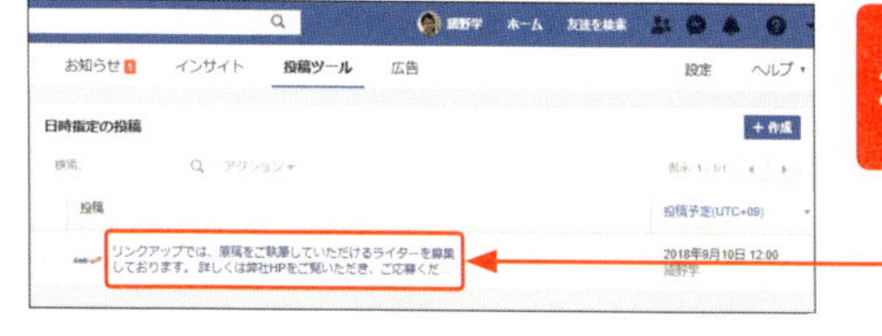

2 修正したい予約投稿をクリックします。

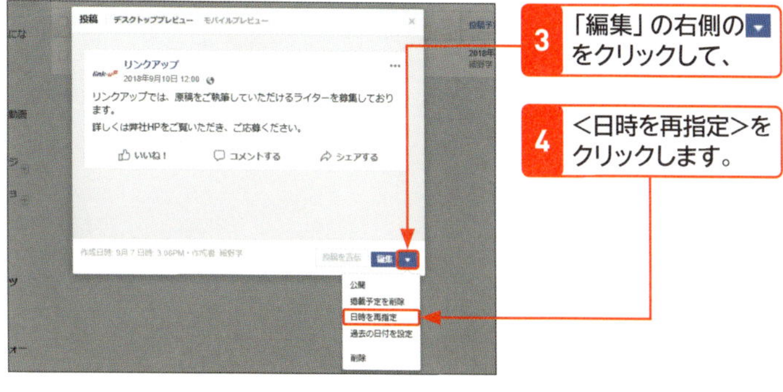

3 「編集」の右側の▼をクリックして、

4 ＜日時を再指定＞をクリックします。

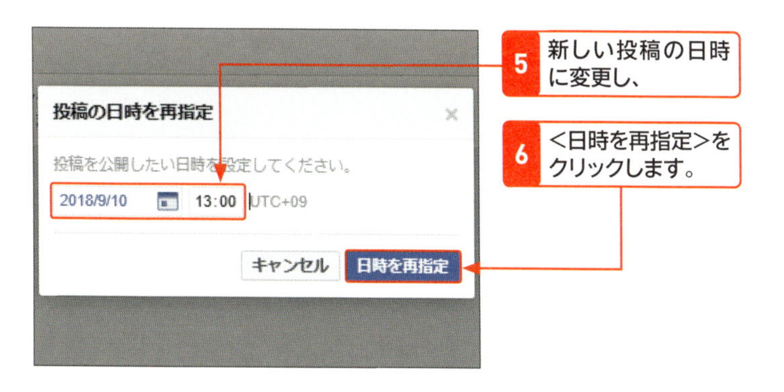

5 新しい投稿の日時に変更し、

6 ＜日時を再指定＞をクリックします。

! Hint 投稿内容を修正したいとき

手順3で＜編集＞をクリックし、投稿内容を変更して＜保存＞をクリックすると投稿内容を修正することができます。

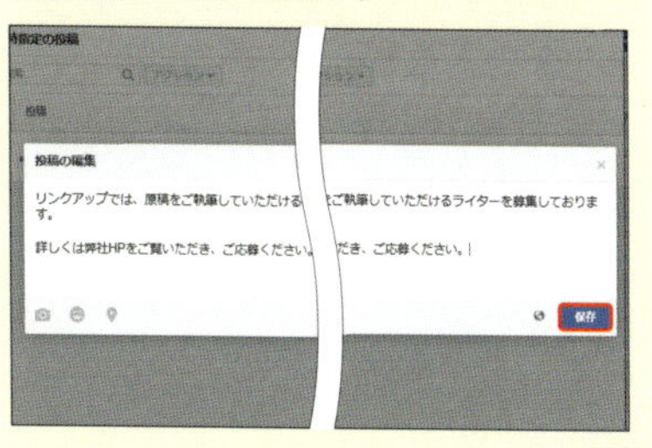

! Hint 予約投稿を削除する

予約投稿を削除したい場合は、手順4で＜削除＞→＜削除＞をクリックします。

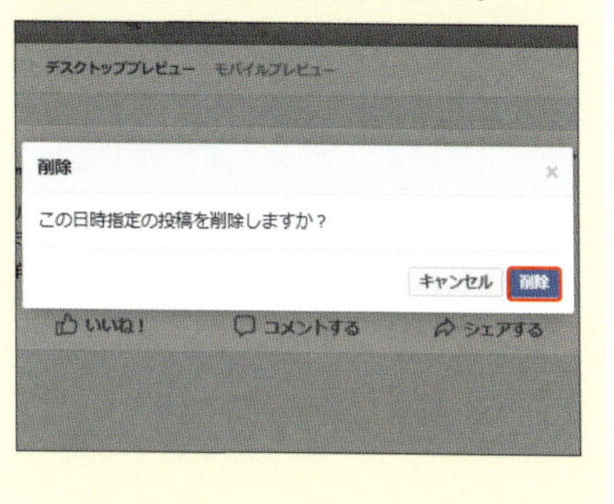

Step up 予約投稿を今すぐ公開する

投稿をすぐに公開したい場合は、手順4で＜公開＞→＜公開＞をクリックします。

Section 35

アクティビティログから投稿を管理しよう

覚えておきたいキーワード
▶アクティビティログ
▶表示設定
▶スパム投稿

Facebookページで行った投稿やコメントなどの履歴はすべてアクティビティログに表示され、管理することができます。アクティビティログからは、タイムラインへの表示設定や、投稿の削除などを行うことができます。

1 投稿を非表示にする

アクティビティログとは、過去の投稿や写真のアップロード、コメントなどの履歴が表示されている記録ページです。アクティビティログを確認、操作できるのは管理人のうち、「管理者」「編集者」「モデレーター」の権限を持った人のみです。「広告管理者」と「アナリスト」はアクティビティログを利用した投稿の削除などを行うことはできません。

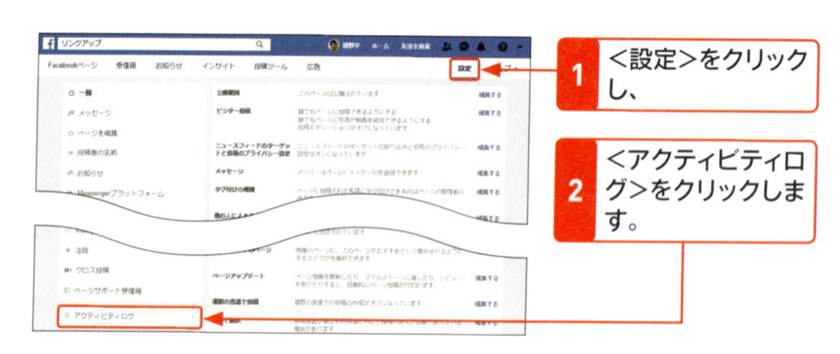

1 <設定>をクリックし、

2 <アクティビティログ>をクリックします。

3 アクティビティログが表示されます。非表示にしたい投稿右上の をクリックし、

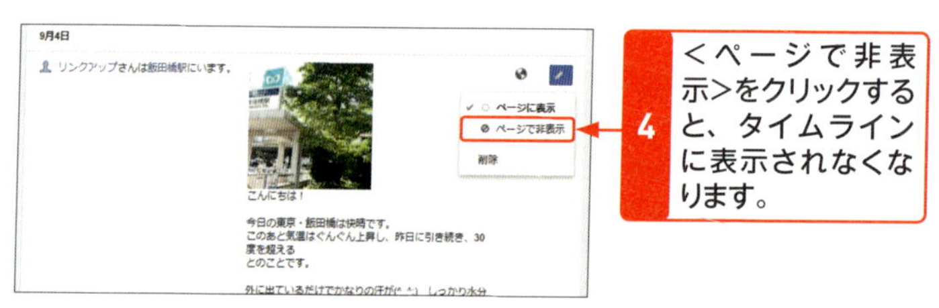

4 <ページで非表示>をクリックすると、タイムラインに表示されなくなります。

Memo アクティビティはすぐに反映されない

自分が行った投稿を除き、ほかのユーザーのコメントはアクティビティログにすぐには反映されず、長ければ1日程度経ってから反映されることがあります。

Step up 特定の投稿だけを表示する

たとえば、写真の投稿だけを表示したい場合は左側のメニューから<写真>をクリックすると、写真の投稿のログだけが表示されます。ほかには動画やスパム、自分の投稿、コメントなどを絞り込んで表示させることができます。

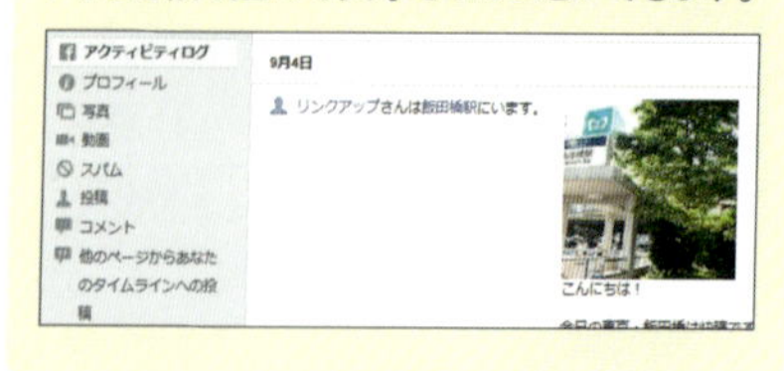

2 スパム投稿を削除する

あらかじめ設定したスパムワード(P.66参照)を含んだタイムラインへのコメントが投稿されると、アクティビティログに表示されますが、Facebookページには表示されません。内容を確認して、Facebookページに表示させるかどうかを判断したい場合や、スパムと思われる投稿があった場合はアクティビティログを確認し、不要であれば削除しましょう。

1 前ページを参考にアクティビティログを表示し、スパムとして報告したい投稿の✎→<スパムとして報告>の順にクリックします。

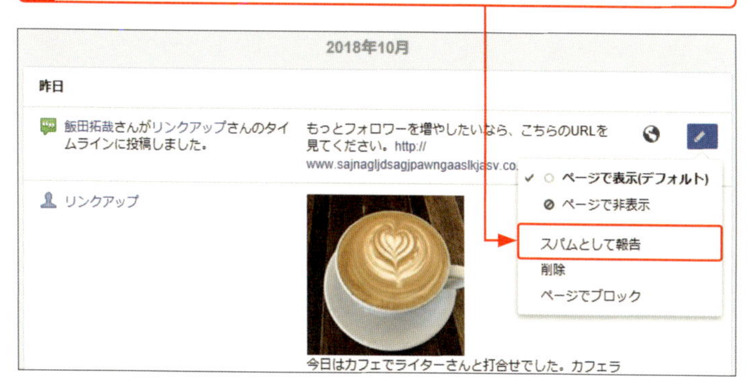

2 <ユーザーをブロック>または<閉じる>をクリックします。

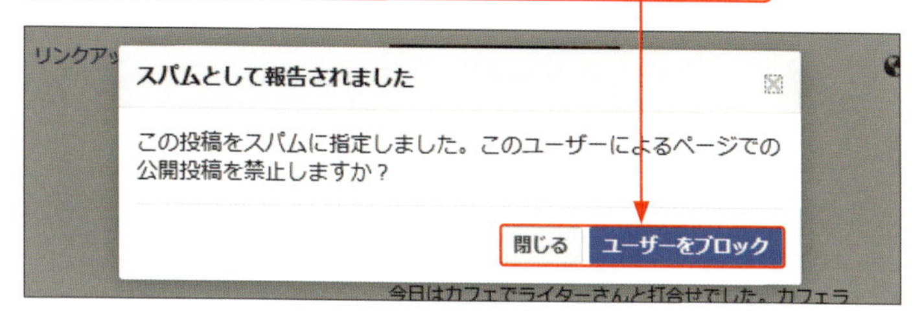

3 手順1でスパムとして報告した投稿を削除するには、<スパム>をクリックし、

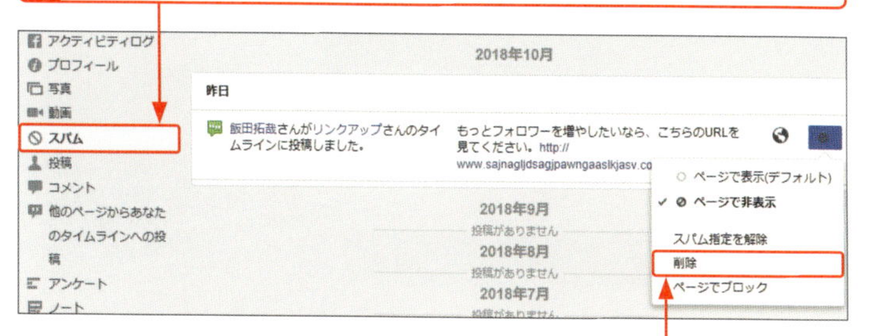

4 ⊘→<削除>の順にクリックすると、投稿が削除されます。

Hint スパム投稿について

スパムのコメントが投稿された場合、アクティビティログで「ページで非表示」の状態となっています。

Memo 操作は管理人のみ

アクティビティログを確認、操作できるのは管理人のうち、「管理者」「編集者」「モデレーター」の権限を持った人のみです。「広告管理者」と「アナリスト」はアクティビティログを利用した投稿の削除などを行うことはできません。

Section 36

スマホからリアルタイムに投稿しよう

覚えておきたいキーワード
- Android
- iPhone
- 投稿

Facebookページはスマートフォンからでも閲覧・投稿が可能です。たとえばイベントの雰囲気など、外出先からリアルタイムで更新するときに活躍します。Android版・iOS（iPhone）版ともにアプリは無料でインストールすることができるので、ぜひ活用してみましょう。

1 スマートフォンから近況を投稿する

「Facebook」アプリを利用して、スマートフォンから近況を投稿してみましょう。基本的に、Android版とiOS（iPhone）版で操作方法は同じです。ここでは、Android版で解説します。

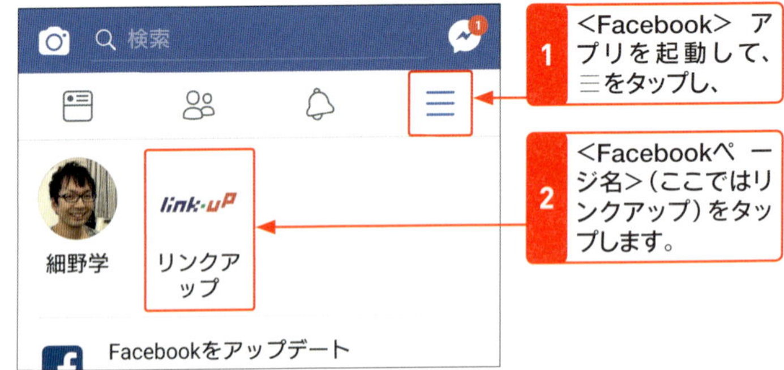

1 <Facebook>アプリを起動して、☰をタップし、

2 <Facebookページ名>（ここではリンクアップ）をタップします。

3 Facebookページが表示されます。

4 <投稿する>をタップします。

Memo アプリをインストールする

Androidでは「Play ストア」アプリから、iPhoneでは「App Store」アプリから「Facebook」アプリをインストールしましょう。

Memo ログインする

「Facebook」アプリを起動したら、P.38で作成したFacebookアカウントでログインをしましょう。ログインが完了すると、手順1の画面が表示されます。

Memo iPhoneでFacebookページを開く

iPhoneでFacebookページを開く場合は、手順1で画面右下の☰→<Facebookページ名>の順にタップします。

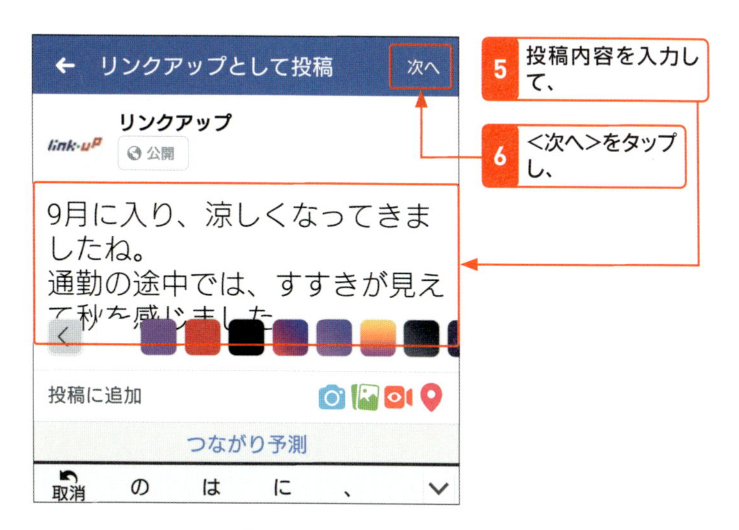

5 投稿内容を入力して、

6 <次へ>をタップし、

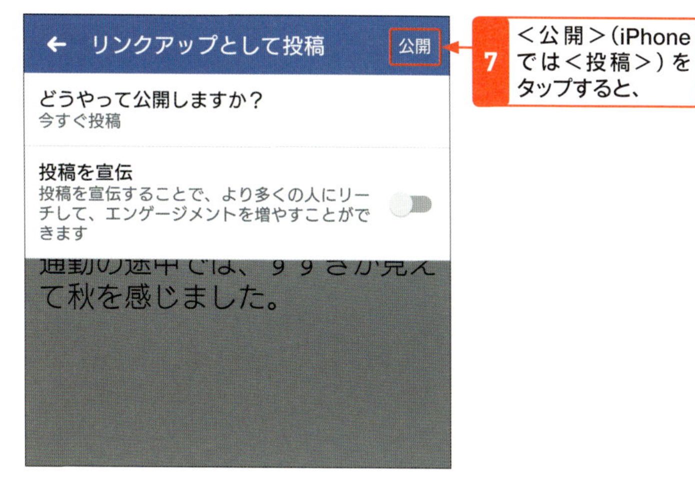

7 <公開>（iPhoneでは<投稿>）をタップすると、

8 近況が投稿されます。

Memo 投稿に背景色を付ける

手順5の画面で、本文の下にあるカラーをタップすると、投稿の背景がタップした色に変更されます。投稿を目立たせたいときなどに活用するとよいでしょう。

任意のカラーをタップします。

Memo ログアウトする

手順2の画面で、画面を上方向にスクロールしていちばん下にある<ログアウト>→<ログアウト>をタップすると、ログアウトすることができます。

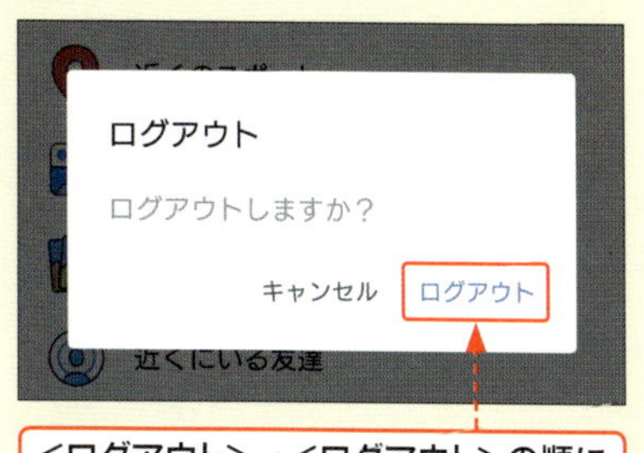

<ログアウト>→<ログアウト>の順にタップします。

2 スマートフォンから写真を投稿する

Memo その場で撮影した写真を投稿する

手順3の画面でをタップすると、「Facebookカメラ」が起動して、その場で撮影した写真を投稿することができます。

1 P.106手順1〜2を参考に、Facebookページを表示して、

2 <写真>をタップします。

3 投稿したい写真をタップして選択し、

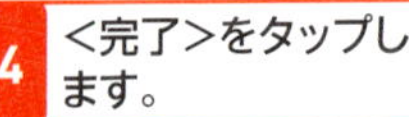

4 <完了>をタップします。

Memo 複数の写真を投稿する

手順3の画面では、複数の写真をタップして選択することができます。複数の写真を1つの投稿として、投稿することが可能です。

5 投稿内容を入力して、

6 <次へ>をタップし、

7 <公開>（iPhoneでは<投稿>）をタップすると、

8 近況が投稿されます。

Memo 写真をあとから追加する

投稿内容を入力したあとに写真を追加したい場合は、手順**5**の画面で<投稿に追加>をタップして、追加したい写真を選択します。

1 <投稿に追加>をタップします。

Memo 写真の編集

手順**5**の画面で、写真上の<編集>をタップすると、写真に文字を挿入したり、エフェクトを追加したりすることができます。

Memo 投稿した写真にタグ付けする

手順**8**の画面で、投稿した写真をタップし、をタップすると、タグを付けることができます（P.92参照）。

Section 37

スマホでFacebookページを管理しよう

覚えておきたいキーワード
- スマートフォン
- Facebookページマネージャ
- アクティビティログ

スマートフォンを使ってFacebookページを管理したい場合は、Facebookページ専用の無料公式アプリ「Facebookページマネージャ」アプリを利用します。インストールしておくと、いつでもファンからの反応をチェックしたり、コメントを返信することができます。

1 「Facebookページマネージャ」アプリを利用する

Memo ログインする

「Facebookページマネージャ」アプリを起動すると、「Facebook」アプリですでにログインしている場合は、<○○（ユーザー名）としてログイン>をタップするだけで、ログインできます。表示されない場合は、メールアドレスとパスワードを入力して、ログインしましょう。

「Facebookページマネージャ」アプリは、スマートフォンからFacebookページへの投稿（予約投稿も可能）や管理人の追加、管理人の権限の設定、アクティビティログの確認、イベントの作成などが行えます。

Sec.36でご紹介した「Facebook」アプリでも同等の操作が可能ですが、「Facebook」アプリでは個人アカウントとFacebookページの両方を管理しているため、操作が少々煩雑になります。スマートフォンからFacebookページを高頻度で管理する場合は、Facebookページ専用の「Facebookページマネージャ」アプリをするとよいでしょう。そうすることで、個人アカウントでは「Facebook」アプリを使用し、Facebookページは「Facebookページマネージャ」アプリを使用する、といった使い分けが可能になります。

Android 版

iOS（iPhone）版

2 コメントに返事をする

「Facebookページマネージャ」アプリから、投稿のコメントに返事をすることができます。なお、同様の手順でメッセージに対する返答も行うことができます。

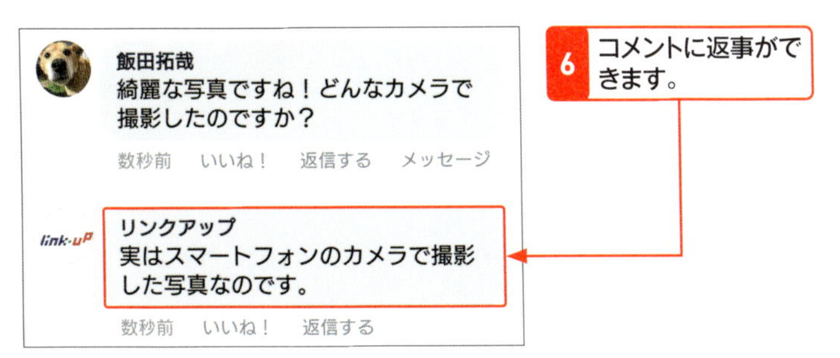

Memo 画像を付けて返事をする

手順4の画面でをタップすると、返事の内容に画像を付けることができます。また、をタップすると、GIF画像を付けることができます。

Hint 返信済みのコメントを「完了」にする

手順4の画面で、右上のチェックマークをタップすると、コメントが「完了」に移動します。移動させたコメントは、手順2の画面で<受信箱>→<完了>の順にタップすることで確認できます。

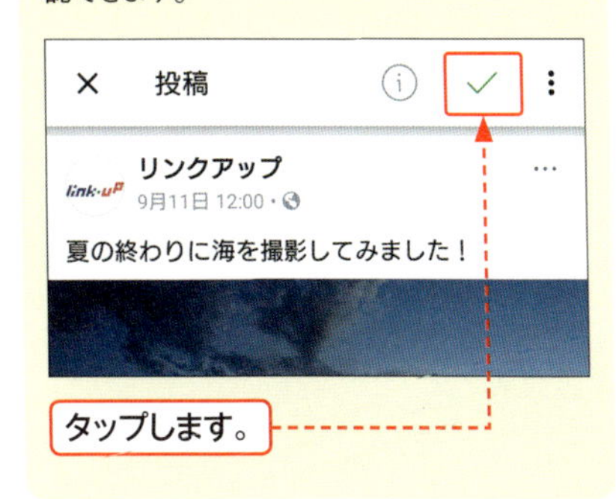

3 アクティビティログを確認する

Memo 予約投稿は表示されない

予約投稿については、アクティビティログには表示されません。実際に予約投稿を行っている場合は、画面下部の□→<日時指定の投稿>の順にタップすると確認することができます。

「Facebookページマネージャ」アプリからはアクティビティログを確認することもできます。ここで行える動作は、イベントを含む投稿の非表示と、投稿の削除のみです。投稿した日付の変更や予約投稿の日時の変更は行えません。

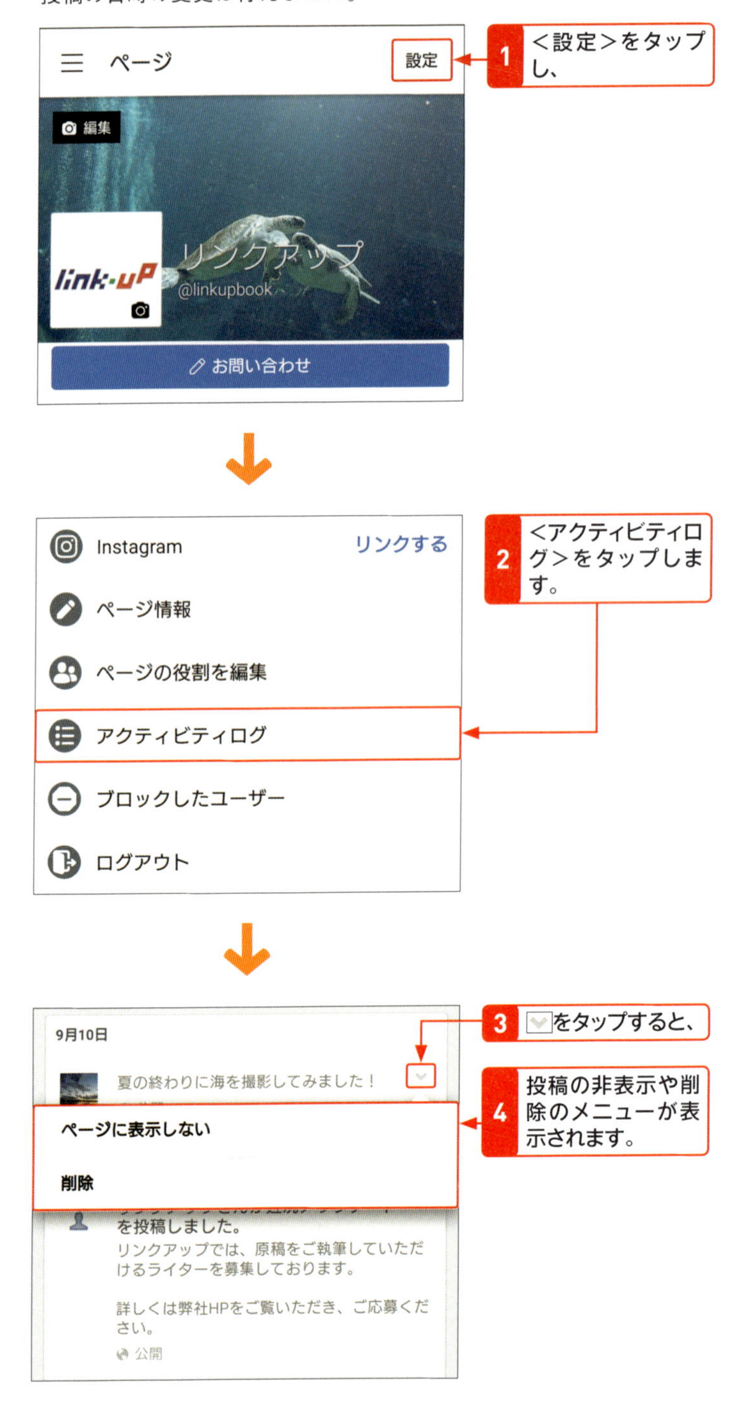

4 インサイトを確認する

「Facebookページマネージャ」アプリから、インサイトを確認することが可能です。インサイトについては、第7章で詳しく解説しています。

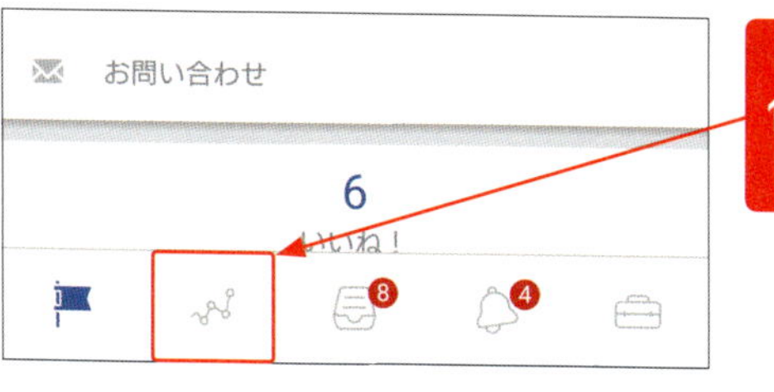

1 「Facebookページマネージャ」アプリで、 をタップします。

2 インサイトを確認することができます。

3 見たい情報（ここでは<Post Reach>（iPhoenでは＜投稿のリーチ＞）をタップすると、

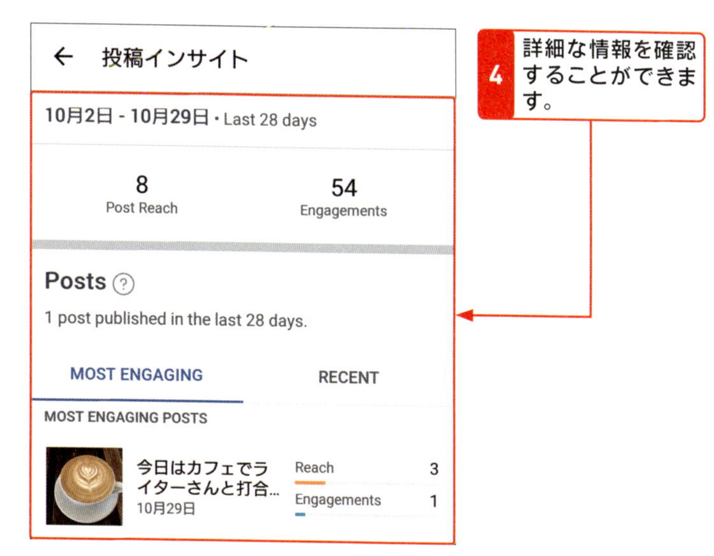

4 詳細な情報を確認することができます。

! Hint 機能をもっと活用するには

手順**2**の画面では、よりFacebookページを活用するための「Recommended Actions」（iPhoneでは「ご利用にあたって」）が提案されることがあります。これを参考に、Facebookページを充実させるとよいでしょう。

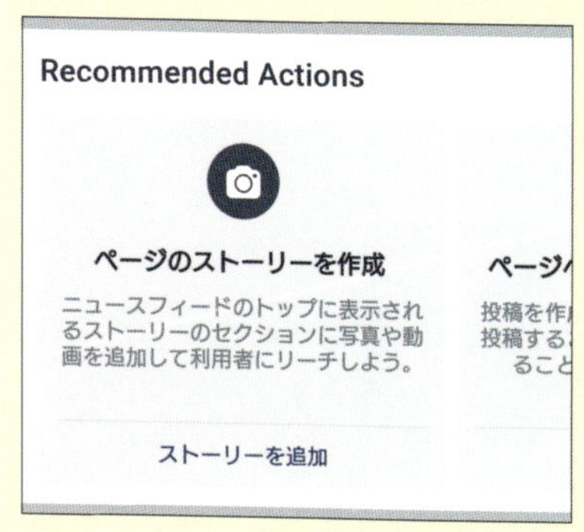

Section 38

Facebookグループを作成しよう

覚えておきたいキーワード
- Facebookグループ
- グループ作成
- 投稿

Facebookページでは、グループを作成することができます。管理者同士の情報交換の場やファンの交流の場として使うことができるので、グループを作成しておくと貴重な意見や情報が得られることもあります。

1 Facebookグループとは

Memo ファンとメンバー

Facebookページに「いいね!」などをしてくれたユーザーを「ファン」、グループに参加しているユーザーを「メンバー」といいます。

Facebookページと合わせてFacebookグループを使うことにより､ユーザー同士の交流や情報交換の場を作り出すことができます。Facebookグループは、参加しているメンバーと自身のビジネスやブランド、商品やサービスなどについて「コミュニケーション」をとることができる場です。完全オープンなFacebookページよりも密な信頼関係を築くことができるので、Facebookグループを利用することによって、より自身のFacebookページの目的を推進することができるのです。

また、ユーザーにとっても、Facebookページで情報を得るのか、Facebookグループに参加してより密な関係を築くのか選択することができるようになります。Facebookページの企業との距離の取り方を選べる、というのはユーザー側の大きなメリットです。

ほかにも、メンバーを社員やスタッフのみのグループを作成し、社内のコミュニケーションの場を作成することもできます。内部の人だけの気軽なやり取りの場を設けることで、サービスの進捗状況の確認や問題点の早期発見など、さまざまな用途で活用することができます。

Facebookグループでは、近況などを投稿して、メンバーと密な交流を行うことができます。

2 Facebookグループの活用例

Facebookグループには、チャットや動画ウォッチパーティ、ファイル共有機能など、より活発にユーザーとコミュニケーションをとるための機能が充実しています。この双方向的な特徴を生かし、社内の交流の場、掲示板として利用したり、グループのプライバシー設定を非公開、または秘密にすることでオンラインサロン、会員制サロンとして利用したりすることも可能です。

FAQコーナーとして活用する

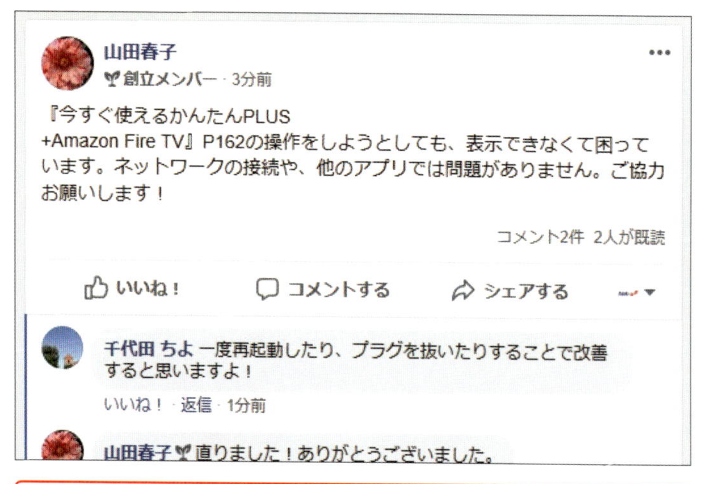

情報交換しやすい気軽な場である、という特徴を生かし、FAQコーナーとして活用することもできます。

社内交流の場として活用する

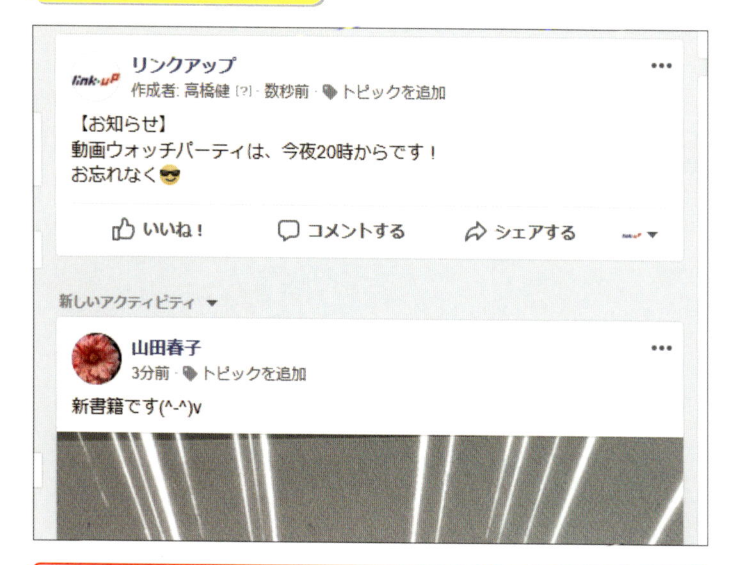

社内での情報交換や連絡の場として活用することで、実務の面で、Facebookページの運営に役立てることができます。

Memo 動画ウォッチパーティ機能

Facebookグループには、動画投稿やリアルタイムで動画を配信するライブ動画のほかに、メンバーと一緒に動画を観て楽しむ「動画ウォッチパーティ」機能があります。メンバーと一緒にコンテンツを共有し、親睦を深めることができるのもFacebookグループの特徴といえます。

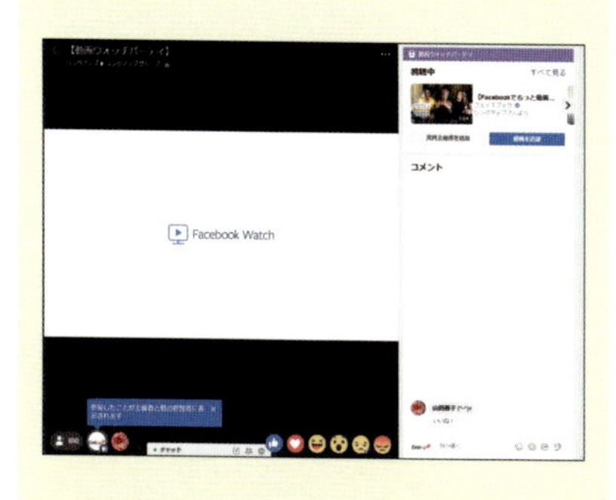

Memo ルールの作成

Facebookグループのトップ画面で<グループのモデレーション>→<ルールを作成>→<スタート>の順にクリックして画面の指示に従って設定すると、グループの情報に最大10件のルールが表示されます。たとえば、FAQコーナーのグループの場合、質問や回答におけるルールをユーザーと共有したい、といったときに活用できます。

3 Facebookグループを作成する

Memo 「グループ」タブが表示されていない場合

Facebookページの左のメニューに「グループ」タブが表示されていない場合は、P.75を参考に「グループ」タブを追加しましょう。なお、「会場」「政治家」「サービス」「レストラン・カフェ」テンプレート（P.74参照）を設定すると、「グループ」タブが非表示になるため、タブを追加する必要があります。

Facebookページからグループを作成しましょう。グループを作成するには、左のメニューから<グループ>タブをクリックして進めます。

1 Facebookページを表示して、<グループ>をクリックします。

2 <グループを作成>をクリックします。

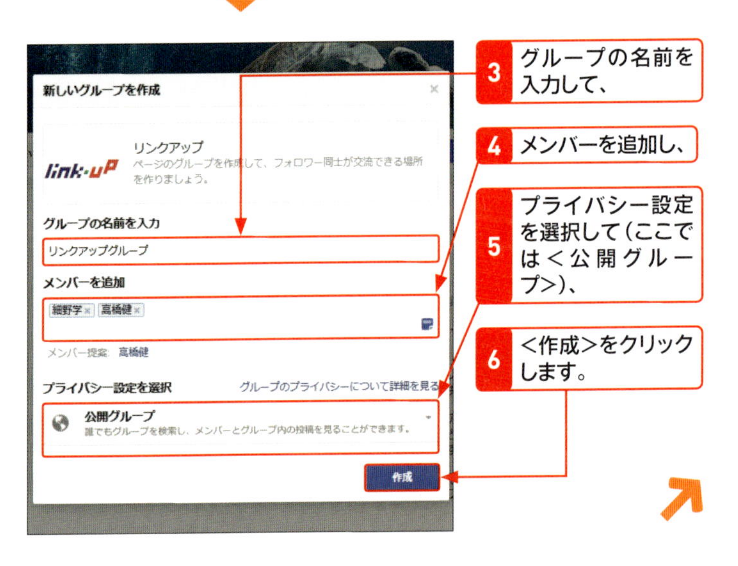

3 グループの名前を入力して、

4 メンバーを追加し、

5 プライバシー設定を選択して（ここでは<公開グループ>）、

6 <作成>をクリックします。

Memo 2つ目以降のグループを作成する

2つ目以降のグループを作成する場合は、手順1の操作のあとに、「このページにリンクしたグループ」の右側にある<グループを作成>をクリックして、グループを作成します。

<グループを作成>をクリックします。

7 <OK>をクリックすると、グループの作成が完了します。

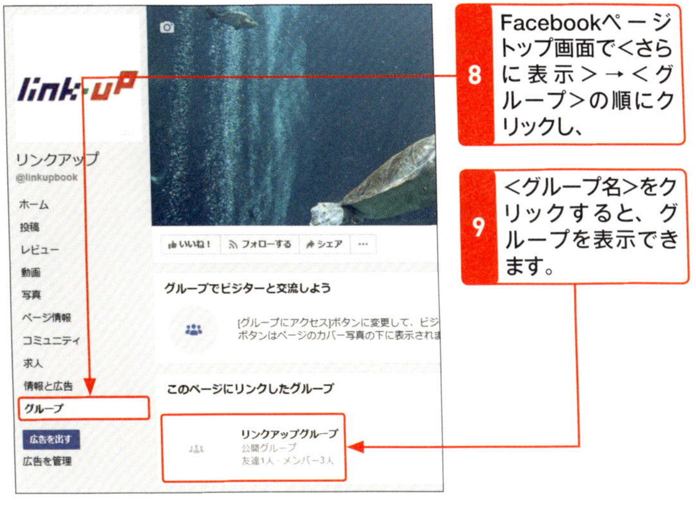

8 Facebookページトップ画面で<さらに表示>→<グループ>の順にクリックし、

9 <グループ名>をクリックすると、グループを表示できます。

10 <メンバー>をクリックすると、

11 「すべてのメンバー」に現在グループに参加しているメンバーが表示されます。

Memo プライバシー設定

手順5では、「公開グループ」のほかに、「非公開グループ」「秘密のグループ」を選択できます。「公開グループ」は、誰でもメンバーやグループの投稿を見ることができ、「非公開グループ」はメンバーやグループの投稿を見ることができるのはメンバーのみです。「秘密のグループ」は検索結果にも表示されなくなり、グループ内の投稿を確認できるのもメンバーのみです。

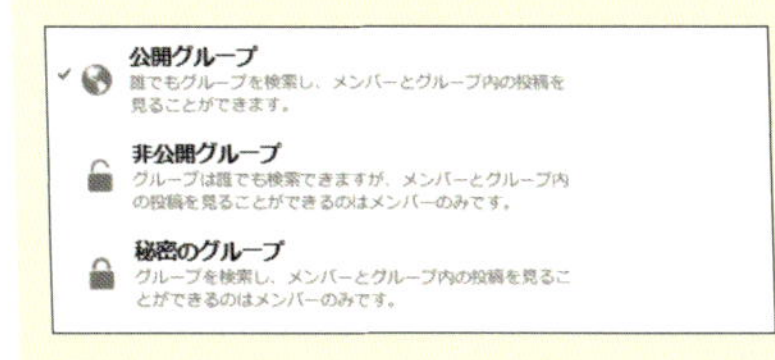

4 Facebookグループに投稿する／メンバーを追加する

Facebookグループでは、Facebookページと同様の操作で投稿することができます。また、あとからメンバーを追加してグループをさらに盛り上げることもできます。

投稿する

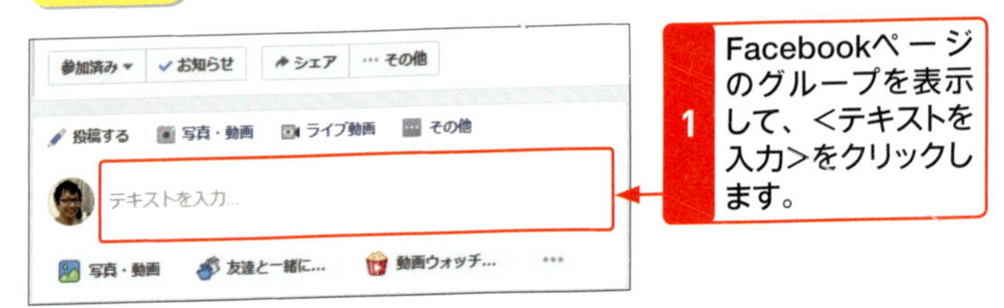

1 Facebookページのグループを表示して、<テキストを入力>をクリックします。

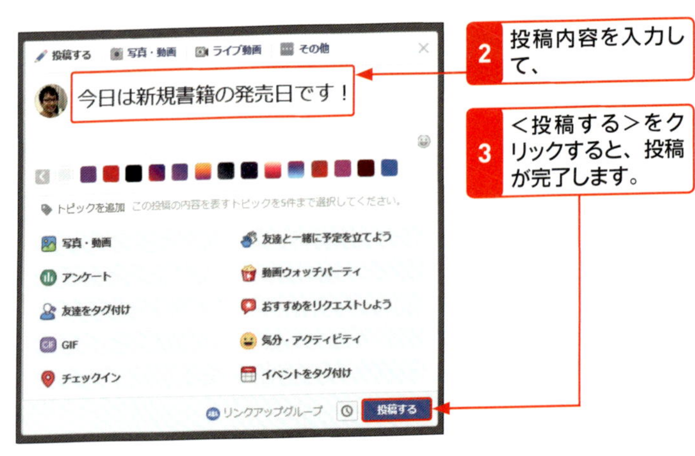

2 投稿内容を入力して、

3 <投稿する>をクリックすると、投稿が完了します。

グループにメンバーを追加する

1 Facebookグループを表示して、<メンバー>をクリックします。

2 追加したいメンバーの名前かメールアドレスを入力し、Enterを押すと、メンバーを招待することができます。

Memo 写真などを付けて投稿する

手順2の画面で<写真・動画>をクリックすると、投稿に写真や動画を付けることができます。また、<チェックイン>をクリックすると、位置情報を付けて投稿することもできます。

グループの投稿に反応する

グループの投稿された記事には、Facebookページの操作と同様に「いいね!」やコメント、シェアをすることができます。

第4章

販売促進のための運営テクニックを知ろう

Section 39

投稿が注目されるしくみ（エッジランク）を理解しよう

覚えておきたいキーワード
- アルゴリズム
- エッジランク
- ハイライト

Facebookページの投稿は、Facebook独自のアルゴリズムであるエッジランクによって評価されています。できるだけ多くのファンに「いいね！」を付けてもらい、反応率の高いFacebookページにするためにも、エッジランクのしくみについて理解することが大切です。

1 すべての投稿がユーザーに届くわけではない

Facebookページに投稿した内容は、Facebookページに対して「いいね！」を付けたファン（ユーザー）のニュースフィードに表示されます。しかし、ニュースフィードには「ハイライト」と「最新情報」があり、初期設定のハイライトでは個人に最適化された投稿が表示されます。そのため、すべてのアクティビティが必ずユーザーのニュースフィードに表示されるわけではありません。

Facebookには、ユーザーのニュースフィード（ハイライト）に表示するのがふさわしいかどうかを決定する、独自のアルゴリズム「エッジランク」があります。このエッジランクに基づいて、ニュースフィードにどの情報を表示するかの優先順位を決定しています。

たとえば、あるユーザーがFacebookページに「いいね！」を付けて、そのあともたびたび投稿に「いいね！」を付けたり、シェアをしたりするようになっていくと、ニュースフィードにFacebookページの投稿が表示され続けます。しかし、ページに「いいね！」を付けたあとに投稿に対してアクションが行われていないとエッジランクは低くなり、やがてそのユーザーのニュースフィードにFacebookページの投稿が表示されなくなることもあります。

したがって、Facebookページでは常にユーザーにとって魅力的なコンテンツを発信し続けることが重要なのです。

個人アカウントのニュースフィードには「ハイライト」と「最新情報」の2つがあります。この「ハイライト」に表示されるかどうかが重要になります。

Hint 「友達」にも同じアルゴリズムが採用

Fcebookページの投稿だけでなく、「友達」の投稿もエッジランクに基づいてニュースフィードに表示されています。「いいね!」やコメントを付けるといった交流が少ない友達とは、やがてニュースフィード上でも疎遠になってしまいます。

Memo エッジランクは変動する

エッジランクは常に変動しているといわれていますが、具体的にいつ、どのタイミングで変化しているかはわかりません。しかし、インサイト（Sec.69参照）で投稿をファンがどれだけ見てくれているか、どれだけの反応があったかをきちんと分析していくと、エッジランクに変化が起きていることが見えてきます。

2 エッジランクを理解する

エッジランクには、下記の3つの要素があります。それぞれのスコアを加算し、スコアの総計が高ければ高いほどユーザーのタイムラインでハイライト状態のときに表示されやすいといえます。

Facebookページの運営では、これら3つの要素を意識した投稿を継続して行うことが大切です。

①Affinity Score(ユーザーとの親密度)

「Affinity Score(ユーザーとの親密度)」とは、「いいね！」のほか、コメントやシェア、メッセージ、タグ付け、Facebookページをどれくらいの頻度で見ているのかで決定するものです。ユーザーがFacebookページに対してとる行動が多いほど、親密度が高く、エッジランクのスコアは高くなります。

②Weight(重み)

「Weight(重み)」とは、Facebookページの1つ1つの投稿記事に対して、ユーザーからどのくらい反響があるのかを評価するものです。投稿に「いいね！」やシェアの数、コメントの数が多ければエッジランクのスコアが上がるといわれています。また、ユーザーの反響だけでなく、投稿の種類にも重みがあり、テキストのみの投稿よりも写真や動画のほうが重みが高くなる、ともいわれています。

③Time(経過時間)

「Time(経過時間)」は投稿の新鮮さです。投稿されてからの経過時間と、投稿に「いいね！」などのアクションが付いてからの経過時間のことで、投稿された情報の鮮度が高い(=最近の投稿)であることが評価されます。

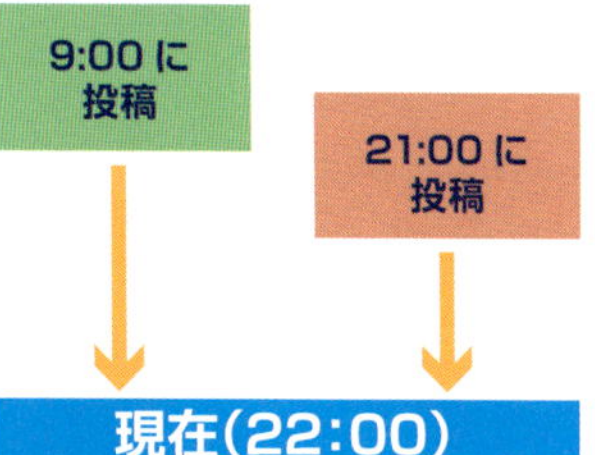

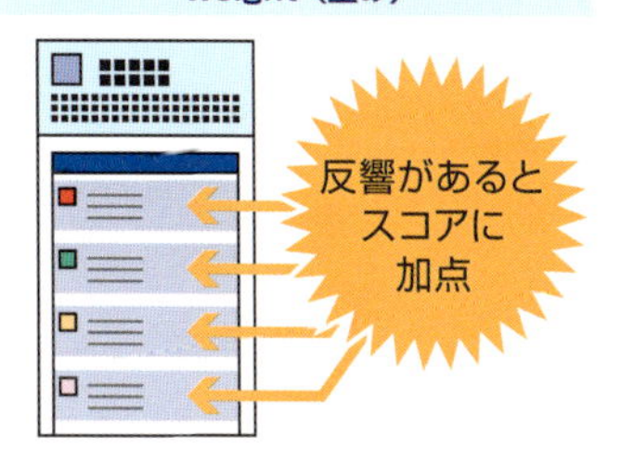

Hint ネガティブな評価に注意しよう

ニュースフィードに流れてきた投稿に対してユーザーは「投稿を非表示」や「フォローをやめる」といった操作を行うことができます。また、Facebookページに対して行った「いいね!」はあとから解除することもできます。こうしたネガティブなアクションもエッジランクに影響を与えるといわれています。

Memo 過去の記事でも人気があれば表示される

エッジランクの要素として「経過時間」が挙げられていますが、投稿されてある程度時間が経った記事は一切表示されなくなるわけではありません。あとからでも「いいね!」やコメント、シェアを多く得られるとニュースフィードに表示されるようになります。

Section 40

「いいね!」がもらえるように投稿を工夫しよう

覚えておきたいキーワード
- エッジランク
- いいね!
- 投稿に工夫

「エッジランク」のしくみを理解すると、ユーザーからの支持が得られるコンテンツを継続的に投稿することの必要性を感じるはずです。ここでは、具体的にどんな投稿が効果的かを解説します。「いいね!」をもらい、エッジランクを上げて、より多くのユーザーに見てもらえるようにしましょう。

1 「いいね!」をもらうための投稿テクニック

Facebookページでの投稿に対し、ファンから「いいね!」をもらい、エッジランクを上げていくには、どのような投稿を心がければよいでしょうか。高い反応率を得ているFacebookページの研究から、ある程度まとまっている意見としては次の通りになります。

①投稿時間を研究する

投稿を行うときに、投稿時間を意識しましょう。何時に投稿するとファンからの反応が高いか、傾向がつかめるはずです。

②テキスト+画像で投稿する

画面を開いたとたん、印象的な画像が目に飛び込んでくることになるので、画像の反応率は高いと考えられています。

③共感を得られる内容を投稿する

たとえば、2020年の東京オリンピック開催決定の話題など、ニュースをもとに共感を得られやすい投稿を行うのも1つの方法です。

同じ投稿内容ですが、画像があるものとないものとでは、画像があるほうが断然、ユーザーの目を引きます。

Memo 反応率とは

反応率とは、ユーザーが「いいね!」を付けたりシェアやコメントを投稿したりするといった何らかのアクションを行った割合のことです。「エンゲージメント」ともいわれています。

Hint 一度した投稿は削除しない

投稿を削除するとエッジランクの低下につながるといわれています。どうしても修正したい場合をのぞき、削除は頻繁に行うべきではありません。

2 テキストの書き方やワードの選び方で反応は変わる

画像とテキストをセットにした投稿は欠かせないものですが、テキストの書き方やワードの選択のしかたでも反応率は変わります。

テキストは読みやすくする工夫が大切です。文章は長くなりすぎないように注意しつつ、2行から3行ごとに1回の改行を入れるとバランスがよくなります。ただしFacebookでは、5回改行すると5行目までの表示となり、6行目以降は「もっと見る」と表示されて省略されます。これらの表示の仕様をあらかじめ利用して、見やすいように改行して調整するのも1つの手です。以下にパソコンでの表示例を挙げていますが、スマートフォンについてはP.147を参照してください。

また、漢字とひらがなを適切に使うこと、ワードの選び方にも注意を払いましょう。漢字は多用しすぎると印象が硬くなり、ユーザーの反応は鈍くなります。

なお、ワードも反応率に影響します。「発売」「発表」といった、いかにも宣伝や単なる告知の内容よりも、ユーザーに「いかがでしょうか」と呼びかけたり、「楽しみですね」「美味しそうですね」というように共感を得られるやわらかい印象のワードが好まれます。投稿用のテキストを書く際は、以上の点に配慮しながら書きましょう。

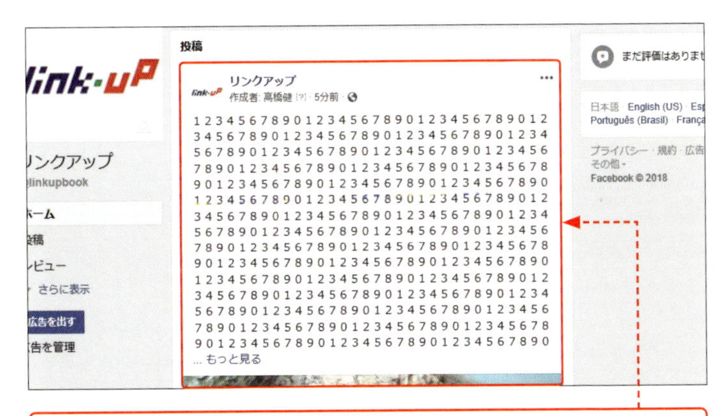

改行をしない場合、850文字程度までは「もっと見る」が表示されませんが、ユーザーの読みやすさを考えると現実的ではありません。

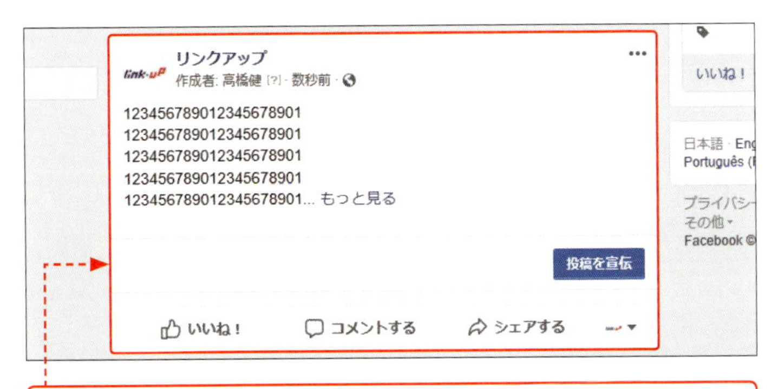

5回改行を入れた場合、6行目以降は「もっと見る」と表示されて、省略されます。

Memo 1行あたりは全角32文字まで

投稿スペース内では1行あたり全角15文字まで入力できますが、投稿すると1行は全角32文字まで表示され、33文字目以降が改行されて次の行へと流されます。このように入力中と投稿してからの文字の表示が変わるので、思い通りの表示にしたい場合は注意しましょう。なお、投稿文字数が少ない場合は、タイムラインに表示される文字が大きく表示され、1行19文字で表示されます。

Hint 空白の改行も1行にカウントされる

テキストがない空白の改行であっても1行とカウントされるので、文章のまとまりで空白を入れたいときには注意しましょう。

Hint 新聞や雑誌の記事を参考にしよう

新聞や雑誌の記事は、ルールに則った表記や適切な言葉遣いで執筆することで、読者が読みやすいように工夫しています。投稿用の記事を執筆する際、参考にするとよいでしょう。

Section 41

販促につながる情報をバランスよく投稿しよう

覚えておきたいキーワード
- 投稿の３タイプ
- 良好な関係性
- 忘れられない存在

Facebookページの運営者を悩ませるのが、どのような投稿をどのようなバランスで行うか、です。投稿の内容は主に「距離を近づける投稿」「知りたいこと・悩みを解決する投稿」「行動してもらう投稿」の３つのタイプがあり、それぞれ目安となる配分で投稿するとよいでしょう。

1 投稿の狙いを意識する

あるジャンルの価格帯が高めな商品を購入しようとした場合、顧客は事前に「情報収集」を行い、ほかの商品と「比較」したあと、購入に向けて「行動」を行います。Facebookページに投稿するコンテンツは、このような見込み客の段階に即して、そのときどきの悩みや心配事に回答できるような投稿を作成していく必要があります。

しかし、それだけでは面白みのかけるFacebookページとなるのも事実です。親近感をもってもらえるような投稿や、ちょっとユニークな投稿も交えながら、それぞれの「狙い」を意識した投稿をすることが大切になります。

投稿の３タイプと、投稿の割合

投稿には主に、「ファンが本当に知りたいこと、悩んでいることを解決してあげるタイプの投稿」、「ファンとの距離を近づける投稿」、「行動してもらう投稿」の3つのタイプがあります。 商品の特性や運営の状態にもよりますが、「距離を近づける投稿」が全体の5割、「知りたいこと・悩みを解決する投稿」が全体の3～4割、残りを「行動をうながす投稿」とすると、バランスのよい投稿となります。

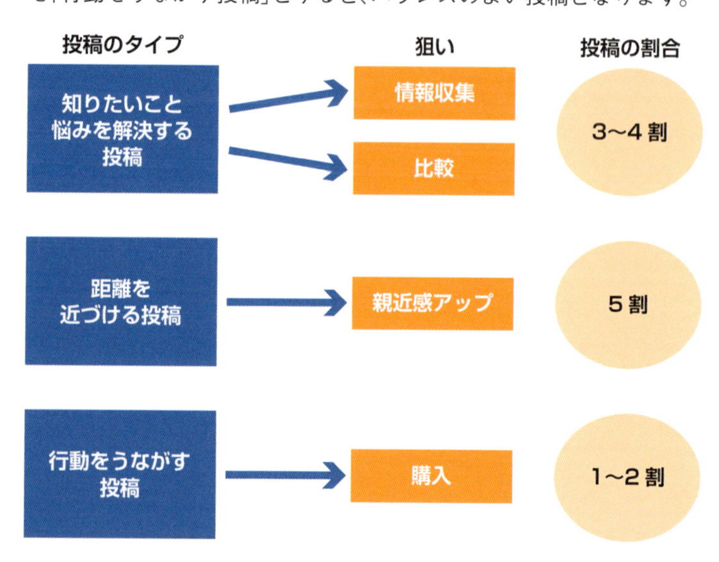

Memo カスタマージャーニーをイメージする

顧客がどのように商品やサービスを知り、関心を持ち、購入に至るかを旅に見立てて「カスタマージャーニー」といいます。これは顧客のことをよく知り、それぞれに応じた情報やサービスを提供していこう、というマーケティング用語です。ファンのニーズから購入までの流れをイメージし、その中で、どのような投稿でファンを引き付けていけるかを考えるようにします。

Hint 継続的な投稿でファンと良好な関係性を築く

投稿してもなかなかうまくいかないと思うのは、投稿 1 本ごとに結果を見ているからかもしれません。Facebookページでは、ファンとの良好な関係を築く必要があります。「良好な関係性」というのは、当然、投稿 1 本で築き上げられるものではありません。ファンが継続的に投稿を見ていく中で、徐々に築かれていくものです。

2 大量情報時代の中、購入へつながる条件とは

大量情報時代の中、他社と大きな差別化ができる商品・サービスは多くはありません。そのような時代の中で知ってもらい、選んでもらい、購入してもらうには、「良好な関係性」を築き、「忘れられない存在」となる必要があります。日々、多くの情報を目にしている消費者にとっては、単発的な宣伝やPR活動は忘れられてしまう可能性が高いといえるでしょう。Facebookページでは、日々、投稿することで「忘れられない存在」となり、消費者のニーズが顕在化したときに、行動してもらえるような状態を作り出すことが重要です。

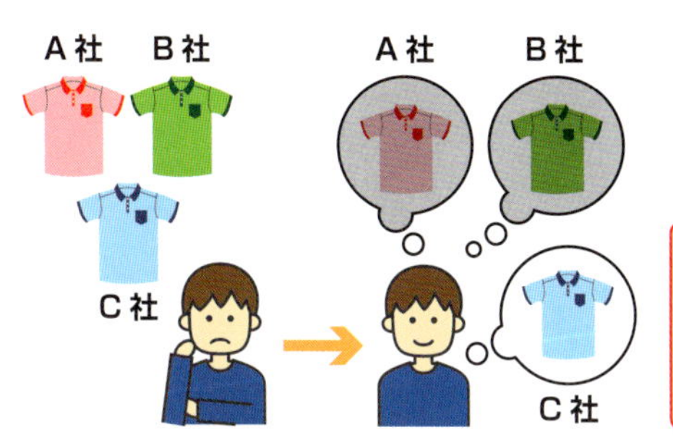

ファンと「良好な関係性」を築くことが、自社の商品やサービスを選んでもらうための第一歩です。

購入をうながす投稿を行う

Facebookページを販促につなげるには、「行動をうながす投稿」を行うことも必要です。購入を考えているファンに対して、探している情報を提供し、競合とは違うポイントをしっかりとアピールながら投稿を行いましょう。

しかし、ファンに行動（購入）してもらうためには、Facebookページとの「良好な関係性」が築けていてこそです。前ページで解説したように、基本はファンとの距離を近づける投稿などを行いつつ、最後の一押しとして「行動をうながす投稿」を交えていくようにしましょう。

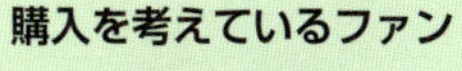

Facebookページのファンの中には、実際に商品の購入を考えているファンもいます。そうしたファンに向けて、「行動（購入）をうながす投稿」を行います。

! Hint 宣伝投稿は反応が悪くても問題ない

宣伝のような投稿は嫌われ、反応が悪いと思われるかもしれませんが、実際はそうではありません。ファンになっている人の中で、今すぐ購入したいと思っている人の割合が、見込み客と比べて少ないというだけの話です。ほかの投稿と比較すると、「いいね!」やシェアなども少なくなるかもしれませんが、それでよいのです。売上につなげるための役割をもった投稿に、多くの「いいね!」は必要ありません。目的は投稿に「いいね!」をもらうことではなく、売上を上げることなのです。

Memo 行動をうながす投稿の目安

売上につなげるために、良好な関係を築いておいて、週に1本か2週間に1本くらい、「行動」をうながすような投稿をしていきましょう。

Section 42

Webサイトの新商品情報をシェアで紹介しよう

覚えておきたいキーワード
- シェア
- Webサイトをシェア
- 投稿をシェア

情報を広めたいときに有効なのが、シェアです。シェアをすると、広めたい情報に画像やリンク、コメントを付けて紹介することができます。Facebookの投稿だけでなく外部のWebサイトの情報もシェアできるので、自社のWebサイトに誘導したいときなどに活用できます。

1 「シェア」を活用して新商品を紹介する

「シェア」はFacebook上の投稿や外部のWebサイトの情報を、原文の状態でニュースフィード上に表示できる機能です。

自社のWebサイトの最新情報や、新商品の情報を掲載したら、Facebookページでもファンに届くようにシェアしてみましょう。

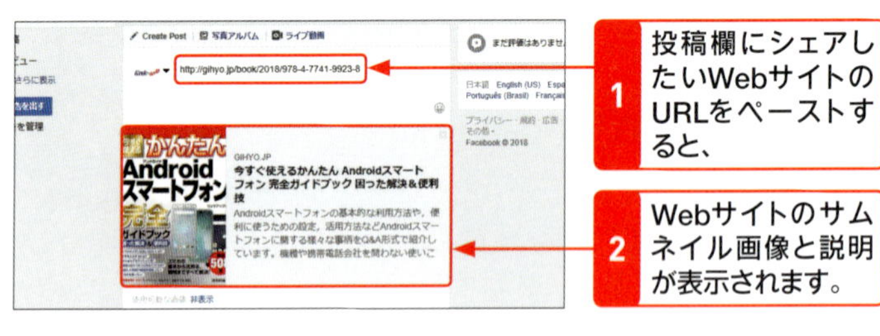

1 投稿欄にシェアしたいWebサイトのURLをペーストすると、

2 Webサイトのサムネイル画像と説明が表示されます。

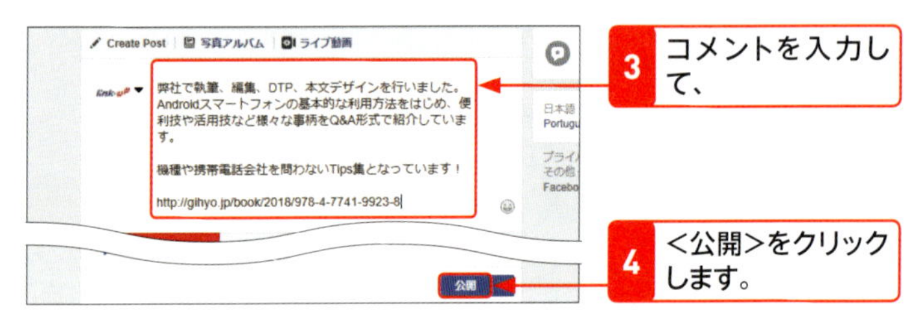

3 コメントを入力して、

4 <公開>をクリックします。

5 Webサイトがシェアされます。

Memo サムネイルを切り替える

Webサイトに複数の画像がある場合、 が表示され、左右をクリックするとサムネイル画像を切り替えることができます。

Hint 説明文はmetaタグ内のテキストを表示する

シェアしたとき、自動的にWebサイトの説明文が表示されます。これはWebサイトに設定されたmetaタグ内のDiscription（ディスクリプション）の文章を読み込んでいます（P.165参照）。Webサイトを作成するときは、ディスクリプションの文章がFacebookでもシェアされることを意識しておきましょう。

2 Facebookの投稿をシェアして広める

Facebook内のユーザーの投稿や、ほかのFacebookページの投稿、写真アルバムも、シェアすることでユーザーに広めることができます。複数のブランドのFacebookページを運営する企業などは、関連する自社の投稿をシェアすることで、ユーザーにお知らせすることができます。

1 シェアしたい投稿の<シェアする>をクリックし、

2 <ページでシェア>をクリックします。

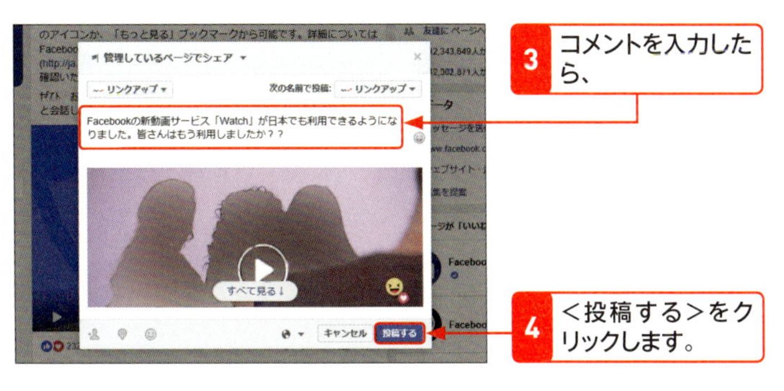

3 コメントを入力したら、

4 <投稿する>をクリックします。

5 シェアした投稿が、Facebookページ上に表示されます。

Hint アカウントの切り替えに注意

Facebook内の投稿をシェアする場合、個人アカウントかFacebookページのどちらの立場でシェアをするのかに注意しましょう。手順3の画面で「次の名前で投稿」の右にある<アカウント名>をクリックすると、投稿アカウントを切り替えることができます。

クリックする。

Hint シェアする場所

「イベント」や「グループ」など、Facebookページのタイムライン以外の場所にシェアを投稿したい場合には、手順3の画面で<管理しているページでシェア>をクリックすると選択することができます。

クリックする。

Section 43 シェアよりも写真を目立たせてWebサイトを紹介しよう

覚えておきたいキーワード
- シェア
- 写真投稿
- Webサイト

Sec.42ではシェアを利用してWebサイトを紹介する方法を解説していますが、ここではシェアを使わずに、ファンにWebサイトを紹介する方法について解説します。それぞれのメリットを理解したうえで、効果的なほうを利用しましょう。

1 写真投稿にしてタイムラインで目立たせる

「シェア」を利用してブログやWebサイトを紹介した場合、URLを投稿フィールドに貼り付けると、Webサイトにある画像を自動的に読み込み、アイキャッチ画像になります。URLを貼り付けるだけなので手軽ですが、画像や文字が小さく表示されてしまうため、ユーザーにとってはニュースフィード上でやや目に入りにくくなるという欠点があります。

これに対して、画像を大きく表示させて目立たせたい場合には、自社のWebサイトからのリンクと画像を用意し、写真の投稿と同様の手順で投稿してみましょう（Sec.26参照）。写真投稿として行うと、写真が大きく表示されるので、シェアよりもユーザーの関心を引くことができます。

また、写真投稿であれば写真を見た瞬間に「いいね！」やコメントが付けられますが、シェアでは外部Webサイトへ行ったあと、Facebookページに戻って「いいね！」をしにくい面があります。そのため、Facebookにおける反応は低めになるといわれています。

シェアを利用した投稿で、Webサイトを紹介した場合のタイムラインです。

写真とともに、タイムラインへ投稿した場合のタイムラインです。写真投稿を行ったほうが、写真が目立ちます。

Memo シェアをしたときの写真のサイズ

シェアをしたWebサイトやブログに掲載されている写真のサイズによっては、リンク先の画像が写真の投稿のようにタイムラインの横幅いっぱいに表示されることがあります。ただし、上下左右が写り込まない状態で表示されます。シェアをする場合は、写真のサイズは必ずしも大きく表示されないことに注意しましょう。

Hint サムネイル表示を調整するにはOGPの設定が必要

シェアをした場合のサムネイル写真の表示を大きく、見栄えよく表示したい場合はOGP（Open Graph Protocol）の設定を行う必要があります。OGPについてはSec.58で解説します。

2 シェアのほうが効果的な場合もある

写真投稿とシェアで、どちらがユーザーからの「いいね！」、ユーザーによるシェアが多いかを比較すると、写真投稿のほうが高い反応を得やすいものの、シェアしている記事の内容によっては、シェアであっても写真投稿と同じだけの効果を得られることもあります。

よって、シェアを行うときは「シェアにするべきか、写真投稿にするべきか」を考えたうえで実行しましょう。

写真投稿にするべきなのは、新商品の紹介や、そのほかビジュアルが目を引くものであるとき、シェアは写真が用意できない場合や、写真を載せてしまうとリンク先の内容がすっかりわかってしまう、いわゆるネタバレになってしまうときなどに利用するとよいでしょう。

写真投稿にした場合の投稿です。写真は新製品紹介ですが、ここまで画像を大きく見せる必要がありません。

シェアをした場合の投稿です。サムネイルの画像と、新商品についてのテキストが表示されており、「どんなものだろう?」と思わずクリックしてみたくなります。

Hint インサイトで検証する

シェアする内容によって、ユーザーのアクションや反応がどう変わるかは、インサイト（第7章参照）で確認することができます。実際にシェアと写真投稿を行い、テストするとよいでしょう。

Hint 人気のFacebookページを参考にする

反応率の高いFacebookページが、どのようにシェア・写真投稿を行っているかをチェックしてみると、投稿のヒントになります。人気のあるFacebookページは、「Facebookナビ」内にある「人気ランキング」（https://f-navigation.jp/pages/）で調べることができます。

Section 44

商品紹介のバリエーションを広げよう

覚えておきたいキーワード
- いいね！
- 写真投稿
- 投稿テクニック

写真にそのインパクトや内容の濃さが感じられると、ユーザーは見た瞬間にすぐ「いいね！」をクリックしたくなります。ここで紹介しているさまざまな投稿パターンを参考に、ユーザーが強く関心を持つような投稿ができるよう、工夫しましょう。

1 単に写真を表示するだけではないテクニック

投稿は写真とテキストをセットで行うべきですが、写真とその紹介文といった内容にとどまってしまいがちです。単に写真とコメントを載せるだけでは、その写真が特別なものでない限り、「いいね！」をもらうのは案外難しいものです。

そのため、ただ投稿するのではなく、投稿がユーザーの目に触れたときに、すぐに「いいね！」をしたくなるような投稿になっているのかを常に考える必要があります。

多くのファンを獲得し、高い反応を得ているFacebookページを参考にしながら、自社のポリシーと照らし合わせて、どんな投稿ができるかを考えてみましょう。ここでは投稿テクニックの1つとして、特徴のある投稿の実例を紹介します。

これらの実例を見ていると、商品を紹介する投稿であっても、何らかの工夫をこらしていることがわかります。

商品＋キャラクター

洗濯用洗剤「ファーファ」（https://www.facebook.com/fafa.jp）のキャラクターが自ら語っているというコンセプトです。ファーファのぬいぐるみを外に持ち出して、外の風景とともに撮影した写真を多用しています。キャラクターが1人歩きし、動いているかのような姿を見せている点がユーザーにインパクトを与えています。

Memo ファンからアクションをもらうコツ

投稿の実例からもわかるように、どの投稿も思わず「いいね!」やコメントを書き込みたくなるような仕掛けがあります。たとえば、クイズを出題する、ファンに呼びかける、あるいはファンからの意見を聞いてみるといった方法でアプローチを試みてみましょう。

Hint キャンペーンやファン限定のプレゼント企画

「新潟三越」（https://www.facebook.com/niigatamitsukoshi/）のFacebookページでは、「いいね!」の数が1,000件に達した際に、先着300名が駐車場や店内のカフェで利用できるファン限定クーポンの配布を行いました。このように、ファン限定のキャンペーンやプレゼント企画を行うのも、ファン増加の呼び水になります。ただし、プレゼント目的で一時的に集まるユーザーも少なくないというマイナス点もあります。

新潟三越
8月27日 20:24

＼ファンの皆さまにありがとう／
☆*:.｡. 日頃の感謝を込めて.｡.:*☆
〜thanks! キャンペーン開催のお知らせ〜

いつもご覧いただきまして、ありがとうございます。

このたび「新潟三越Facebook」は、おかげさまで "フォロワー＆いいね" が1,000を突破することができました！本当にありがとうございます‼

今回これを記念し、いつも応援いただいているフォロワーの皆さまへ日頃の感謝を込めて、9月1日(土)から『新潟三越Facebook フォロワー＆いいね1,000thanks!キャンペーン』を開催いたします

キャンペーンの内容は、クーポン画面をご提示の先着300名さまに「新潟三越駐車場（古町提携駐車場含む）1時間サービス」もしくは「新潟珈琲問屋バリストンクラシコのコーヒー1杯プレゼント」の、どちらかお好きな方をお選びいただけるプレゼントクーポン

ご利用期間は9月1日(土)〜10日(月)までの期間限定です。

フォロワーの皆さまへのそのほかの詳しい情報は、9月1日(土)の新潟三越Facebookにて〈プレゼントクーポン〉の発行と一緒にお知らせいたします!

いつも応援いただいているフォロワーの皆さまへの限定キャンペーンとなります。
この機会にぜひ、たくさんの皆さまのご来店お待ちしております‼

◆『新潟三越Facebook フォロワー＆いいね1,000thanks!キャンペーン』

商品＋スタッフ

ANA.Japan
3時間前

おはようございます🎵今週は客室乗務員 小川さんの笑顔でスタート😊
Message
まだまだ暑い毎日が続いておりますが、皆さまいかがお過ごしでしょうか？
機内で過ごされる時間も素敵な思い出となりますよう、一便一便、心を込めて日々乗務しております。
機内にて皆さまにお会いできることを心よりお待ちしております❤

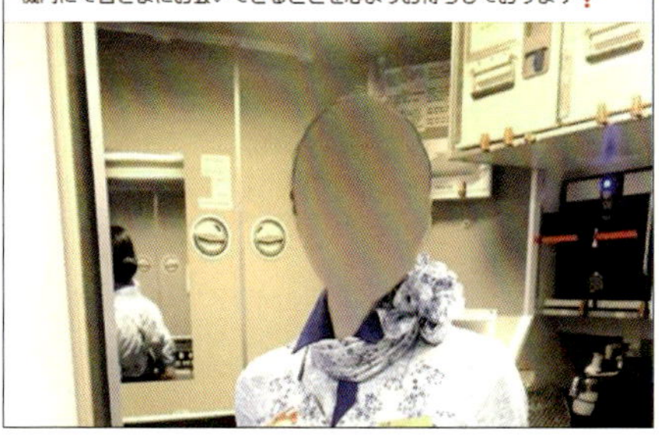

「ANA Japan」（https://www.facebook.com/ana.japan）のFacebookページでは、スタッフである客室乗務員の写真を投稿しています。実際に働いている人の姿を見せることで、より自社を身近に感じてもらおうとする姿勢を感じさせます。

商品＋季節感

スターバックス コーヒー ジャパン Starbucks
8月25日 13:58

8月最後の週末、どんな風に過ごしますか。冷たいドリンクと共に爽やかなひとときを😊
#スターバックスリフレッシャーズクールライム
#パッションティー

「スターバックスコーヒージャパン」（https://www.facebook.com/StarbucksJapan）では、季節のイベントに合った新商品が登場します。夏の日差しをたっぷり浴びた森の中でのアクテイブなシーンをイメージするような、写真を掲載しています。

商品＋ユーザー参加型の仕掛け

キリンラガービールがアンケートを作成しました。
8月30日 17:00

【#ラガーファンが選ぶ本格食材 vol.15】
～画像をクリックして投票！～
月に1度の特別なラガータイムには、仲間を誘って豪勢なひと時を！となれば…
【A：柔らかな食感と旨さが広がる「国産黒豚のしゃぶしゃぶ」を堪能しよう！、B：「黒毛和牛のすき焼き」を頬張る喜びに満たされよう！】
あなたならどちらの鍋料理でみんなを誘いますか？最高の乾杯に合わせたい方の画像をクリックして投票してください！
投票結果を参考に、ラガーによく合う逸品を集めたカタログを作成し、秋のプレゼントキャンペーンを実施します！

柔らかな食感と旨さが広がる

A.国産黒豚のしゃぶしゃぶ

頬張る喜びに満たされよう！

B.黒毛和牛のすき焼き

「キリンラガービール」（https://www.facebook.com/lager.jp）のFacebookページでは、2つの料理を提示し、どちらが自社商品と合うかというアンケートを投稿しています。コメント欄はファンが持論を展開し、大変賑わっています。

Memo 実際のスタッフを登場させる

オフィスや店舗の様子を見せるには、イメージ写真を使用するよりも、実際の現場をそのまま紹介するほうがリアリティがあり、ユーザーにも好印象を与えます。「ANA Japan」のように、実際に現場で働いているスタッフに登場してもらいましょう。

Memo オシャレな写真で惹きつける

「スターバックスコーヒージャパン」のように、写真として鑑賞できる写真を用意しましょう。写真が用意できない場合でも、著作権フリー、かつ無料の写真素材を提供しているWebサイトからイメージ写真を用意して、ユーザーの目を引く投稿に仕上げましょう。

Hint ユーザーにクイズを出題する

ユーザー参加型の仕掛けとして、クイズ型の投稿というのもあります。不動産賃貸の「いい部屋ネット大東建託」（https://www.facebook.com/eheya.kentaku.net/）のFacebookページでは、引越しに関するクイズを投稿し、ユーザーに向けて「どっちだと思う～？　みんなのコメント待ってるよ♪」とクイズ形式で問いかけています。答えがわからなかったユーザーも、あとで再度Facebookページを訪れる可能性があり、リピート効果も狙えます。

いい部屋ネット 大東建託
8月28日 18:00

＼☆不動産あるあるクイズ～☆／
新たな生活にわくわく♪
今回は、引っ越しに関する問題だよ！
荷ほどきの荷物は、どこに置いて作業するのが良いと思う？
1.動きのジャマにならないように、部屋の端
2.窓やドアをふさがないように、部屋の中央
どっちだと思う～？
みんなのコメント待ってるよ♪

Section 45

商品の魅力を引き出す写真撮影術

覚えておきたいキーワード
- 自然の光
- レフ板
- ホワイトバランス

Facebookページで商品を紹介したい場合は、写真の掲載は必須です。それも、ただ商品が写っているだけでなく、その商品の魅力や特徴がよくわかる写真を掲載したいものです。ここでは、商品を魅力的に見せる基本的な撮影テクニックを紹介します。

1 自然の光を活用して見栄えのよい写真を撮る

自社で販売している商品をFacebookページで紹介したいとき、写真は重要なアピールポイントになります。プロが撮影した写真が用意できなくても、写真の撮り方の大きなポイントであるライティングのコツがわかれば、見栄えのよい写真を撮ることができます。

撮影はコンパクトデジカメでも十分可能です。できれば天気のよい晴れた日を選び、太陽の自然光が入る窓際やベランダで撮影するのがベストです。

窓際に撮影用のスペースを作り、背景とする紙を用意します。紙は白で、カレンダーの大きさ以上のものがよいでしょう。背もたれのあるイスに、背もたれに合わせて紙をセットしたら、商品を置いて撮影します。

このように、撮影環境は自宅でもかんたんに整えられます。最終的に色合いが暗く感じたり、逆に明るすぎるようであれば、グラフィックソフトで補正しましょう。

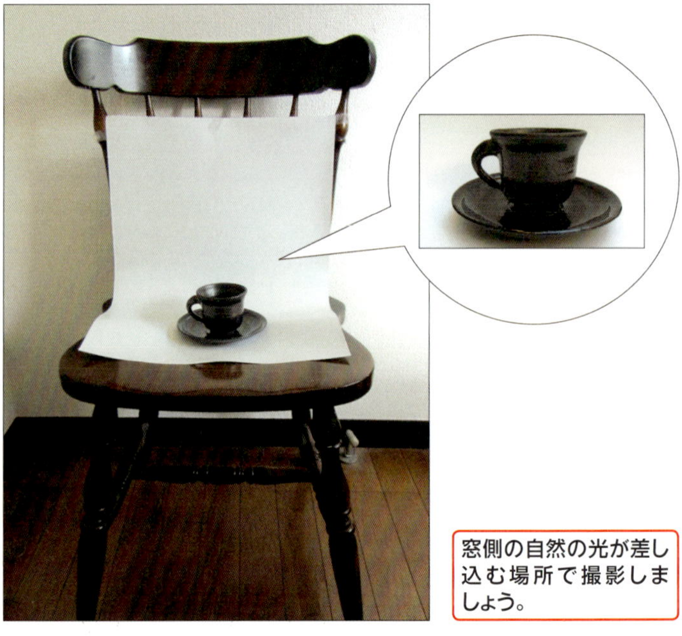

窓側の自然の光が差し込む場所で撮影しましょう。

Memo 背景が白い場所も利用する

壁紙やドアなどの色が白であれば、そこを利用するのもよいでしょう。使用前に壁やドアを軽く拭いて汚れを取っておきます。

Memo 背景用の紙のサイズ

背景用の紙は撮影の商品の大きさにもよりますが、模造紙で幅が180センチ程度、縦が200センチ以上のものがあればどんなものにも利用できます。

2 レフ板を利用する

自然光が得られない場合は、部屋の蛍光灯に頼ることになります。しかし、天井の1カ所からの光のみとなるので、強い影ができてしまいます。その場合はレフ板を利用するとよいでしょう。レフ板は被写体に光を反射させることで影をなくし、光を適切に当てる効果があります。

レフ板は撮影道具として販売されていますが、自宅にある白いシーツや白い大きな皿でも代用できます。また、白い画用紙を段ボールに貼り付けるものや、撮影するものの大きさにもよりますが、白いハンカチも使えます。

撮影時には、光の当たり方を見ながら、デジカメに搭載されているホワイトバランスの調整機能を利用して、色調を調整しましょう。ホワイトバランスはデジカメが判別して自動的に色を調整する「オート」のほか、「電球」「蛍光灯」「くもり」などのメニューや手動設定することも可能です。

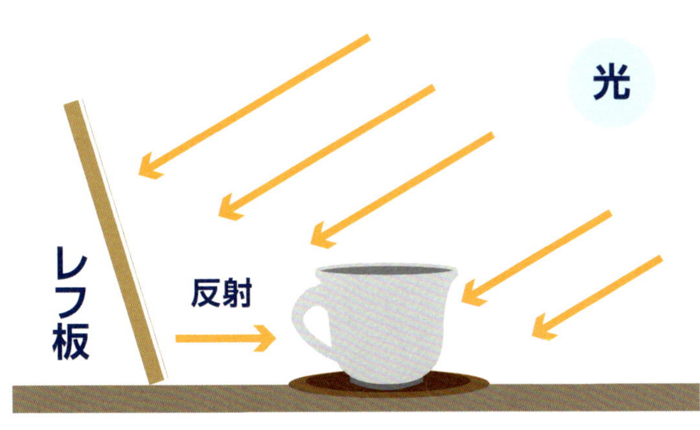

影になってしまわないよう、レフ板を利用すると、和らいだ光が反射して自然な写真が撮影できます。

カレンダーの裏紙や白画用紙など、家にあるものをレフ板として利用できます。

Keyword ホワイトバランス

ホワイトバランスは、光源の光がどんな色なのかを判断し、適切な白色を再現するための機能です。たとえば、デジカメの設定で「蛍光灯」モードにすると、蛍光灯の明かりで自然な色になります。

Hint 撮影用のセットを購入する

商品撮影に適した簡易スタジオセットが販売されています。頻繁に商品撮影を行うなら購入を検討してもよいでしょう。大きさにもよりますが、撮影ボックスは4,000円程度から、レフ版は1,000円程度から販売されています。

Section 46

「ページ情報」の表示で差を付けよう

覚えておきたいキーワード
- ページ情報
- 詳細
- 情報

ページ情報はFacebookページに訪れたユーザーに向けて、Facebookページについての紹介をするスペースです。限られたスペースですが、できる限りの情報を提供することがFacebookページを知ってもらうためのコツです。

1 「ページ情報」に表示される情報

「ページ情報」には、Facebookページを紹介する情報を記載することができます(Sec.13参照)。ここに記載した情報は、多くの人の目に触れます。たとえば、Facebookページのトップ画面の右側に「基本データ」として表示されます。また、Facebookページの投稿がニュースフィードに流れてきた際、「Facebookページ名」にマウスカーソルを合わせたときにも表示されます。

Facebookページの紹介文はもちろん重要ですが、それ以外の、自社サイトへのリンクや連絡先など、入力できる情報はできる限り埋めておきましょう。

Facebookページのトップ画面右側には、「ページ情報」で入力した情報が「基本データ」として表示されます。

ニュースフィード上のFacebookページの投稿にマウスカーソルを合わせると、「ページ情報」に入力した項目が表示されます。

Memo 85文字を越えた分は表示されない

「ページ情報」内の「ページ情報」部分には、Facebookページのかんたんな説明を書くことができます。文字数制限は85文字以内です。文字数を超えた分は表示されないので、全文が表示されているかどうか、必ず入力後の画面を見て確認しましょう。

2 検索エンジンからのアクセス増にも有効

トップページの＜ページ情報＞をクリックすると表示される画面には、ミッションや説明、設立、住所、受賞歴、商品・サービス、URLなどが表示されます。すべての情報がトップページに表示されるわけではありませんが、Facebookページは検索エンジンの検索結果にも表示されるので、検索エンジン経由でFacebookページに訪れるユーザーがいる可能性も考えると、できる限り多くの項目を入力しておくとよいでしょう。

ユーザーにとっても、基本データだけではわからない情報が充実していると、どんな会社・団体なのかがわかり、安心感を与えることができます。

トップページの＜ページ情報＞をクリックすると、会社の詳細な情報が表示されます。

検索エンジンへの対策としても、可能な限り情報を入力しておきましょう。

Memo Facebookは「nofollow」設定がされている

Facebook上のリンクには「nofollow」という設定がされています。そのため、リンク先に対するSEOの効果はないといわれています。

Section 47

投稿するタイミングを工夫しよう

覚えておきたいキーワード
- 投稿時間
- インサイト
- 反応を模索

投稿する時間帯により、ユーザーからの反応に変化が起こることがあります。時間を意識した投稿をくり返しながら、どの時間帯の反応がもっともよいかを模索しましょう。また、インサイトを利用するとより正確なデータをもとに分析することができます。

1 ファンが反応するタイミングを把握する

エッジランクを上げて、ファンのニュースフィードに投稿が表示されるようにするためには、投稿の反応率を上げていく必要があります。そのためには、どのタイミングで投稿すると反応がよいかを知っておくことが重要です。新商品やキャンペーンなどの告知の投稿をする際にも、ファンがもっともよく見てくれる時間帯に投稿しなければ、ファンの目にとまりにくくなってしまいます。

一般論として、Facebookにアクセスするユーザーは深夜にもっとも少なく、平日の日中はランチ時間帯の前後や、自宅でゆっくりFacebookを閲覧できる夜の8時から12時の時間帯に多いことは想像できます。しかし、実際の傾向が必ずしも同じとはいえません。インサイトを利用しながら、自分のFacebookページのファンが多い時間帯を、独自に調査しておくことが必要です。

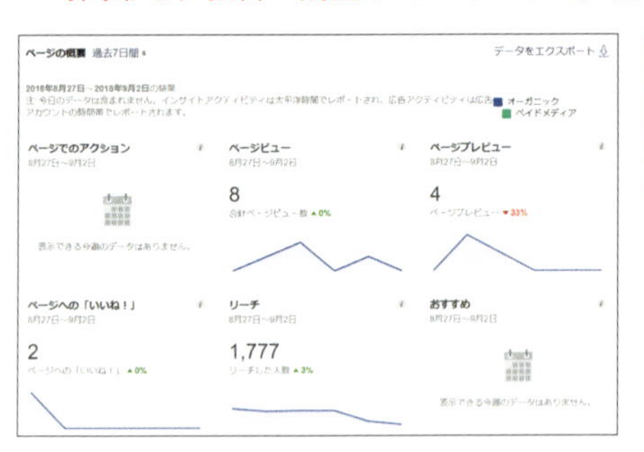

インサイトを利用すれば、記事ごとのリーチや反応率を確認できます。

10:00 に投稿

20:00 に投稿

投稿時間を変えながら、どの時間帯の反応がよいかなどを模索することが大切です。

Memo 大きなイベントがある期間は避ける

投稿時間帯を調査する期間に大きなイベントが実施される場合は、イベントが終了してから行うのがベストです。たとえば、プロ野球やサッカーの大きな試合、オリンピックのような、大規模でテレビ中継が行われるようなイベントが開催されると、放送時間に閲覧や投稿が大幅に増える、または減少するので正確な計測ができません。

Hint 連休中などの長期休みの投稿

大型連休や年末年始などの長期間にわたる休みの期間は、一般にインターネットへのアクセス自体は減少傾向になります。しかし、Facebookの場合は個人が日常の出来事を投稿することが多いという性質上、一概に減少するとはいえません。長期間の休み中に投稿を休んでいたら、休み明けにエッジランクが下がり、ユーザーへのリーチも減ってしまったという話もあります。休みの期間中でも、少なくとも1回以上は予約投稿を利用して投稿を行うようにすると安心です。

2 投稿のタイミングを最適化する

Facebookページのアクセス解析機能「インサイト」(Sec.69参照)を確認すれば、投稿ごとのリーチ、アクションを実行したユーザーの数などを把握することができます。これらのデータを日付・時間帯ごとに分析していくと、反応の高い曜日や時間帯がわかってきます。さまざまな時間帯に投稿を行い、試してみましょう。

また、インサイトの「投稿」の項目をクリックすると、反応の高かった投稿を確認できます。反応のよかった投稿の投稿日時と曜日、時間と投稿の内容を分析すると、自身のFacebookページではどのような内容の投稿を行うと反応が高いのかがわかってきます。

1週間の間に時間帯を意識した投稿を行う場合は、投稿する際に日時を指定して予約投稿(Sec.34参照)を行うとよいでしょう。

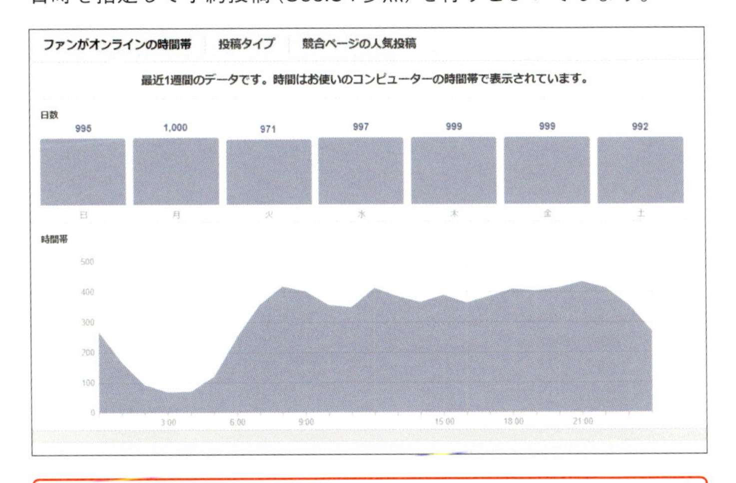

インサイトでは、ファンがオンラインである時間帯を把握することができます(P.200参照)。

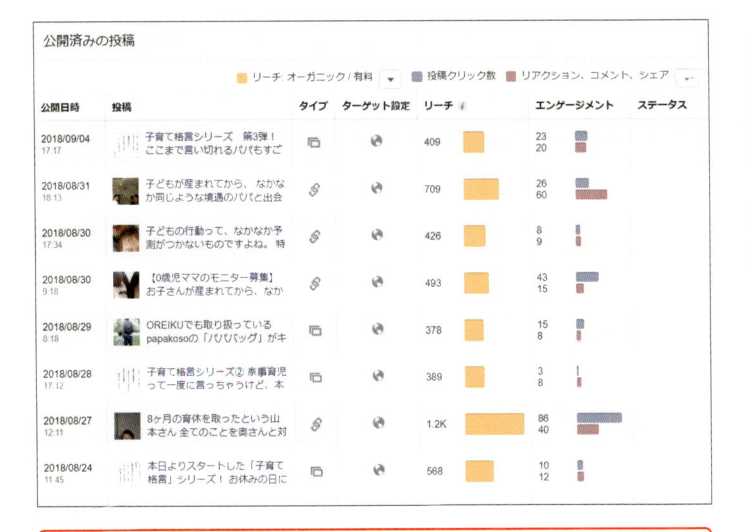
公開済みの投稿

リーチ: オーガニック / 有料　投稿クリック数　リアクション、コメント、シェア

公開日時	投稿	タイプ	ターゲット設定	リーチ	エンゲージメント	ステータス
2018/09/04 17:17	子育て格言シリーズ　第3弾！ ここまで言い切れるパパもすご			409	23 20	
2018/08/31 18:13	子どもが産まれてから、なかなか同じような境遇のパパと出会			709	26 60	
2018/08/30 17:34	子どもの行動って、なかなか予測がつかないものですよね。特			426	8 9	
2018/08/30 9:18	【0歳児ママのモニター募集】お子さんが産まれてから、なか			493	43 15	
2018/08/29 8:18	OREIKUでも取り扱っているpapakosoの「パパバッグ」がキ			378	15 8	
2018/08/28 17:12	子育て格言シリーズ② 家事育児って一度に言っちゃうけど、本			389	3 8	
2018/08/27 12:11	8ヶ月の育休を取ったという山本さん 全てのことを奥さんと対			1.2K	86 40	
2018/08/24 11:45	本日よりスタートした「子育て格言」シリーズ！ お休みの日に			568	10 12	

「投稿」からは投稿記事のリーチ(投稿を見た人の数)やクリック数、「いいね!」やコメント数などを一覧で見ることができます。

> **! Hint ターゲットによって最適な時間帯は違う**
>
> インサイトのデータを集計してみると、Facebookページによっては平日の昼間がもっとも反応が高く、週末や土日は反応が悪いというケースがあり、また別のFacebookページではその逆という結果が出ることがあります。これはFacebookページのターゲットによって、どの時間帯にFacebookを閲覧するかに違いがあるためです。自身のFacebookページはどのようなターゲット層なのかを念頭に置いて、投稿の時間帯を検討しましょう。

> **! Hint ユーザーが働いている時間帯を意識する**
>
> ターゲット層にもよりますが、多くのユーザーが働いている時間、慌ただしくしているような時間は当然ながら投稿があっても閲覧率は下がります。会社員であれば午前9時から11時台まで、13時以降から18時頃まではビジネスタイムです。また、主婦層であれば朝の時間帯は朝食の支度などで、夕方の5時以降は夕飯の買い物や支度で閲覧する可能性は下がります。これらの時間帯を避けて投稿すると、閲覧率が上がると予測できます。

Section 48

注目してほしい投稿を強調して表示しよう

覚えておきたいキーワード
- 投稿を強調
- トップ固定表示
- トップ固定表示を解除

日々の投稿の中でも、とくに注目してほしい投稿は、ユーザーの興味を引くような見せ方にしましょう。投稿をタイムラインのトップに固定表示すると、投稿を目立たせることができます。

1 投稿をトップに固定表示する

新商品の告知やキャンペーン情報など、とくにユーザーに知らせたい投稿がある場合や、広告を出稿している場合は、投稿をトップに固定表示しておくと効果的です。通常の投稿は時系列で流れていくので、次の投稿がされると、長い間見せておきたい投稿でも画面の下部に送られてしまいます。

1 トップに固定したい投稿の･･･をクリックし、

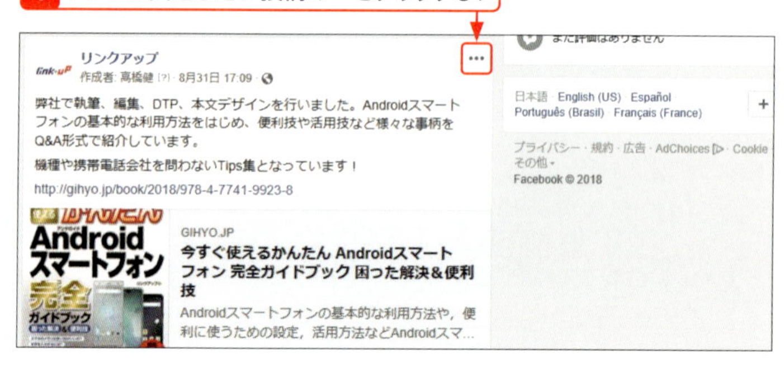

2 <ページのトップに固定>をクリックすると、

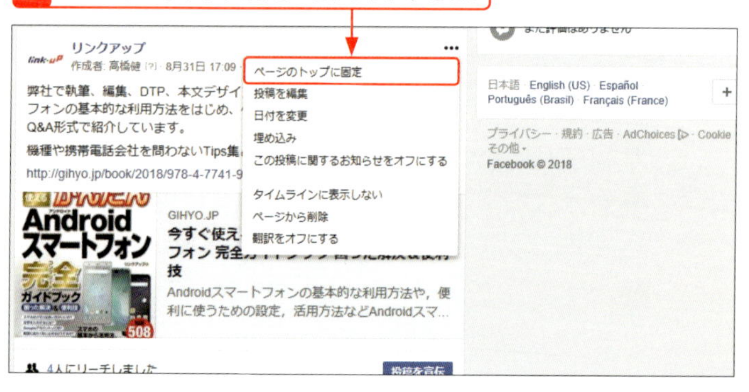

Memo トップに固定できる投稿の数

トップに固定できる投稿は、1つのみです。ほかの投稿をトップに固定すると、固定は解除されます。

3 投稿の右上に📌が付き、トップに固定されます。

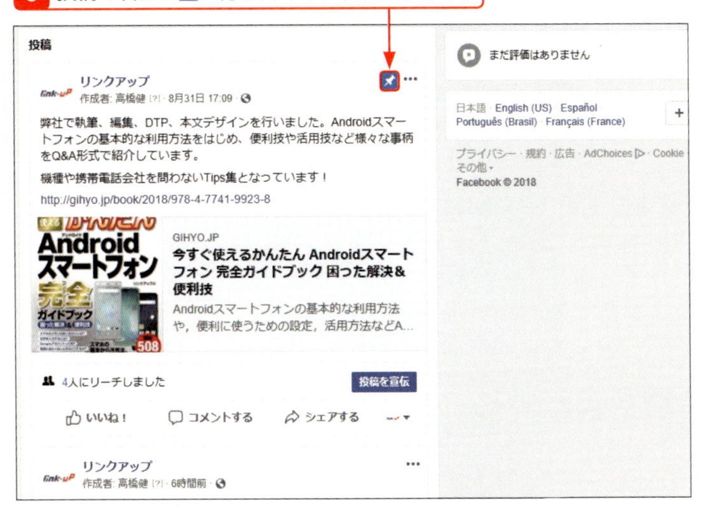

2 トップの固定表示を解除する

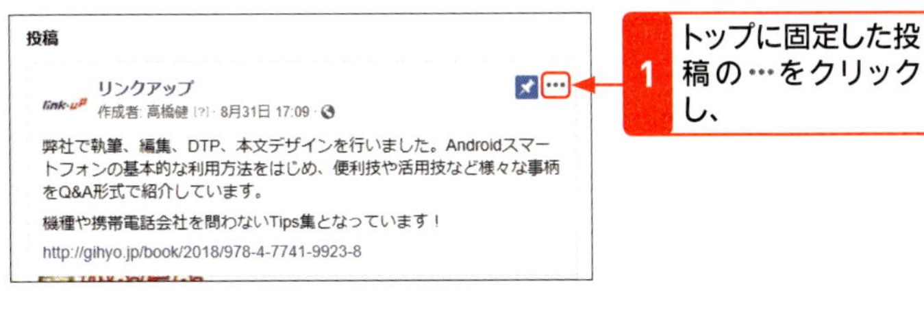

1 トップに固定した投稿の･･･をクリックし、

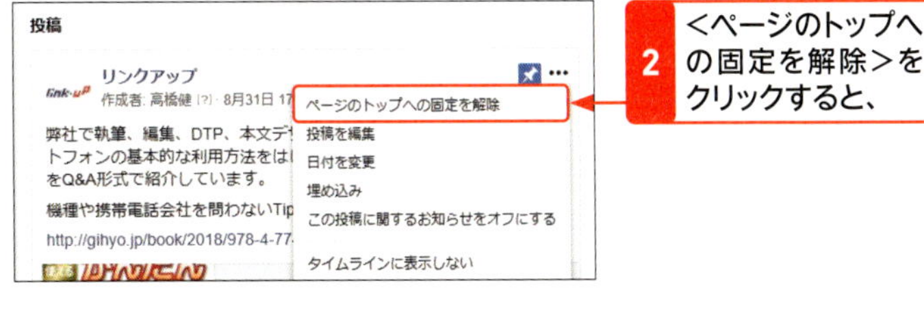

2 <ページのトップへの固定を解除>をクリックすると、

3 トップに固定していた投稿が解除されます。

Memo トップ固定を行える権限

「トップに固定」機能を利用できるのは、「管理者」または「編集者」の権限を持つ管理人だけです。

Section 49

ハッシュタグで情報の拡散を狙おう

覚えておきたいキーワード
- ハッシュタグ
- ハッシュタグ検索
- 検索バー

ハッシュタグを利用すると、Facebook上で共通の話題を楽しんでいるユーザーの間で投稿を共有することができます。Facebookページのファン以外のユーザーにもリーチできることが大きなメリットです。ここでは、どんなハッシュタグがあるかを確認するための、検索方法もおさえておきましょう。

1 ハッシュタグで共通の話題をまとめる

ハッシュタグとは、投稿する際に、本文とは別に任意の単語の頭に「#（半角シャープ）」を付けるもので、ハッシュタグを付けて投稿すると、任意の単語で話題となっている投稿がまとまり、共通の話題の投稿を一覧できる機能です。

ハッシュタグは、たとえば「東京オリンピック」という話題で投稿するときに、「#東京オリンピック」というように投稿します。「東京オリンピック」を話題にしている投稿をまとめて読みたいユーザーは、ハッシュタグ検索を行なうか、ハッシュタグの付いた投稿からハッシュタグをクリックすると、「#東京オリンピック」のハッシュタグを付けた投稿を一覧で見ることができます。

通常、Facebookページの投稿はファンを通じて拡散されますが、ハッシュタグの付いた投稿は、投稿がまったくリーチしていないユーザーの目にも入るので、新しいファンの獲得が狙えます。

ハッシュタグを付けた投稿の例です。通常の投稿を行い、文章内に「#」を付けた語句を入れます。

Memo ハッシュタグは自分で作成できる

投稿の際、単語の冒頭に「#（半角シャープ）」を付けると、新しいハッシュタグが作成できます。その場合は、よく使われている一般的な言葉を選びましょう。

Step up 応用的な使い方

たとえば「#〇〇社現場潜入リポート」のようにブランドや事業、担当者などのハッシュタグを付けることで、投稿を分類することができ、興味のあるハッシュタグの付いた投稿をまとめて読むことができます。また、複数のFacebookページを運営している場合にはハッシュタグを付けることで、アカウントを横断して記事を関連付けることも可能になります。

2 ハッシュタグを検索する

ハッシュタグを付けて投稿したい場合は、その時点でどんなハッシュタグがあるかを確認してから投稿しましょう。自身でハッシュタグを作る場合は、すでに作られているものと重複しないように注意します。

ハッシュタグの検索は、Facebookのページ上にある検索バーに語句を入力することで行えます。

1 検索バーに「#(任意の語句)」を入力し、

2 をクリックして、

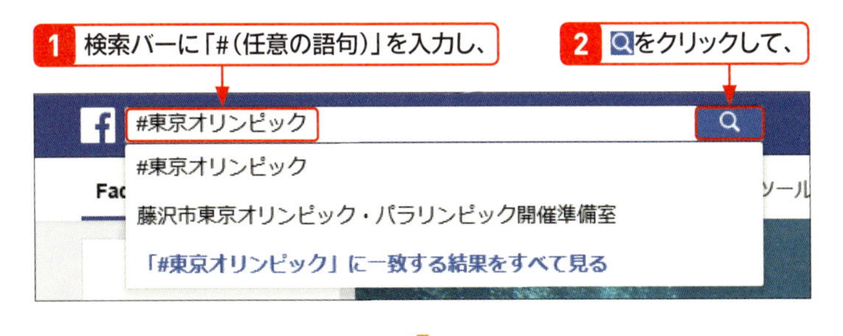

3 <投稿>をクリックすると、

4 入力したハッシュタグが付いた投稿が表示されます。

Memo ハッシュタグの前後に半角スペースを入れる

ハッシュタグを作成するときや投稿するときは、「#(任意の語句)」の前後には半角スペース以上の大きさのスペースを空けます。Facebook側が「#」の付いた語句をハッシュタグと認識しますが、前後のスペースがないと、一文であると認識してハッシュタグが作成されないことがあるためです。

Hint 流行のハッシュタグを探すには

Facebook自体には、タイムリーなハッシュタグを表示する機能がありません。ただし見当を付けるとすれば、Twitterのトレンドに上がっている語句を確認したり、「Yahoo!JAPAN」のリアルタイム検索を利用して、検索した語句がどれだけ注目されているかを調べたりするといった方法があります。

Section 50

イベントを作成してファンを招待しよう

覚えておきたいキーワード
- イベント
- ターゲット
- 告知

イベントなどを催す際、その日程や場所などの詳細情報を発信するときに便利なのが「イベント」機能です。この機能を使えば、性別や年齢などでターゲットを設定し、招待、出欠の確認することができます。イベントを作成したら、ファンはもちろん、友達などに広く告知しましょう。

1 イベントを作成する

「イベント」機能は、実際に行われるリアルのイベントはもちろん、Facebook上やそのほかのネット上で行う発表会などのイベントを企画した場合に、イベントの開催概要を友達を中心としたユーザーに向けて発信できる機能です。「イベント」機能を利用することで、たとえば新商品を特定のユーザーだけに紹介する発表会や、動画での生中継イベントに招待するといったファン対象の企画の告知がかんたんに行えます。

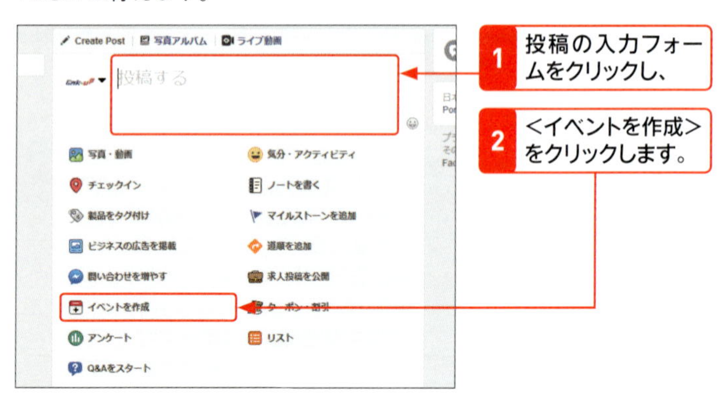

1 投稿の入力フォームをクリックし、

2 <イベントを作成>をクリックします。

3 ここをクリックして、イベントページに表示する写真を選択します。

4 イベントの名前や場所、開催頻度、開催日時などを入力します。

Memo イベントのタイトルはよく検討しよう

イベントのタイトルは、見ただけで興味が引かれ、参加したくなるようなタイトルを付けるのが理想的です。イベントのタイトルはあとから変更することもできます。

Step up イベントを目立たせる

イベントは通常の投稿と同じように、トップに固定できるので、目立つ位置に設定しましょう（Sec.48参照）。

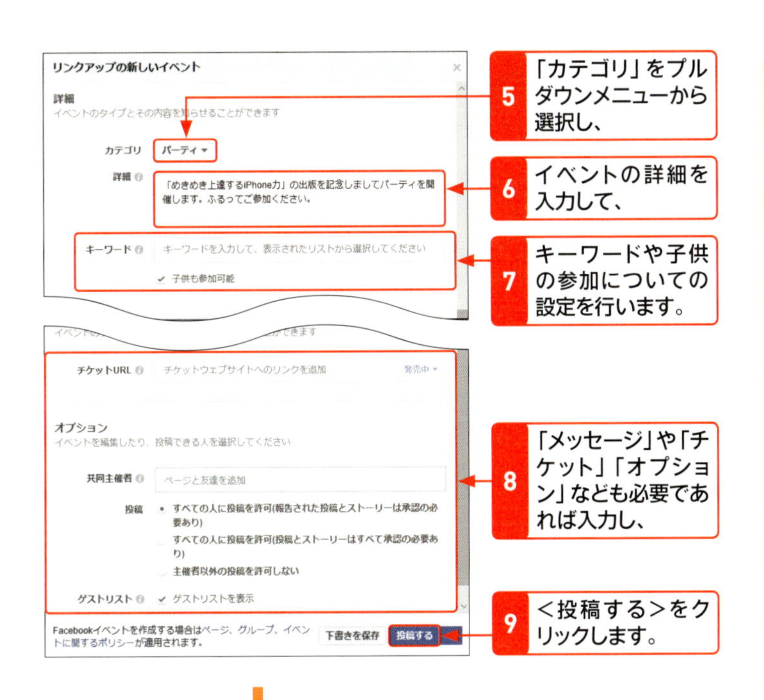

5 「カテゴリ」をプルダウンメニューから選択し、

6 イベントの詳細を入力して、

7 キーワードや子供の参加についての設定を行います。

8 「メッセージ」や「チケット」「オプション」なども必要であれば入力し、

9 ＜投稿する＞をクリックします。

10 イベントが作成されます。

11 タイムラインにイベントが投稿されます。

! Hint 友達にイベントを告知しよう

イベントは作成しただけではタイムラインに投稿の形で告知されるだけなので、イベントの「友達を招待する」機能を利用して、自分の友達に告知しましょう。さらに、イベントの情報を拡散してもらうよう依頼するのも1つの方法です。イベントのページで＜シェア＞→＜友達を招待＞をクリックすると、友達を招待することができます。

Step up イベントを中止する

一度作成したイベントを中止、削除したい場合はイベントページの右上にある＜編集する＞をクリックし、イベントの情報を編集する画面で、左下の＜イベントをキャンセル＞をクリックします。その後、＜イベントをキャンセル＞または＜イベントを削除＞をクリックします。イベントを中止する場合は、キャンセルする前に中止の件を投稿などでユーザーに知らせましょう。

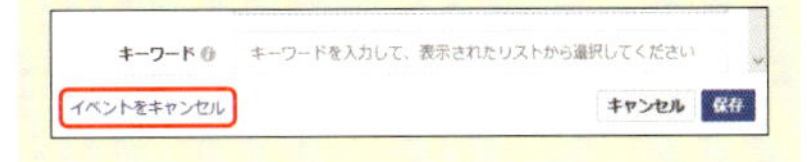

Section 51

スマホからの投稿は鮮度と写真が命

覚えておきたいキーワード
- スマートフォン
- リアルタイム
- 臨場感

Android端末やiPhoneなどのスマートフォンがあれば、手軽に撮影から投稿まで行えます。スマホからは、その状況ならではの写真を添付して、現場からの臨場感のある近況を投稿しましょう。

1 外出先からのリアルタイム投稿で臨場感を出す

スマートフォンからの投稿は、「Facebook」アプリ（Sec.36参照）や「Facebookページマネージャ」アプリ（Sec.37参照）を利用することで、スマートフォンで撮影した写真を添付して投稿、という一連の作業をスムーズに行うことができます。

スマートフォンは、新商品の発表会や展示会、リアルのイベント、訪問先での出来事などをリアルタイムで投稿するのに向いています。普段の投稿とは雰囲気の違う出先からの新鮮な投稿は、ファンの関心を引きやすいコンテンツの1つです。

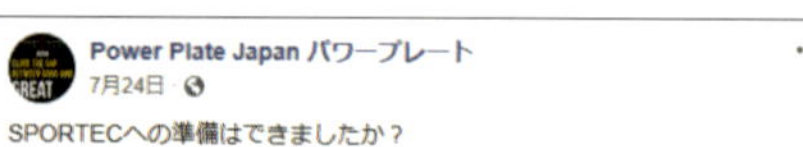

SPORTECへの準備はできましたか？
パワープレートブースも準備OKです。
是非、明日のSmall Group Training BURNクラスをご体験ください！
ビッグサイトで皆様のお越しをお待ちしております！

新商品発表会や展示会などの様子を、いち早くFacebookページで伝えましょう。

北海道エアシステム HAC
8月31日 18:11

こんにちは、JAL Facebookチームの波多野と星田です。
明日の「JAL&HAC Facebookページファン感謝イベントin丘珠」の準備で丘珠空港に来ています。
北海道の涼しさに驚きながら、明日、皆さまにお会いできるのを楽しみにしています♪... もっと見る

速報性のある内容は、スマートフォンからのほうが早く投稿できます。

> **Hint　Facebookページに投稿できるアプリ**
>
> Facebookページへの投稿は、個人アカウント用の「Facebook」アプリと、Facebookページ用の「Facebookページマネージャ」アプリ、どちらからでも可能です。

自社で開催したイベントの様子を、臨場感たっぷりに紹介しましょう。

> **Memo　ライブ配信**
>
> Facebookには、リアルタイムでライブ動画を配信する「ライブ配信」機能があります。ライブ配信は、パソコンだけでなく、スマートフォンアプリからも行うことができます。速報性ある情報を発信するために、ぜひ利用したい機能です。

2 スマートフォンとパソコンを使い分ける

スマートフォンの「Facebook」アプリや「Facebookページマネージャ」アプリは、パソコン版のFacebookと同等の機能を備えています。しかし、スマートフォンだけでFacebookページの投稿や管理を行うのは現実的ではありません。

スマートフォンからFacebookページを操作する場合は、外出先などからのリアルタイムの投稿と、コメント返信やメッセージの確認と急ぎの対応に利用し、それ以外の長文の投稿やノートへの投稿などはパソコンで行う、というように使い分けましょう。また、忙しいときは空き時間にスマートフォンからコメントやメッセージの確認だけを行い、あとでパソコンからアクセスしてコメントへの返信などを行うというような使い方もできます。

リアルタイムの近況を投稿するのに便利！！

スマートフォン

長文の投稿や写真アルバムの投稿など凝った投稿をするのに便利！！

パソコン

> **Hint　スマートフォンの投稿はフットワークを軽く**
>
> 外出先で思いがけず見つけた美しい風景などは、スマートフォンで撮影して即座に投稿するといったフットワークの軽さも、ファンに支持される投稿を生み出すコツです。

Section 52

スマホでの表示を意識して投稿しよう

覚えておきたいキーワード
- スマートフォン
- 投稿の表示
- 改行位置

Facebookでは、パソコンからのアクセス以上に、スマートフォンから多くのアクセスがあります。**パソコンからの見た目とスマートフォンからの見た目には違いが出る**ので、どちらから見ても見栄えのよい表示となるよう、意識をして投稿しましょう。

1 スマホユーザー向けに対策する

Facebookの利用者のうち、**そのほとんどはモバイルユーザー**であるといいます。日本国内のスマートフォンの利用者も増加傾向となっており、ユーザーの多くはスマートフォンからのアクセスと思ってもよいでしょう。

そこで意識するべきは、**パソコンから見た場合とスマートフォンから見た場合、それぞれの見た目に違いがある**ということです。たとえば改行の位置では、パソコンで画像を付けて投稿した場合、5回目の改行で「もっと見る」が表示されますが（P.147参照）、スマートフォンの場合、iPhoneでは7回目の改行で「もっと見る」が表示されます。Android端末では機種によって違いがありますが、ほとんどの端末は7回目の改行で「もっと見る」（または「続きを読む」）が表示されます。

投稿前に、できればパソコンとスマートフォンの両方で表示を確認したいところです。

パソコンで見た場合

Android 端末で見た場合

こんにちは！

今日の東京・飯田橋は快晴です。
このあと気温はぐんぐん上昇し、昨日に引き続き、30度を超える
とのことです。

外に出ているだけでかなりの汗が(^_^;) しっかり水分と塩分を... 続きを読む

iPhone で見た場合

こんにちは！

今日の東京・飯田橋は快晴です。
このあと気温はぐんぐん上昇し、昨日に引き続き、30度を
超える
とのことです。
... もっと見る

同じ投稿をパソコン、スマートフォンとで比較すると、「もっと見る」（「続きを読む」）の表示位置が違うことがわかります。

Hint　Android端末は機種によって見え方が変わる

Android端末の場合、見え方は機種によって違いがあり、iPhoneよりも文字数が多く、「もっと見る」が表示されずに投稿内容がすべて表示されることもあります。

Memo　空白の改行も1行にカウントされる

テキストがない空白の改行であっても1行とカウントされるので、文章のまとまりで空白を入れたいときには注意しましょう。

2 最適な改行位置を把握する

パソコンとスマートフォンでの表示を揃えるには、「1行あたりの文字数」がもっとも少なく表示されるAndroid端末（一部を除く）に合わせるのが適しています。したがって、1行あたり21文字で改行するようにすると、どの端末でも表示が揃います。
また、「改行の数」はパソコンの表示がもっとも少なく、5回目の改行で「もっと見る」が表示されます。そのため、21文字×5行（全角105文字以内）におさめると、どの端末でもファーストビューで見えるようになります。

しかし、それ以上の長さを投稿したいこともあるでしょう。その場合は、「もっと見る」をクリックしてもらえるような工夫をしましょう。たとえば、クイズ形式で「何だと思いますか？ 続きはこちら」というような文章を入れて、「↓」などで改行数を調整し、「もっと見る」（「続きを読む」）をタップすると答えが読めるようにするといったことが挙げられます。

ユーザーはせいぜい1クリック程度のアクションしか起こしてくれません。続きを読んだり、別サイトへの誘導にいくつものアクションを踏むようでは成果につながりにくいことを覚えておきましょう。

パソコンで見た場合

リンクアップ
作成者: 高橋健 [?] · 7分前 ·
123456789012345678901
123456789012345678901
123456789012345678901
123456789012345678901
123456789012345678901... もっと見る

Android 端末で見た場合

iPhone で見た場合

全角21文字目で改行、5回目の改行で「もっと見る」（「続きを読む」）が入る状態でパソコンから投稿すると、どの端末でも表示が揃います。

Hint 誘導目的なら URLを先に入れる

ECサイトなどの別のWebサイトへの誘導が目的なら、URLはファーストビューの範囲に収まるように入れます。できるだけ、ユーザーの手間をかけない仕様にすることがポイントです。

Memo 「もっと見る」と「続きを読む」

パソコンやiPhone、ほとんどのAndroid端末では、テキストの続きへのリンクは「もっと見る」と表示され、一部のAndroid端末のみは「続きを読む」と表示されます。

Section 53

ターゲットを設定して投稿しよう

覚えておきたいキーワード
- ターゲット
- ファン
- ニュースフィード

具体的に、性別や年代、またはある地域に在住しているユーザーに向けてアプローチしたいといった場合、投稿時に**ターゲット**を設定することができます。「投稿のターゲットとプライバシー」をあらかじめオンにしておくことで、**投稿を表示させるファンを絞った**ターゲット投稿をすることができます。

1 投稿が届く相手を最適化する

Memo タイムラインからは誰でも閲覧が可能

ターゲットを設定して投稿をした場合、マッチングしていないファンのニュースフィードに投稿は表示されませんが、Facebookページのタイムラインからは、その投稿を見ることができます。

普段の投稿の中で特定のユーザーに向けた投稿を行いたい場合は、Facebookに登録している**プロフィールをもとに、ターゲットを設定して投稿**することができます。この機能はFacebookページのみのものです。

この機能を利用して、自社のアピールや商品の紹介を、性別や年齢、地域別にターゲットして投稿を行ったり、投稿に対する反応がよいのはどんな属性のユーザーなのかを調べるテスト投稿を行ったりすることが可能です。

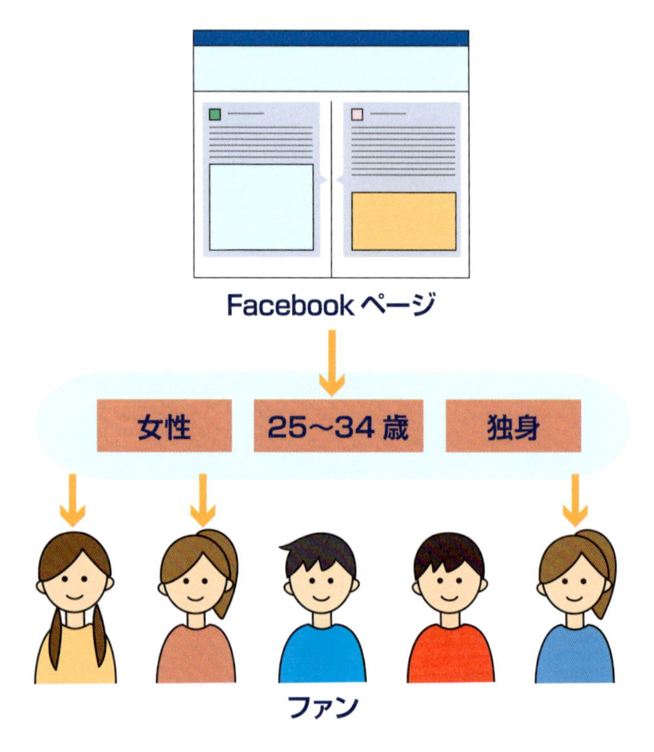

絞り込みたい条件を設定し、その条件にマッチングしたファンのみのニュースフィードに投稿が表示されます。

2 ターゲット投稿の設定をオンにする

ターゲットを設定した投稿は、設定で「ニュースフィードのターゲットと投稿のプライバシー設定」をオンにした状態で行う必要があります。まずはターゲット投稿が行えるように、設定をしておきましょう。

1 Facebookページで<設定>をクリックし、

2 「ニュースフィードのターゲットと投稿のプライバシー設定」の右にある<編集する>をクリックし、

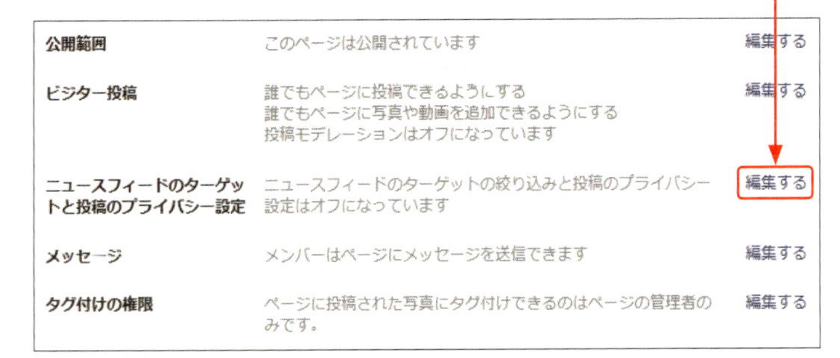

3 チェックボックスをオンにして、

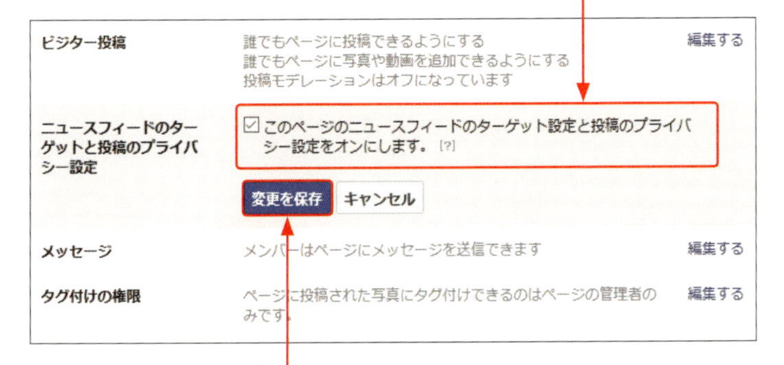

4 <変更を保存>をクリックします。

Memo 年齢によるターゲットの範囲

年齢でターゲットを設定する場合、年齢の最小値は「13歳」、最高値は「65歳以上」となっています。

3 ターゲット投稿を行う

Facebookに登録しているプロフィールに基づき、性別や年齢、地域などのフィルターで絞り込むことで、ターゲットを設定して投稿できます。

これらのフィルターは複数選択することができます。たとえば学歴は高校生、大学生・専門学校生、大卒など、複数を選択することが可能です。ターゲットを絞り込んだ投稿を行い、ファンからの反応をテストして、反応のよい投稿のパターンを探してみましょう。

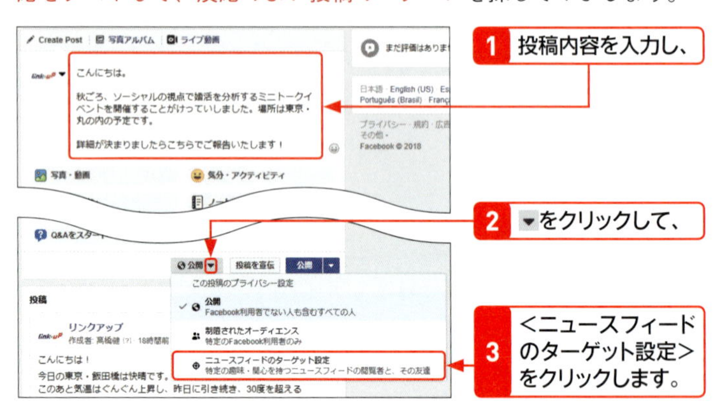

1 投稿内容を入力し、
2 ▼をクリックして、
3 <ニュースフィードのターゲット設定>をクリックします。

4 ターゲットにしたいフィルターを設定し、
5 <保存>をクリックします。

6 <公開>をクリックします。

Memo プロフィール未設定のユーザーは対象外

ターゲット項目に含まれるプロフィールを登録していないファンは、ターゲティングの対象外となります。

Hint フィルターの種類

<その他の利用者層>をクリックすると、フィルターを追加することができます。フィルターは「趣味・関心」「年齢」「性別」「地域」「言語」「交際ステータス」「学歴」の全7種類です。

Step up 広くターゲットするなら広告を使う

ここで紹介している方法は、ユーザーの属性でターゲティングできますが、広い範囲で、多くの人に投稿を見てもらいたい場合はFacebook広告を使います。

第5章

実店舗やWebサイトから集客しよう

Section 54

Facebookページへの集客力をアップしよう

覚えておきたいキーワード
▶Webサイトから誘導
▶ブログで紹介
▶キャンペーン企画

Facebookページを作成したら、ファンが集まるように集客力を高めていかなければなりません。既存のWebサイトやブログを活用して、ファンを増やしていきましょう。また、社内のマーケティング施策と連動させ、プレゼント企画などのキャンペーンを展開するのも効果的です。

1 Facebookページの認知度を高めるには?

Facebookページは作成しただけでは誰にも気付いてもらえません。作成したページは、自分自身で認知度を上げていく必要があります。

Facebookページを宣伝するにはFacebook広告への出稿(第6章参照)や、Twitterで広めるなどの方法がありますが、まずは既存のWebサイトやブログを活用しましょう。

たとえば、Webサイトのアクセス解析を見ながら、アクセスが集中しているページを選び、そこにFacebookページへ誘導するリンクを作成します。ブログであれば記事でFacebookページを紹介するといった方法があります。また、Facebookページの案内と説明をする専用ページを設けている企業もあります。

いずれの方法でも、Facebookページで行っていることや、ユーザーに対するメリットを説明することがファンを増やす近道です。

「政府広報オンライン」(http://www.gov-online.go.jp/sns/facebook.html)では、Facebookページで行っていることやガイドラインについて、1ページ使って説明しています。

Hint ソーシャルプラグインで知らせる

Facebookでは、Webサイトに設置することができる公式のソーシャルプラグインが用意されています。ページプラグインなどを設置することで、Facebookページへの誘導や関係性の構築、情報の拡散などが期待できます。

Step up 名刺やチラシなどで紹介する際の注意点

Facebookページの存在を名刺やチラシといった紙媒体で紹介する場合は、印刷して作成するため、修正や変更が容易でなくなります。作成する場合はあらかじめユーザーネーム(Sec.14参照)を確定させ、なるべく変更することがないようにしましょう。

2 社内のマーケティング施策と連動させる

Facebookページの認知度を上げ、ファンを獲得する施策としてよく利用されている手段は、プレゼント付きのキャンペーン企画の実施です。キャンペーン企画はユーザーからの人気が高く、キャンペーンにまつわる投稿はリアクションが多く得られる傾向にあります。集客力をアップする方法として、有力な手段といえるでしょう。

ただし、P.25下段のMemoでも紹介したように、Facebookにコンテンツを投稿するようユーザーに促したり、Facebookに投稿することで報酬が得られるような印象を与えたりすることや、Facebookページに「いいね！」をするよう誘導したり、ページに「いいね！」することで報酬が得られるような印象を与えたりするキャンペーンの実施は禁止されています。では、どのようなキャンペーンであれば、実施できるのでしょうか。

「Facebookプラットフォームポリシー」の（https://developers.facebook.com/docs/apps/examples-platform-policy-4.5）によれば、1つの投稿に「いいね！」やコメントをしたユーザー、スポットにチェックインしたユーザーなどを対象としてキャンペーンを行うことは許可されています。たとえば、飲食店なら「新作のドリンクの名前を募集します。コメントに投稿してください。採用された方にはお食事券をプレゼント」といった企画が可能でしょう。

そのほかの業種でも、自社のFacebookページの投稿に「いいね！」をしたユーザーの中から抽選でオリジナルグッズをプレゼント、といったキャンペーンが行えます。

新規のファンの獲得だけでなく、既存のファンにも楽しんでもらえる施策としても、キャンペーン企画は有効です。社内のマーケティング部門担当者ともよく話し合い、Facebookページと連動させて実施してみましょう。

「フォルクスワーゲングループ ジャパン」では、「いいね!」を付けて対象の投稿にコメントをすると、抽選でプレゼントが当たるキャンペーンを実施しました。

Memo キャンペーンの景品を選定する

Facebook上で行うキャンペーンにおいて、集客しやすいのは現金やギフトカードといった金券です。ただし、キャンペーンに参加したいだけのユーザーが集まってしまい、継続してファンになるユーザーが少ないのがデメリットです。次に人気を集めやすいのは、オリジナルグッズや限定品です。Facebookを通じてしか手に入らないグッズをほしいと思うユーザーは、本当のファンともいえます。しかし、オリジナルグッズなどのほかにファンが満足する魅力的な要素がない限り、集客はしにくいのがデメリットです。自社の方針とデメリットを考えながら景品を選定しましょう。なお、景品の内容については景品表示法に基づきます。

Hint プロモーションガイドラインに注意

Facebookではプロモーション活動におけるガイドライン（https://www.facebook.com/policies/pages_groups_events/）が定められており、キャンペーン企画を実施するにあたって注意すべき事項が記載されています。規約に違反したキャンペーンを実施していると、最悪の場合、アカウント停止の措置もとられてしまいますので、実施においてはガイドラインを確認しておきましょう。

Section 55

実店舗の客にFacebookページを周知しよう

覚えておきたいキーワード
- 実店舗の客
- ファン獲得
- QRコード

Facebookページのファンを売上につなげていくためには、すでに商品・サービスを体験した人にリピートしてもらうのがいちばんです。ここでは、実際に来店してくれた顧客をファンにするための手法を紹介します。

1 来店した顧客に Facebookページをおすすめする

来店してくれた顧客には商品を説明したり、メニューを確認したり、お会計をしたりするなど、さまざまな場面で会話をすることがあると思います。そのときに、できるだけスマートにFacebookページを運営していることをお知らせし、ファンになることのメリットを伝えられるとよいでしょう。また、そのような際に「いいね！」をもらうには、以下の2つのポイントがあります。

待ち時間を利用してアクションをしてもらう

料理が運ばれて来るまでの待ち時間やレジを打っているときのちょっとした待ち時間に、Facebookページを告知することができれば、その待ち時間を使ってアクセスしてくれる可能性があります。

かんたんに「いいね！」がもらえるようなPOPを作る

Facebookページではどのような投稿をしているのか、ファンになるメリットなどを記載し、QRコードなどを使ってかんたんに「いいね！」できるようなPOPを作っておくとよいでしょう。

各テーブルにPOPを置いておけば、顧客の誰もが目にすることになります。

> **Hint 来店客へのアピール方法**
>
> 来店した顧客へはレジやテーブル席に置くPOPやショップカード、店内ポスター、チラシやフライヤーなどさまざまな方法でアピールすることができます。また、「いいね!」をすることでサービスが得られるということを明記しておくと、ファンを獲得しやすくなります。

2 QRコードを作成する

FacebookページのQRコードは、下記のようなQRコード作成サービスを利用すると、Web上でかんたんに作成できます。ダウンロードしたQRコードの画像を使ってPOP作成しましょう。ここでは、株式会社シーマンの運営する、QRコード無料作成サイトで作成する手順を解説します。

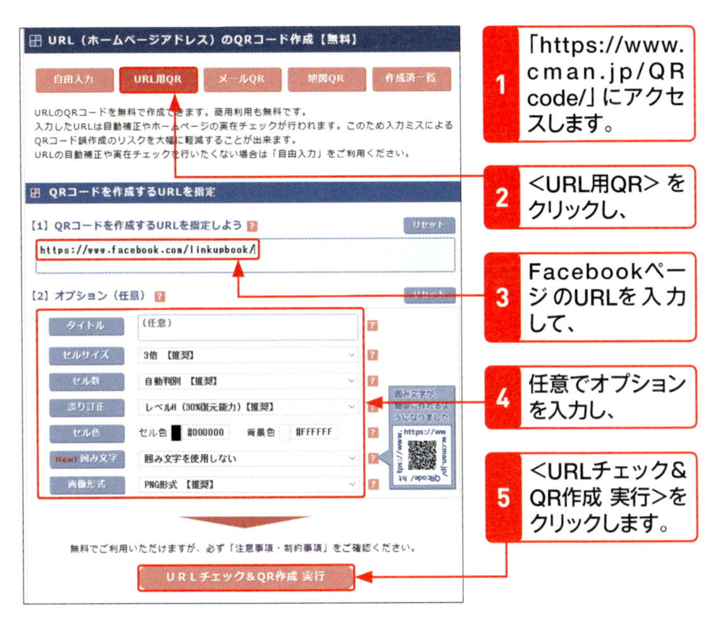

1 「https://www.cman.jp/QRcode/」にアクセスします。

2 <URL用QR>をクリックし、

3 FacebookページのURLを入力して、

4 任意でオプションを入力し、

5 <URLチェック&QR作成 実行>をクリックします。

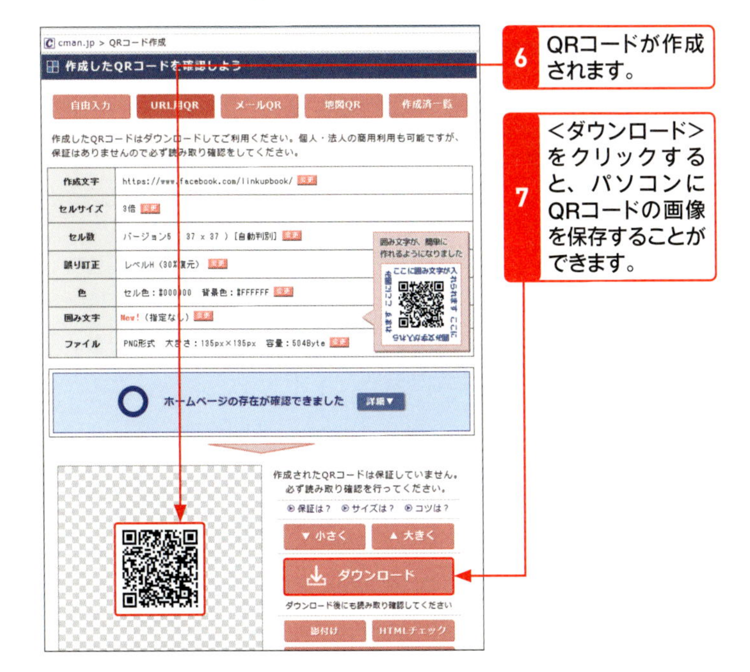

6 QRコードが作成されます。

7 <ダウンロード>をクリックすると、パソコンにQRコードの画像を保存することができます。

Hint 正しいコードが作成されない場合

正しいコードが作成されない場合は、Facebookページがそれぞれ固有で持っているIDを入力してみましょう。FacebookページのIDは<ページ情報>の「ページID」で確認できます。

このページのIDは「247727382501929」です。「https://www.facebook.com/247727382501929」を入力してQRコードを作成しましょう。

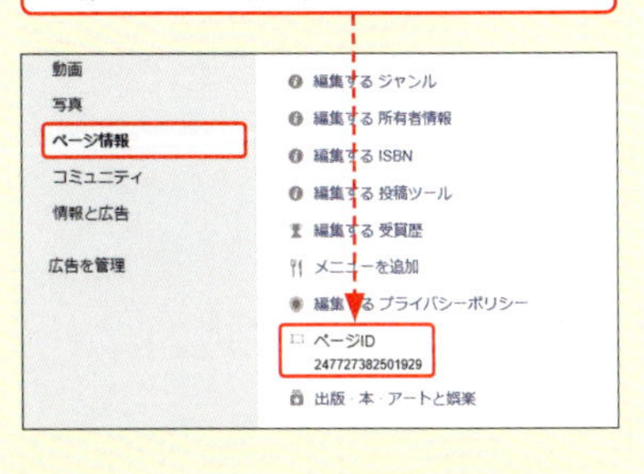

Section 56

Webサイトにページプラグインを設置しよう

覚えておきたいキーワード
- Webサイト
- ソーシャルプラグイン
- ページプラグイン

Webサイトにページプラグインを設置すると、WebサイトにFacebookページを埋め込むことができます。ページプラグインをクリックすると、Webサイトから直接Facebookページに移動することができます。また、「いいね！」ボタンや「お問い合わせ」ボタンを埋め込むことも可能です。

1 ページプラグインとは?

> **Memo 非公開のFacebookページ**
>
> 非公開にしているFacebookページを、ページプラグインに使用することはできません。

ページプラグインは、外部のWebサイトに設置するソーシャルプラグインの1つです。ユーザーがWebサイト上に埋め込んだページプラグインをクリックすると、Facebookページが表示されます。それによって、Webサイト上でFacebookページを宣伝することができます。また、Facebookページへのリンクだけでなく、「このページにいいね！」ボタンや「お問い合わせ」ボタンも同時に表示させることもできるので、ユーザーのリアクションを促進させる効果も期待できます。Facebookページのアクセスアップを狙うならばぜひ設置しましょう。

外部のWebサイト上のページプラグイン

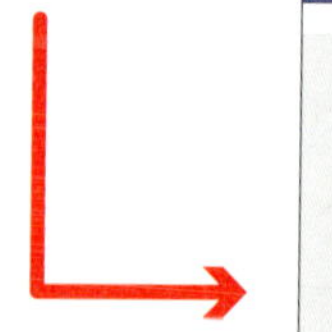

Facebookページ

ページプラグインを設置すると、Webサイト上にFacebookページを埋め込み、宣伝することができます。

2 ページプラグインを設置する

1 「https://developers.facebook.com/docs/plugins/page-plugin?locale=ja_JP」にアクセスし、

2 FacebookページのURLを入力します。

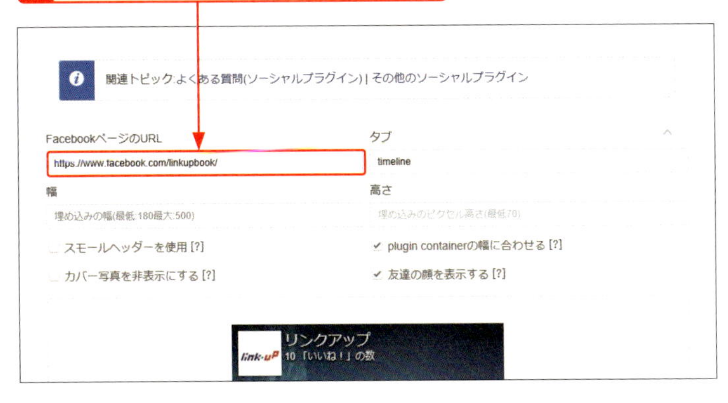

3 表示するタブを入力します（ここでは「timeline」）。

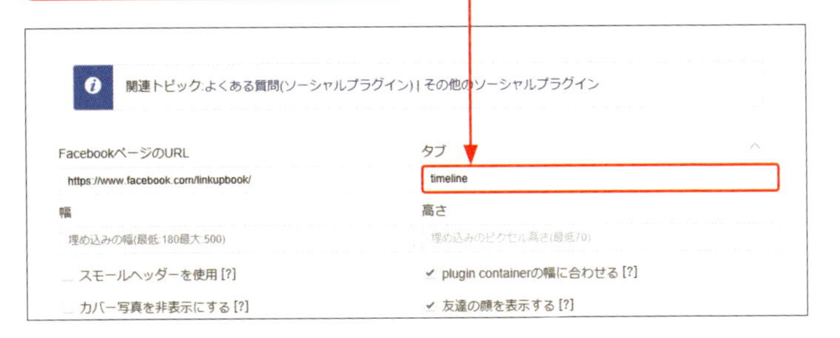

Memo そのほかのソーシャルプラグインを作成

手順1の画面左上の「ソーシャルプラグイン」下の<コメント>や<埋め込みコメント>などをクリックすると、ページプラグイン以外のソーシャルプラグインのコードを作成することができます。「いいね!」ボタンの作成は、Sec.57を参照してください。

Memo タブの種類について

手順3の「タブ」で「timeline」と入力すると、Facebookページのタイムラインが表示されます。そのほか、「events」「messages」などを入力すると、それぞれイベント画面やページへのメッセージ入力画面が表示されます。複数のタブを表示する場合、カンマで区切って入力します。

Memo ページプラグインの可変幅

手順8の画面で<plugin containerの幅に合わせる>にチェックを付けると、可変幅をオンにできます。可変幅をオンにした場合、親コンテナの幅に合わせて、ページプラグインの幅を変化させることができます。

4 プラグインの幅を入力します（最小値180ピクセル、最大値500ピクセル）。

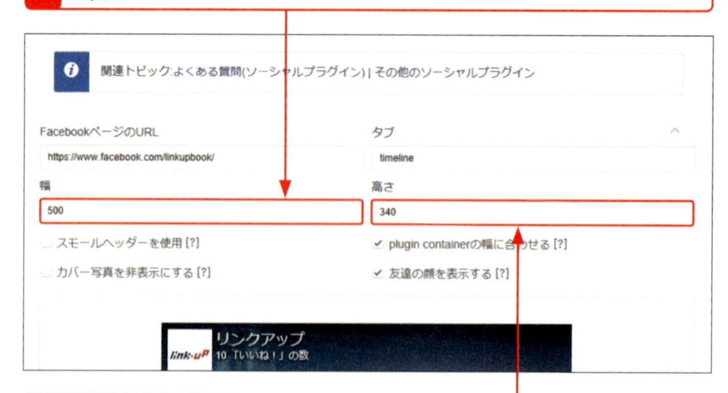

5 プラグインの高さを入力します（最小値70ピクセル）。

6 ヘッダーの表示をより小さくしたい場合は、<スモールヘッダーを使用>をクリックしてチェックをオンにします。

7 ヘッダーのカバー写真を非表示にしたい場合は、<カバー写真を非表示にする>をクリックしてチェックを付けます。

8 可変幅をオフにしたい場合は、<plugin containerの幅に合わせる>をクリックしてチェックをオフにします。

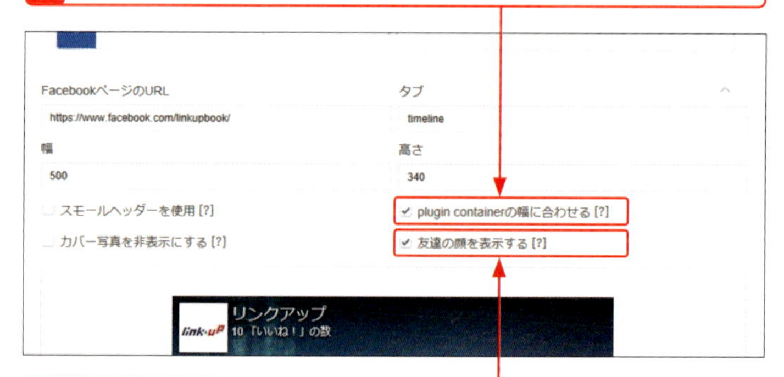

9 Facebookページに「いいね!」している友達の顔を表示したくない場合は、<友達の顔を表示する>をクリックしてチェックをオフにします。

10 ＜コードを取得＞をクリックします。

11 コードの種類をクリックし（ここでは＜IFrame＞）、

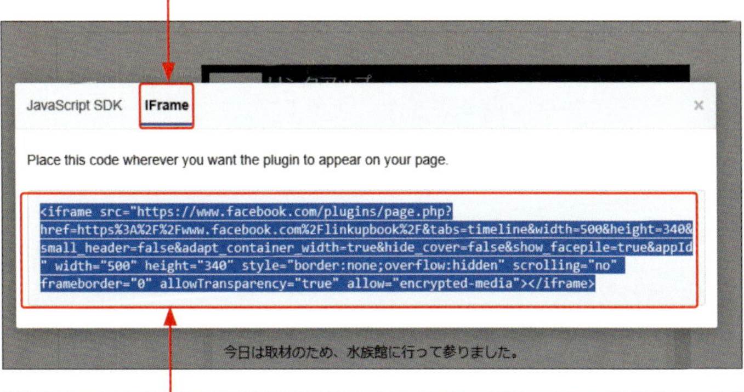

12 表示されたコードをクリックすると全選択されるのでコピーして、Webサイトの任意の場所に貼り付けます。

13 ページプラグインが設置されます。

Memo 複数のタブを設定している場合

P.157手順**3**で複数のタブを設定した場合、以下のように表示されます。＜タイムライン＞＜イベント＞＜メッセージ＞をそれぞれクリックすると、表示を切り替えることができます。

Section 57

Webサイトやブログに「いいね!」ボタンを設置しよう

Webサイトに「いいね！」ボタンを設置すると、Webサイトやブログの記事がFacebook上で拡散されやすくなり、アクセスアップが期待できます。「いいね！」ボタンのコードを生成し、自分のWebサイトやブログに設置してみましょう。

覚えておきたいキーワード
- 「いいね！」ボタン
- ソーシャルプラグイン
- Webサイト

1 「いいね!」ボタンとは?

「いいね！」ボタンは、外部のWebサイトに設置するソーシャルプラグインの1つです。Webサイトのコンテンツページ、ブログの個別記事に設置した「いいね！」ボタンがクリックされると、クリックしたユーザーの友達のニュースフィードに、「いいね！」をしたコンテンツが投稿されます。それによって、コンテンツがFacebookのユーザーに広く拡散していきます。

「いいね！」ボタンは1クリックだけでユーザーの意思表示ができると同時に、Facebook上に投稿されるというシンプルなボタンです。しかし、それがニュースフィードに表示されることで「友達」の目に触れる機会が多くなり、多くのユーザーにクリックされるにしたがって、拡散効果も高まります。外部Webサイトなどのアクセスアップを狙うならばぜひ設置しましょう。

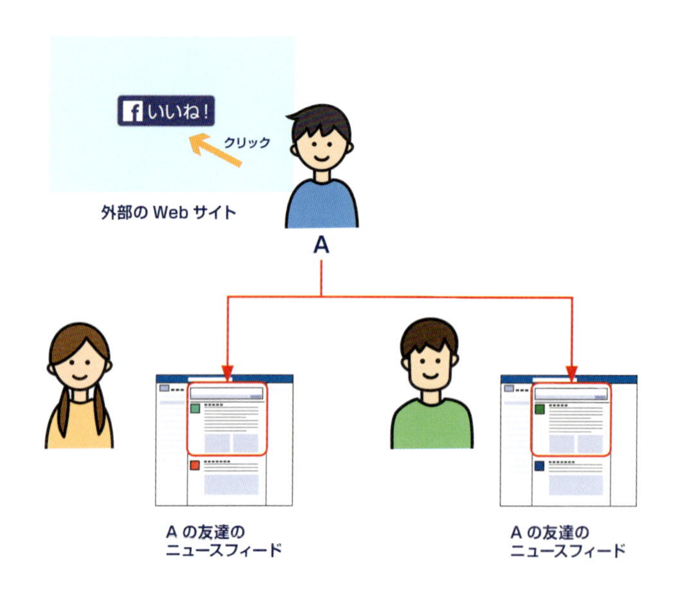

「いいね!」ボタンをクリックすると、友達のニュースフィードに投稿され、Webサイトやブログの記事がより多くの人の目に触れるようになります。

Hint ボタンが押されたときの表示

ブログ記事などの「いいね!」ボタンを押すと、友達のニュースフィードに「○○さんが○○について「いいね!」しました。」と表示されます。

2 Webサイトに「いいね!」ボタンを設置する

1 「https://developers.facebook.com/docs/plugins/like-button」にアクセスし、

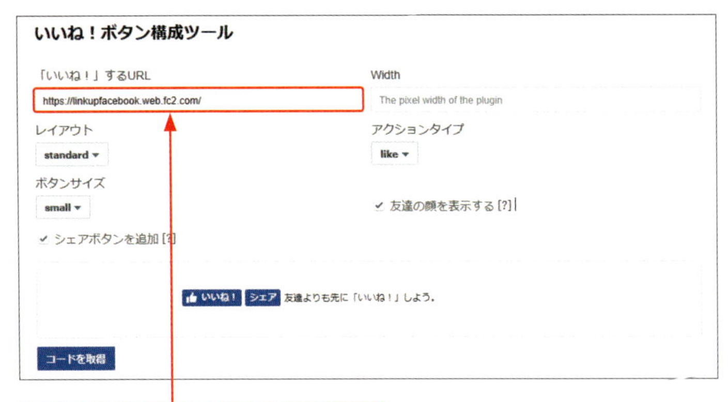

2 WebサイトのURLを入力します。

3 「レイアウト」の▼をクリックして、

4 表示スタイルを選択し（右のMemo参照）、

いいね！ボタン構成ツール
「いいね！」するURL
https://linkupfacebook.web.fc2.com/
Width
The pixel width of the plugin
レイアウト
standard
アクションタイプ
like
standard
box_count
button_count
button
友達の顔を表示する [?]
を追加 [?]

5 「アクションタイプ」の▼をクリックし、

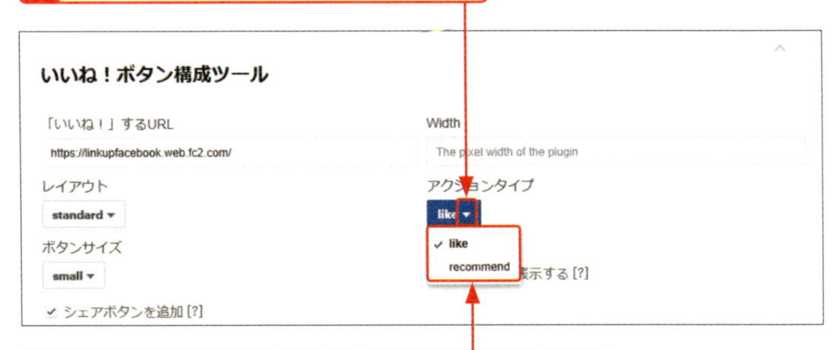

6 ボタンに表示される表記を「いいね!」と表示される<like>、または「おすすめ」と表示される<recommend>のどちらかを選択します。

Memo ボタンの種類について

「レイアウト」で「standard」に設定すると「いいね!」したユーザー数が表示されます。また、「box_count」は「いいね!」ボタンの上に合計の「いいね!」数が表示され、「button_count」は合計の「いいね!」数が右側に表示、「button」は合計の「いいね!」数を右側にテキストで表示します。

standard

おすすめ シェア 404万人がすすめています。友達よりも先にすすめましょう。

box_count

button_count

いいね！ 7.7万 シェア

button

いいね！ シェア

Memo 「Width」目安

「Width」は、設置する場所の幅と高さに合わせてピクセル数で指定します。未入力でも作成できるので、ひとまず作成し、実際に設置して表示を確認しながら調整しましょう。

Hint ボタンの選択について

ボタンの種類は単に好みや見た目だけでなく、ボタンを設置する先のスペース、幅、デザインを考慮に入れて選びましょう。Webサイトの作成やメンテナンスを社内または外部協力者に依頼している場合は、Webデザイナーなどの技術者と相談するのがベストです。

Memo ソーシャルプラグインの設置について

Webサイトにソーシャルプラグインを設置する場合は、コードを<BODY>タグよりも下部になる位置に貼り付けます。また、ブログの場合はサイドバーや個別記事の下部に貼り付けるのが一般的です。「アメブロ（Amebaブログ）」や「FC2ブログ」などの無料ブログサービスでは、自由にHTMLを記述できる箇所に貼り付けることができます。

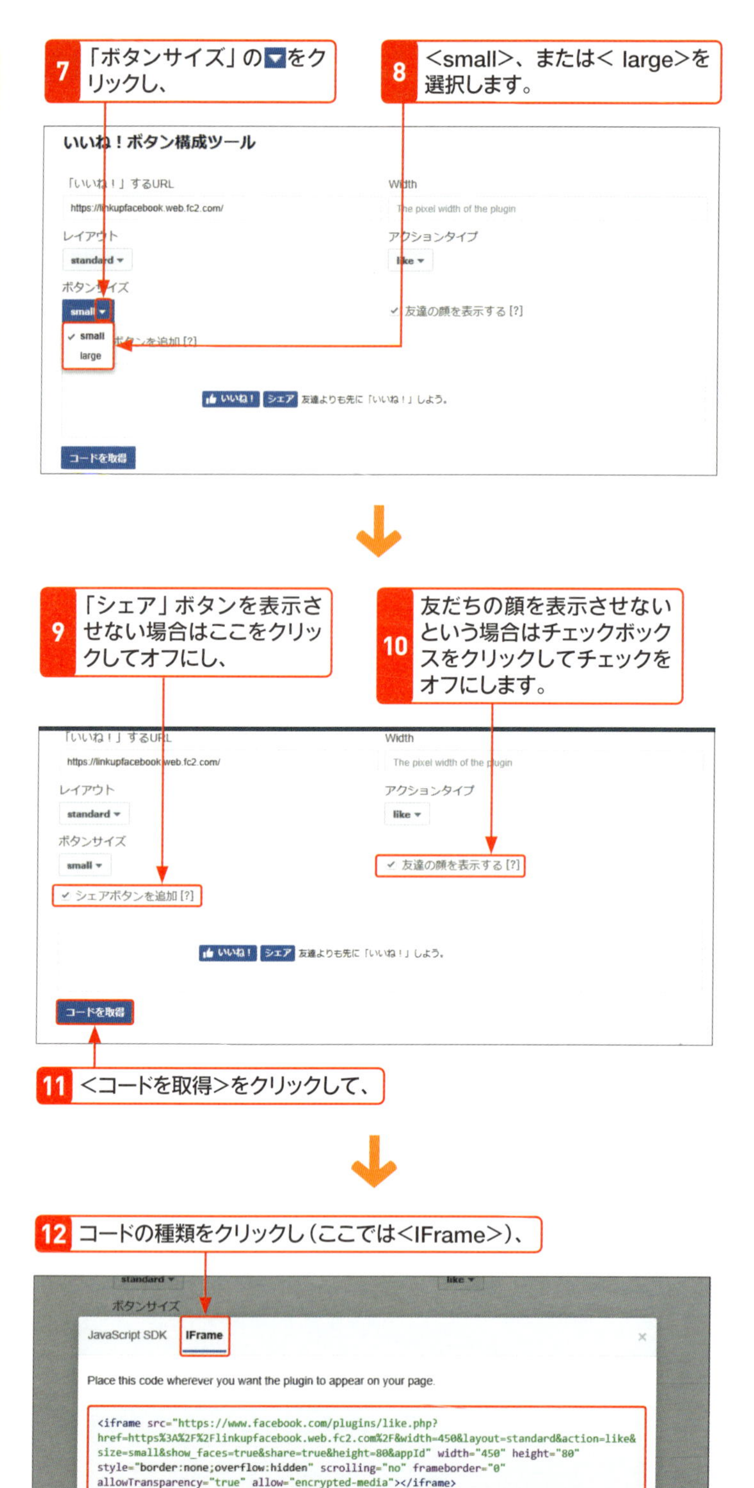


```
<iframe src="https://www.facebook.com/plugins/like.php?
href=https%3A%2F%2Flinkupfacebook.web.fc2.com%2F&width=450&layout=standard&action=like&
size=small&show_faces=true&share=true&height=80&appId" width="450" height="80"
style="border:none;overflow:hidden" scrolling="no" frameborder="0"
allowTransparency="true" allow="encrypted-media"></iframe>
```

Memo コードの選択

手順12では一般的なIFrameを選択しましたが、「JavaScript SDK」のコードを取得することもできます。

3 ブログに「いいね!」ボタンを設置する

アメブロ（Amebaブログ）やFC2ブログ、livedoor Blogなどの無料ブログサービスでは、初期設定状態で「いいね！」ボタンが設置されている場合があります。また、ブログの環境設定などから、色やスタイルなどを設定することもできる場合もあります。無料ブログサービスを利用しているならば、設定メニューなどから確認してみましょう。

アメブロ

アメブロでは、あらかじめ投稿記事に「シェア」ボタンが表示されるようになっています。

livedoor Blog

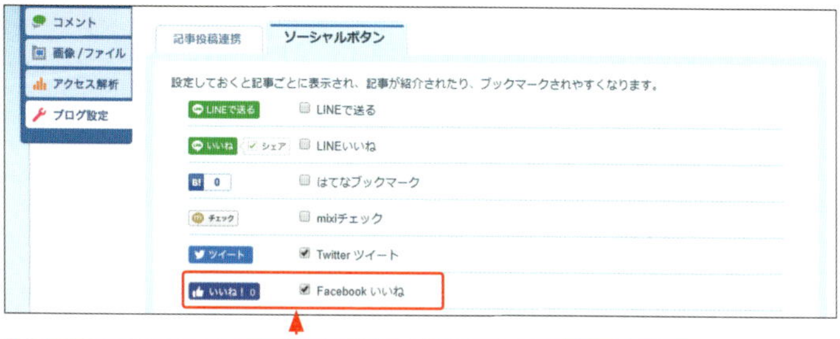

livedoor Blogの管理画面より、<ブログ設定>→<外部サービス>→<ソーシャルボタン>の順にクリックすると、「いいね!」ボタン表示のオン、オフが設定できます。

FC2 ブログ

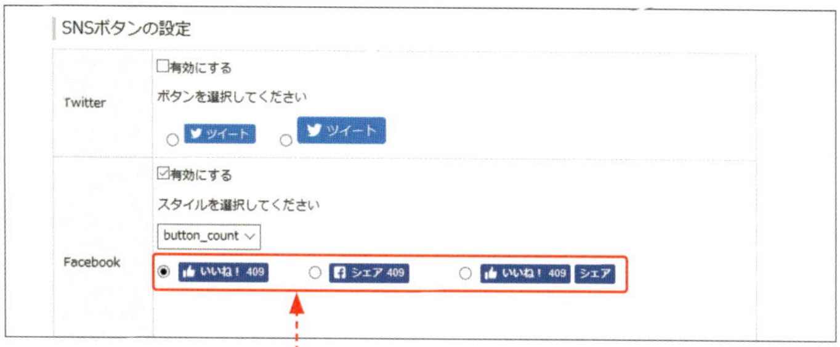

「設定」の<環境設定>→<ブログの設定>の順にクリックし、「SNSボタンの設定」の「Facebook」で「いいね!」ボタンの表示設定を行えます。

Step up WordPressでの設置について

ブログ作成ソフト「WordPress」を使ってブログを構築している場合は、「いいね!」ボタンを設置するためのWordPress向けのプラグインを使って設置することも可能です。

Section 58

いいね!やシェアがより効果的になるよう設定しよう

覚えておきたいキーワード
- シェア
- OGP
- タグ

Facebook上で外部サイトをシェアしたときに、思ったような画像や説明文が表示されない場合があります。このようなことがないように、自社サイトのOGPを最適化しておき、サイトの内容を的確に伝えられるようにしましょう。

1 OGPとは？

Keyword OGP

「Open Graph Protocol」の略で、Facebookのほか、Twitterでも採用されている仕様です。OGPのタグをWebサイトやブログ内に記載すると、Facebook側がそれらの情報を読み取り、「いいね!」やシェアをされると指定した内容がニュースフィードに表示されます。

FacebookでWebサイトをシェアしたり、Webサイトの「いいね！」ボタンをクリックしたりすると、自動的にそのWebサイトの画像と説明がニュースフィードに表示されます。しかしこのとき、意図しない内容の画像が表示されてしまったり、Webサイトの説明がいまひとつ情報量が少ない状態になってしまうことがあります。

この問題を解決するには、OGPという、Webサイトの情報を表示するための仕様を設定しておく必要があります。

この設定によって、自身のWebサイトやブログを自らFacebookページ上でシェアする場合はもちろん、ユーザーがWebサイトをシェアしてくれたときに、適切な画像と説明文が表示されるようになります。作業としてはHTMLソースにOGPのタグを追加するだけなので、ぜひ設定しておきましょう。

OGPを設定した場合

OGPを設定して表示される画像を指定しておくと、サムネイル画像など、投稿されたときの見栄えがよくなるように任意に設定できます。

シェアをしたときに、違和感のないサイト情報で投稿することができます。

OGPを設定していない場合

OGPを設定していないWebサイトをFacebook上でシェアしたとき、Facebook側が読み込む内容は次の通りです。

Webサイトのタイトル

<title>～</title>内に記述されているタイトルが表示されます。記述がない場合は、WebサイトのURLになります。

説明

<meta name="description" content="●●●">の●●●に記述した部分が表示されます。下の写真のように、記述がない場合、表示されないこともあります。

画像

Webサイト内にある画像を無作為に選択し、トリミングされた状態で表示されます。

一見、何を示しているのかわからない画像がサムネイルに表示されてしまうなど、いまひとつWebサイトの魅力が伝わりません。

Memo OGPが正しく動作するか確認する

OGPの動作はあらかじめ確認しておきましょう。Facebook開発者ページにある「シェアデバッガー」（https://developers.facebook.com/tools/debug）でURLを入力すると、エラーがある場合にエラー情報が表示されます。

2 OGPを設定する

OGPの設定は、HTMLソース内にOGPのタグを追加するだけで可能です。「いいね！」ボタンやシェアボタンを設置しているWebサイトに対して設定を行いましょう。HTMLの書き換えを伴うため、念のためHTMLファイルのバックアップをとってから行います。

次ページで解説しているOGPのタグを設定すると、タイトル・URL・説明文・画像が適切に表示されるようになります。また、画像が大きく出ているかどうかで、投稿がクリックされる率にも影響します。Facebookページから外部サイトへ誘導したい場合はOGPの設定とともに、P.166の方法でサムネイル画像の調整も合わせて行いましょう。

Memo タグの追加場所

OGPのタグは、必ずHTMLソース内の<head>～</head>内に追加します。

Memo og:typeのタグについて

「og:type」のタグはWebサイトがどんな内容のページなのかを指定するためのタグです。表示には影響しません。トップページなら<meta property="og:type" content="website" />と記述し、トップページ以外の場合はcontent=の部分は"article"と指定します。

Memo アプリID(App ID)の取得

アプリIDとは、OGPの設定に必要となるもので、これを取得すると、インサイト上での効果測定が行えるようになります。アプリIDを取得するには、Facebook developer（https://developers.facebook.com/）に登録し、設定を行う必要があります。

Hint 画像のリサイズ

画像のリサイズは、画像加工ソフトを使用して行います。Windowsに搭載されている「ペイント」をはじめ、フリーソフトの「GIMP」や「Jtrim」でもリサイズできます。

次のHTMLタグを<head>～</head>内に記述します。" "内にそれぞれ内容を記載してください。

```
<meta property="fb:app_id" content="アプリID(App ID)" />
<meta property="og:title" content="タイトルを記入" />
<meta property="og:type" content="Webサイトの種類を記入" />
<meta property="og:url" content="URLを記入" />
<meta property="og:description" content="説明文を記入" />
<meta property="og:image" content="サムネイル画像のURLを記入" />
```

❶「og:title」内に記載した内容がここに表示されます。

❷「og:url」内に記載したURLが表示されます。

❸「og: description」内に記載した内容が表示されます。

❹「og:image」内に指定した画像が表示されます。

サムネイル画像のサイズ

GPでは画像の表示サイズを指定することはできません。そのため、あらかじめサイズや縦横比を調整した画像を用意する必要があります。サムネイル画像のサイズは、最低でも600×315ピクセルの画像が好ましいとされています。

600×315ピクセルの画像を表示するように、OGPで指定したWebサイトをシェアしたニュースフィードです。画像がすべて表示されています。

第 6 章

Facebook広告でさらに集客しよう

Section 59

Facebook広告とは?

覚えておきたいキーワード
▶Facebook広告
▶ターゲット
▶ポリシー

Facebook広告は、Facebook内限定の広告スペースで、年齢、性別、居住地域や趣味・関心といった**ユーザー情報から、ターゲットを絞ったアプローチが可能**です。Facebookページの集客方法として欠かせないツールの1つなので、予算を決めて運用してみましょう。

1 Facebook広告とは?

Facebook広告とは、Facebook内に有料で掲載できる広告で、Facebookアカウントを持っていれば誰でも出稿できます。Facebook広告の大きな特徴としては、**年齢、性別、居住地域や趣味・関心といったユーザー情報からターゲットを絞り込んだ掲載ができる**こと、あらかじめ予算を自分で設定し、**低予算でも運用できる**ことが挙げられます。

広告を利用する目的としては、Facebookページへの集客とファンの獲得のほか、自社サイトやキャンペーンサイトへの誘導などがあります。

広告の効果は、Facebook広告の利用者に提供される「**広告マネージャ**」(P.186参照)で確認することができます。利用者はここでパフォーマンスを確認しながら、広告を最適化していく必要があります。

Facebookの画面の右サイドバーに表示されているものが、Facebook広告です。このほかにもニュースフィードに表示されるタイプの広告もあり、目的によって広告のスタイルを変えて掲載することができます。

Memo ターゲットできるユーザー属性

Facebook広告を作成時にターゲットできるユーザー属性は、居住地、年齢と性別、趣味・関心、学歴(卒業年の指定も可)、勤務先など多岐にわたります。ほかにも家族構成、子どもがいる・いない(いる場合は子どもの年齢層)、イベント(就職・転職、最近転居した、など)といった設定項目があります。

Hint Facebook広告の表示位置

Facebook広告は、デスクトップのニュースフィード、モバイルのニュースフィード、Facebook画面の右側広告枠などの位置に表示されます。

2 Facebook広告のポリシー

出稿にあたって注意したいのは、Facebookの広告ポリシー(https://www.facebook.com/policies/ads/)です。Facebook広告では禁止または制限されているコンテンツ(成人向け製品、アルコール、出会い系サービス、薬物・たばこ、賭博および宝くじ、薬品およびサプリメントなど)があります。また、画像内に占めるテキストの割合が20%を超えている画像の使用は推奨しないなど、さまざまな決まりごとがあります。事前に広告ポリシーを確認して、審査を通過するように対処しておきましょう。

Facebook広告のポリシーにある禁止・制限事項に抵触していると、広告が承認されず出稿できません。Facebookの「広告ポリシー」(https://www.facebook.com/policies/ads/)で最新のガイドラインを確認しましょう。

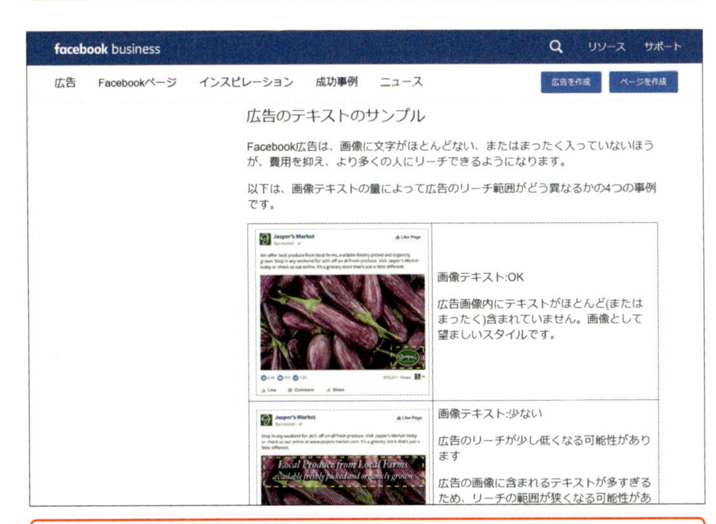

たとえば、Facebook広告に使用する画像には、なるべく文字を含めないことが推奨されています(https://www.facebook.com/business/help/980593475366490)。

Memo 広告オークションとは

Facebookでは、ユーザーによりマッチした広告を配信するためのしくみとして、広告オークションを採用しています。そこで、Facebook広告を配信するためには、ターゲット層のユーザーの広告スペースを巡って、ほかの広告と競う必要があります。広告オークションでは、「入札」「推定アクション率」「広告の品質と関連度」の3つの観点から広告を評価し、総合価値がもっとも高い広告が優先的に掲載されます。詳しくは、Facebook Business「配信システムについて:広告オークション」(https://www.facebook.com/business/help/430291176997542)を参照してください。

Hint 画像内の文字のチェックツール

画像内の文字の割合は、テキストオーバーレイツール(https://www.facebook.com/ads/tools/text_overlay)を使って確認することができます。

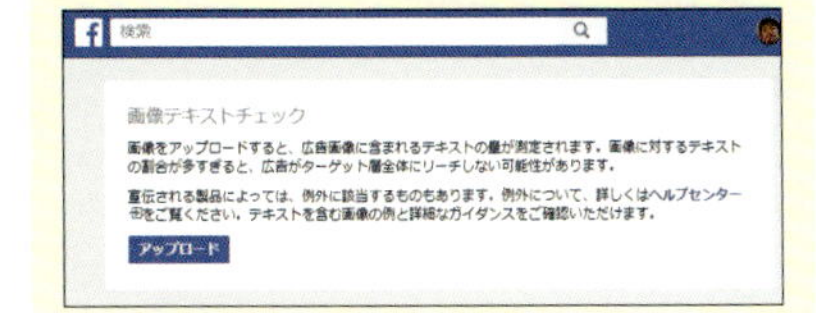

Section 60

Facebook広告の種類と目的を知ろう

覚えておきたいキーワード
- Facebook広告の種類
- 投稿を宣伝
- 認知・検討・コンバージョン

Facebookは、画像の設定やターゲットの設定など、目的に合わせた広告を宣伝できるようになっています。はじめに広告を出稿することで何を達成したいかを明確にし、その目的を達成するために必要な出稿する広告の種類を選択しましょう。

1 Facebook広告の種類

Memo 広告の目的

Facebook広告を出稿する目的は、大きく分けて「認知」「検討」「コンバージョン（成約）」の3つになります。自社がどの段階のユーザーへ向けて出稿するか、この3つをカスタマージャーニー（P.124のMemo参照）に当てはめて考えると、よりわかりやすくなります。

Hint カスタマイズされた広告プランを取得する

Facebook広告には、質問に答えるガイドツールによって広告の作成を補助してくれるプランがあります。目的や広告予算などに応じて、最適なプランが提供され、さらに時間が経つことで自動的に出稿プランが最適化されます。

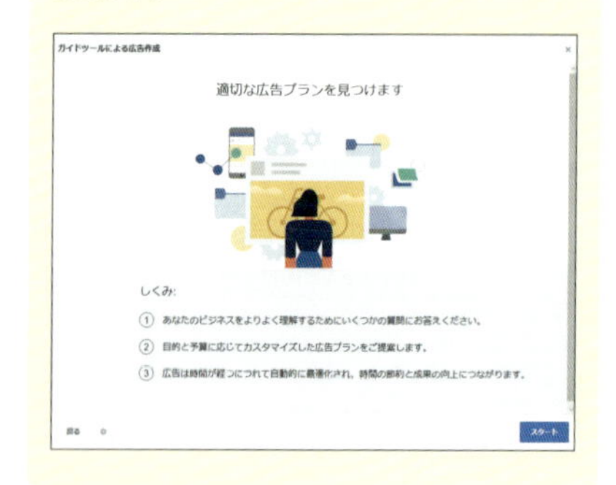

Facebook広告には、さまざまな広告機能が用意されています。ここでは、Facebookページトップ画面の＜広告を出す＞をクリックして表示される8種類の広告について紹介します。達成したい目標に合った種類の広告を選択して出稿しましょう。なお、表示される項目はページの使用状況によって異なります。

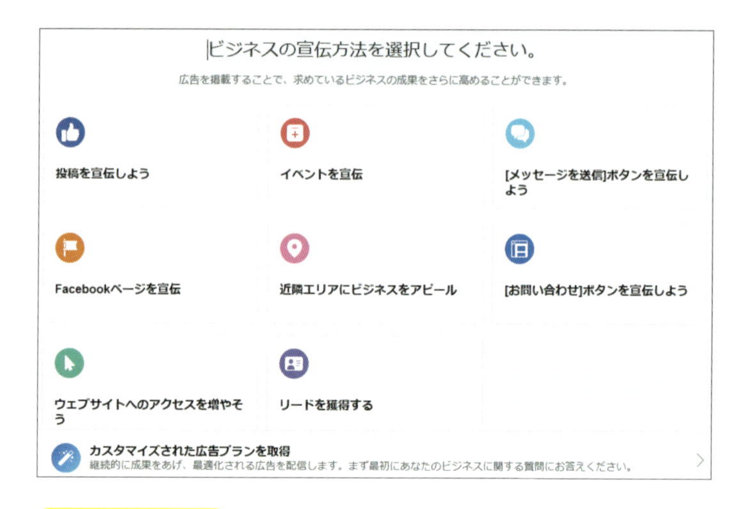

①投稿を宣伝する

Facebookページで作成した投稿を広告として宣伝することができます。多くのユーザーに読んでもらいたい投稿のエンゲージメントを上げたいときに有効です。たとえば、キャンペーンの告知や、新メニューの紹介の投稿を宣伝すると確実に情報を広めることができます。また、投稿のエンゲージメントが高まるだけでなく、副次的にFacebookページへの「いいね！」を増やすことができるため、もっとも利用されている広告の1つとなっています。

②イベントを宣伝する

「イベント」機能を利用している場合、近日開催予定のイベントを宣伝することができます。

③「メッセージを送信」ボタンを宣伝する

広告に興味を示す可能性が高そうな人に向けて「メッセージを送信」ボタンを表示した広告を配信し、Messengerを利用して顧客とチャットによる対話をうながすことができます。直接問い合わせをしてくれる顧客はそれだけ関心が高い見込み客であることが推測され、商品やサービスの提案や購入への誘導などの対応もしやすくなります。

④ Facebookページを宣伝する

Facebookページへの「いいね！」を増やしたいときに利用します。この広告を選択すると、Facebookページに「いいね！」してくれると思われるターゲット層に、優先的にリーチするよう最適化されたうえで広告が配信されます。顧客にしたいターゲットに向けて広告を配信できるので、そのターゲット層に対して効率的に認知を広げることができます。

⑤近隣エリアにビジネスをアピールする

店舗への来店者数を伸ばしたい場合に有効な広告です。店舗からの半径距離を設定することができるので、地域のコミュニティや近隣の人をターゲットとして指定できます。この広告を選択すると、地域のコミュニティでの認知度向上につながります。

⑥「お問い合わせ」ボタンを宣伝する

広告に興味を示す可能性が高そうな人に向けて広告を配信し、ブランドの認知度を上げることができます。「お問い合わせ」など、Facebookページに設定しているコールトゥアクションボタンを表示でき、広告を見たユーザーに次のアクションをうながすことができます。

⑦ウェブサイトへのアクセスを増やす

Facebookから、外部のサイトへの誘導をするための広告です。どのページに誘引するかを自由に設定することができるので、自社のWebサイト、ECサイトやキャンペーンページなど、ユーザーに見てほしいページへ誘導しましょう。初期設定では、広告をクリックする可能性の高いユーザーに表示されるよう、広告が最適化されています。

⑧リードを獲得する

自社に興味がありそうな見込み客に対し、メールマガジンの登録や料金の見積もりなどのために名前やメールアドレスなどユーザー情報を入力してもらいます。広告には入力フォームが表示され、フォームにはすでに入力されている状態で表示されるので、ユーザーはサイトへ移行して入力をするよりもスムーズに登録することができます。

Memo　Messengerでのやり取り

これまでにすでにMessengerでやり取りをしている顧客に対しては、すでに開いているスレッドで対話を再開できるため、コミュニケーションの活性化にも役立ちます。

Hint　リード獲得フォームの項目

リード獲得フォームに表示ができる項目は、名前やメールアドレスだけではなく、電話番号や性別、生年月日なども可能です。また、短い回答の質問なども設定できます。ただし、3つ以上の項目を表示すると、入力してもらえる可能性が低くなるといわれているので、項目は2つにとどめておくようにしましょう。

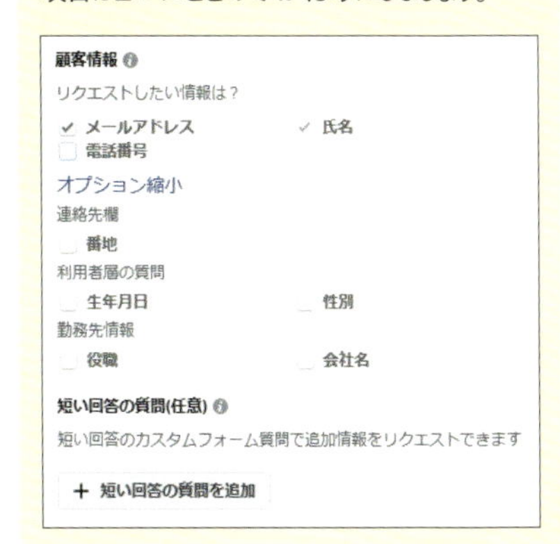

Section 62

Facebook広告を出稿しよう

覚えておきたいキーワード
- Facebook広告
- 広告を出す
- 目的を選択

Facebook広告を出稿する準備ができたら、実際に広告を出稿してみましょう。Facebook広告は、**Facebook広告の管理画面で出稿からレポートの確認まですべてWeb上で完結する**ため、場所を問わず管理できます。

1 Facebook広告を出稿する

Facebook広告は、Facebookページ、イベント、クーポン、そして外部のWebサイトを宣伝することができます。ここからは例として、Facebookページを宣伝するための広告を作成します。

1 Facebookページのトップ画面で、<広告を出す>をクリックすると、

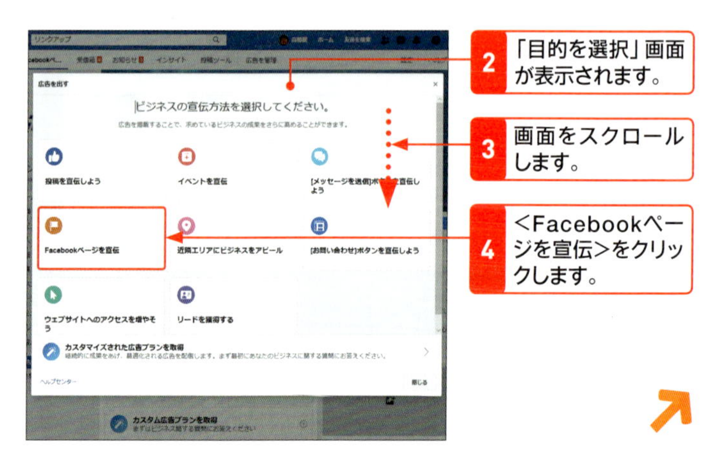

2 「目的を選択」画面が表示されます。

3 画面をスクロールします。

4 <Facebookページを宣伝>をクリックします。

> **Memo 広告は2件以上出稿するのがおすすめ**
>
> はじめて利用するのでとりあえず1件だけと考えがちですが、広告を出すのがはじめてであっても、できれば2件以上出稿するのがおすすめです。ただし、画像やキャッチコピーなど、訴求方法の違う広告を出します。そうすることで、広告のパフォーマンスを検証する際に、どちらの広告がよりよい成果を出しているかがわかり、改善の計画を立てやすくなります。

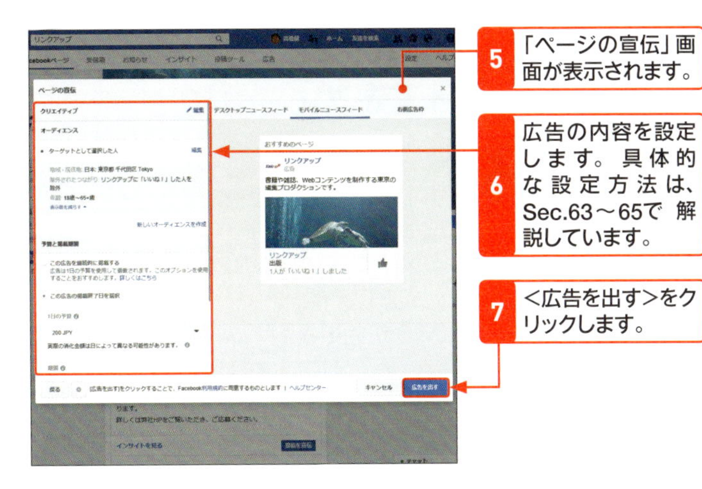

5 「ページの宣伝」画面が表示されます。

6 広告の内容を設定します。具体的な設定方法は、Sec.63～65で解説しています。

7 <広告を出す>をクリックします。

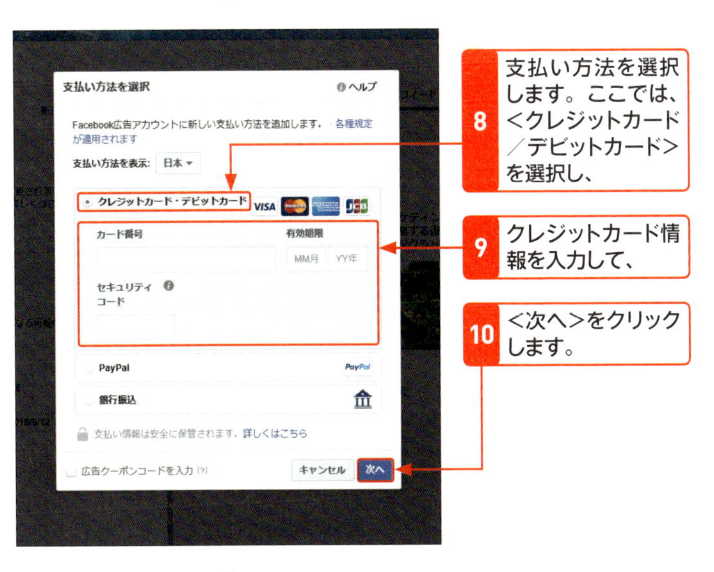

8 支払い方法を選択します。ここでは、<クレジットカード／デビットカード>を選択し、

9 クレジットカード情報を入力して、

10 <次へ>をクリックします。

11 「注文が受領されました」と表示され、出稿の注文が完了します。

! Hint 支払い方法を設定する

ここで解説している方法では、広告申し込みの手順の中で支払い方法の設定を行っていますが、あらかじめ支払い方法を設定しておくこともできます。▼→<設定>から左サイドメニューにある<支払い>→<アカウント設定>の順にクリックすると、クレジットカード情報を登録できます。

Memo 広告の申し込み後の流れ

申し込みのあとはFacebookによる審査が始まり、承認が下りるのを待ちます。広告が承認されればメールで通知されて広告が掲載されるようになります。広告は通常、24時間以内に審査され、承認されます。

Section 63 Facebook広告の画像とテキストを設定しよう

Facebook広告に出稿し、「ページの宣伝」画面が表示されたら、まずは広告素材を設定します。**Facebook広告はテキストだけでなく、写真（または動画）が必要**になるので、事前に素材の準備をしておきましょう。

覚えておきたいキーワード
- 画像
- ライブラリを閲覧
- テキスト

1 画像とテキストを設定する

Facebook広告は、ニュースフィードに友達の近況やFacebookページの投稿と同じような形式で表示されます。そのため、ニュースフィードの中でいかに嫌がられず、かつ目立つような素材を設定できるかが重要です。広告の成果を確認しながら、随時素材の入れ替えなども可能です。

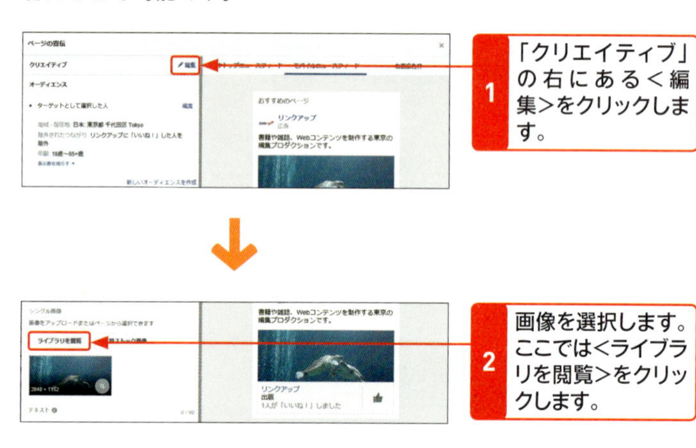

1 「クリエイティブ」の右にある<編集>をクリックします。

2 画像を選択します。ここでは<ライブラリを閲覧>をクリックします。

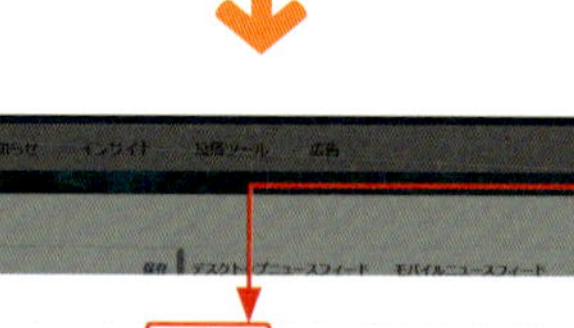

3 <ページ画像>をクリックすると、

4 Facebookページにアップロードした画像が表示されるので使いたい画像をクリックし、

5 <承認>をクリックします。

Memo 広告の形式

手順2の画面で「フォーマット」のプルダウンをクリックすると、広告の形式を変更できます。画像形式や動画形式など、表示される項目は広告の目的によって異なります。

Memo プレビューで確認しながら作業する

選択した写真などの素材と入力したテキストは、右側に即時プレビュー表示されます。設定した素材がどのような形でユーザーの目に映るのか確認しながら作業しましょう。上部のタブをクリックすると、端末ごとの広告の表示イメージを切り替えられます。

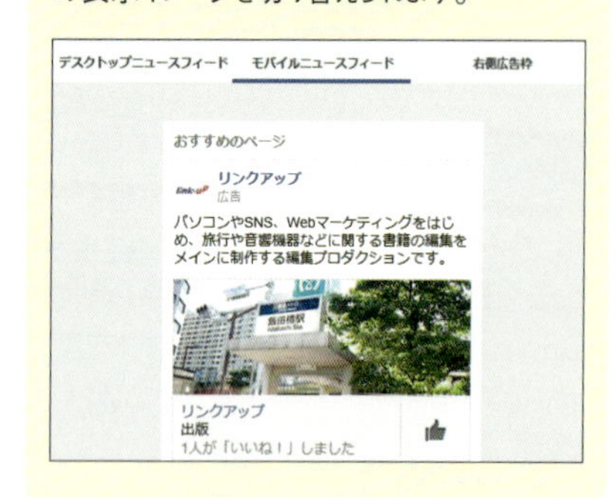

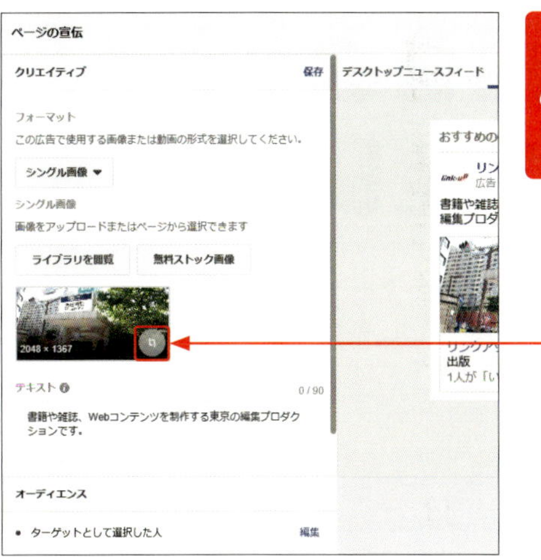

6 手順**4**で選択した画像が設定されます。表示範囲の調整をするのでここをクリックし、

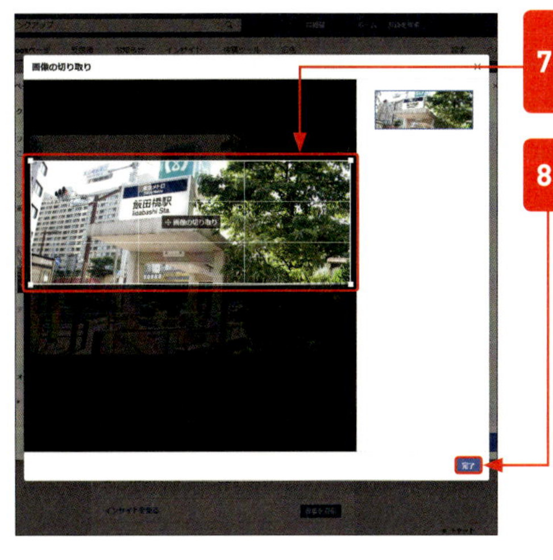

7 枠内や四隅をドラッグして画像の表示範囲を調整して、

8 <完了>をクリックします。

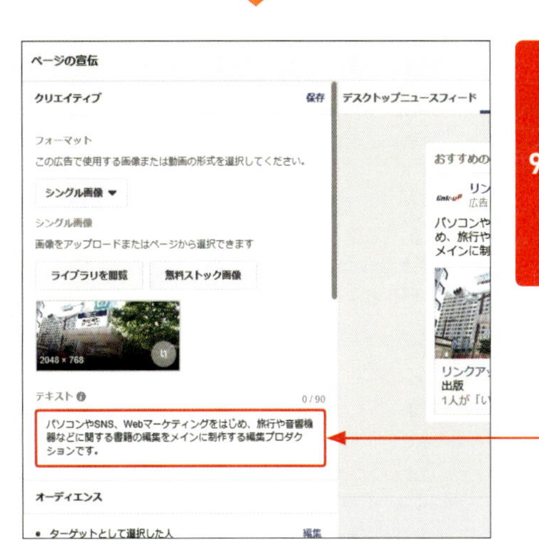

9 テキストは、初期状態では「ページ情報」画面の「ページ情報」の内容（P.53参照）が入力されます。入力フォームをクリックして、適宜修正します。

Memo ストック画像サービスを利用する

手順**2**の画面で<無料ストック画像>をクリックすると、「SHUTTERSTOCK」のストック画像を利用できます。キーワードを入力し、使いたい画像をクリックして<承認>をクリックしましょう。

Hint 画像をアップロードして利用する

Facebook広告用に画像を用意した場合は、手順**3**の画面で<画像をアップロード>をクリックすると、アップロードして利用することができます。

Memo テキストが表示される文字数

「Facebookページを宣伝」では、デスクトップニュースフィードでは全角90文字、モバイルニュースフィードでは全角63文字が表示されます。

Section 64

Facebook広告のターゲットを設定しよう

覚えておきたいキーワード
- ターゲット
- オーディエンス
- 潜在リーチ

Facebook広告の最大の特徴は、**広告配信先のターゲットを多岐にわたり設定することができる**ことです。年齢や性別、地域、利用者層、趣味や関心、行動でターゲットを絞り込めます。

1 ターゲットを設定する

Facebookでは、広告の配信ターゲットのことを「オーディエンス」と呼びます。オーディエンスとして設定できる条件の幅は広く、居住地、年齢の上限と下限、性別などの属性だけでなく、ユーザーがFacebookのプロフィールに登録している「興味・関心・行動」などの情報から絞り込むことも可能です。

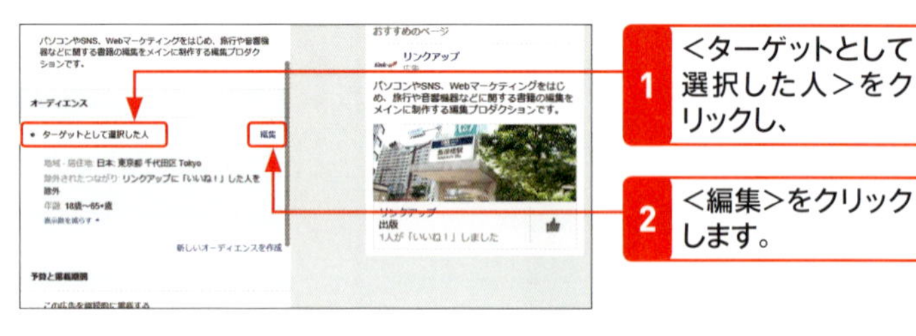

1 <ターゲットとして選択した人>をクリックし、

2 <編集>をクリックします。

3 「ターゲットを編集」画面が表示されます。

4 性別や年齢を選択します。

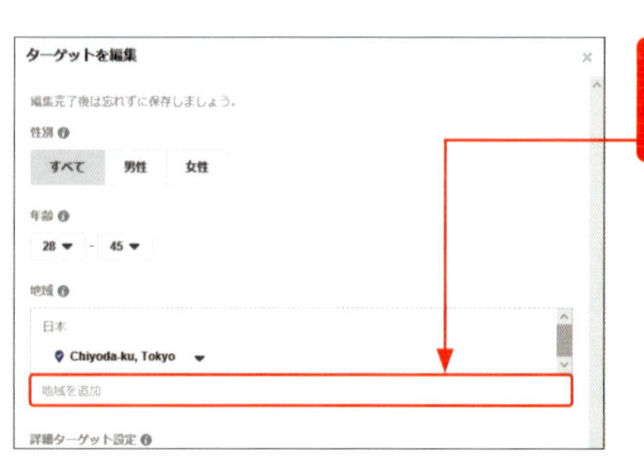

5 地域を設定するには<地域を追加>をクリックします。

Memo ターゲット層はあらかじめ絞り込んでおく

20代から30代の女性向けのファッションブランド、30代のビジネスマン向けサービス、あるいは地域に根ざしたカフェというように、ターゲット層はある程度決まっている中で、Facebook広告でどのように絞り込んでみるかを検討しておきましょう。

Hint 2種類の設定方法

「オーディエンス」の設定方法は、<ターゲットとして選択した人>と<近隣エリアにいる人>から選択できます。手順1でアプローチしたい方法を選びましょう。

Memo 性別の選択

男女どちらかに明確にターゲティングしたい場合にのみ、「男性」または「女性」を選びましょう。

6 地域名を英語で入力し、

7 表示される選択項目に該当地域があればクリックします。

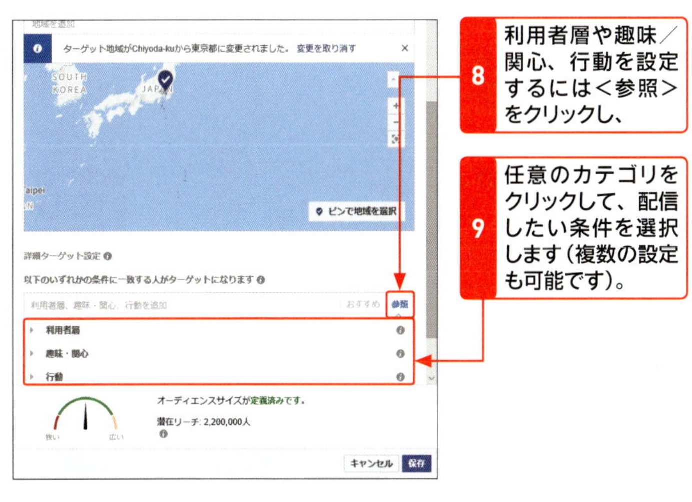

8 利用者層や趣味／関心、行動を設定するには<参照>をクリックし、

9 任意のカテゴリをクリックして、配信したい条件を選択します（複数の設定も可能です）。

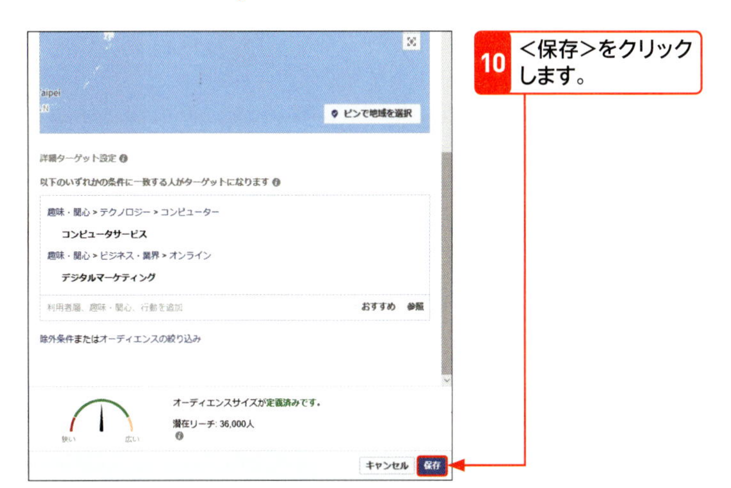

10 <保存>をクリックします。

Hint 「オーディエンス」を見ながらターゲットを絞り込む

ターゲットを絞り込んでいくと、「ターゲットを編集」画面下部に潜在リーチの人数が表示されます。オーディエンスがあまりに狭い、または広過ぎる場合は警告が出るので、人数に応じてさらに絞り込んだり、対象を広げたりして調整していきましょう。

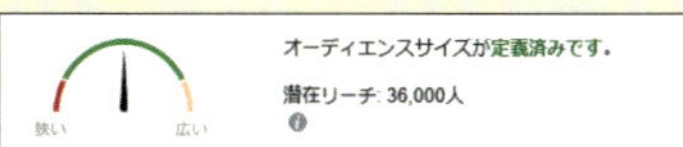

Hint 趣味・関心を入力する際の注意点

ここで入力する内容は、ページの内容を直接的に表したものではなく、ユーザーが趣味・関心として持っているもののキーワードを入力します。たとえば、フラワーショップの場合は「ウェディング」というように、できるだけ関連付けたキーワードを入れます。そのキーワードをプロフィールに登録しているユーザーがターゲットとなります。

Section 65

Facebook広告の金額と期間を設定しよう

覚えておきたいキーワード
- 予算と掲載期間
- 消化金額
- 1日の予算

Facebook広告のオーディエンスを決めたら、次はどれだけの予算をいつまで投下するのかを設定しましょう。Facebook広告は費用も期間も自由に設定できるので、いかに費用対効果を上げるかは管理者次第です。

1 広告の金額や期間を決める

Facebook広告のターゲットを設定をしたら、金額と期間を設定します。予算の設定は、継続的に広告を掲載するか、指定した終了日まで広告を掲載するかを選ぶことができます。いずれの場合でも、1日あたりの予算を設定することは同じです。金額は自由に変更できるので、予算に合わせて設定しましょう。なお、広告の掲載は、広告マネージャでいつでも停止することも可能です(P.186参照)。

広告を継続的に掲載する

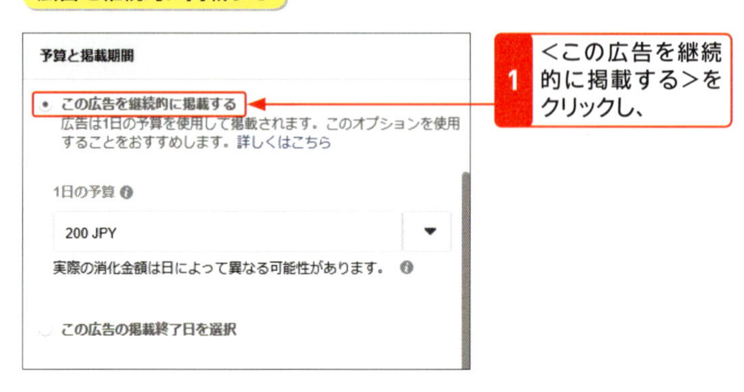

1 <この広告を継続的に掲載する>をクリックし、

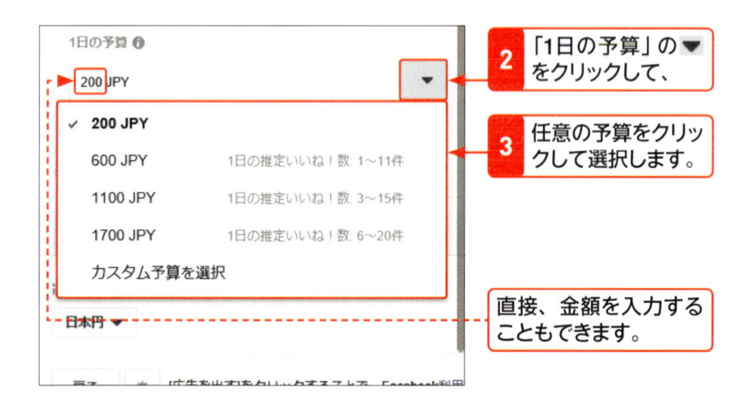

2 「1日の予算」の▼をクリックして、

3 任意の予算をクリックして選択します。

直接、金額を入力することもできます。

Memo 広告マネージャ

広告マネージャでは、広告の管理をすることができます(P.186参照)。管理者の個人アカウントの左側にある<広告マネージャ>をクリックすることで、表示することができます。

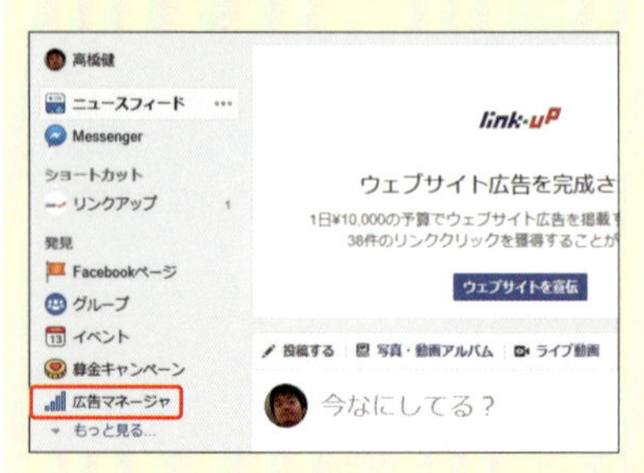

Hint 広告を停止する

出港した広告を停止するには、広告マネージャで配信中のアクティブな広告の●をクリックして●にします。再度●をクリックして●にすると、広告がアクティブになり出稿が再開されます。

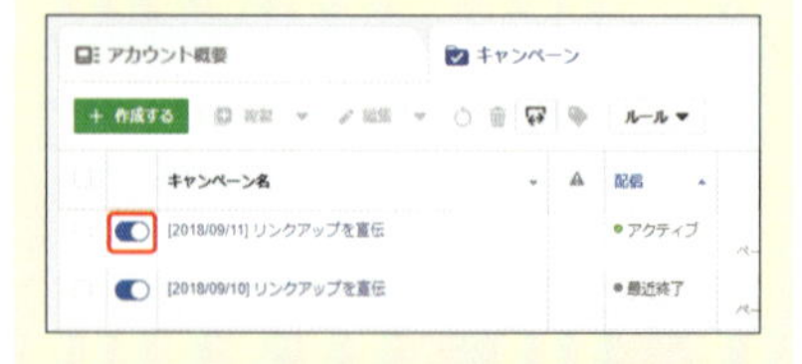

第6章 Facebook広告でさらに集客しよう

広告の掲載終了日を設定する

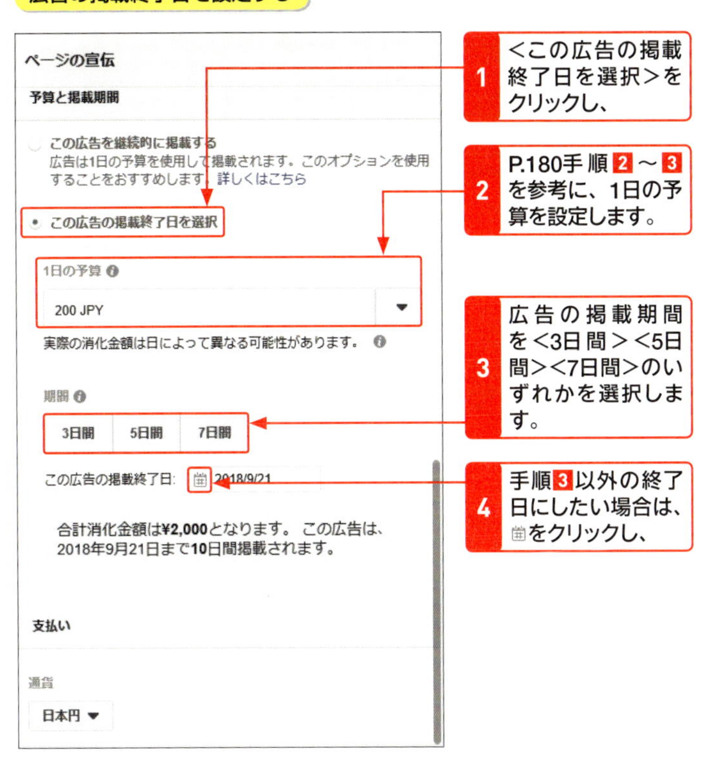

1 <この広告の掲載終了日を選択>をクリックし、

2 P.180手順 2 ～ 3 を参考に、1日の予算を設定します。

3 広告の掲載期間を<3日間><5日間><7日間>のいずれかを選択します。

4 手順 3 以外の終了日にしたい場合は、📅をクリックし、

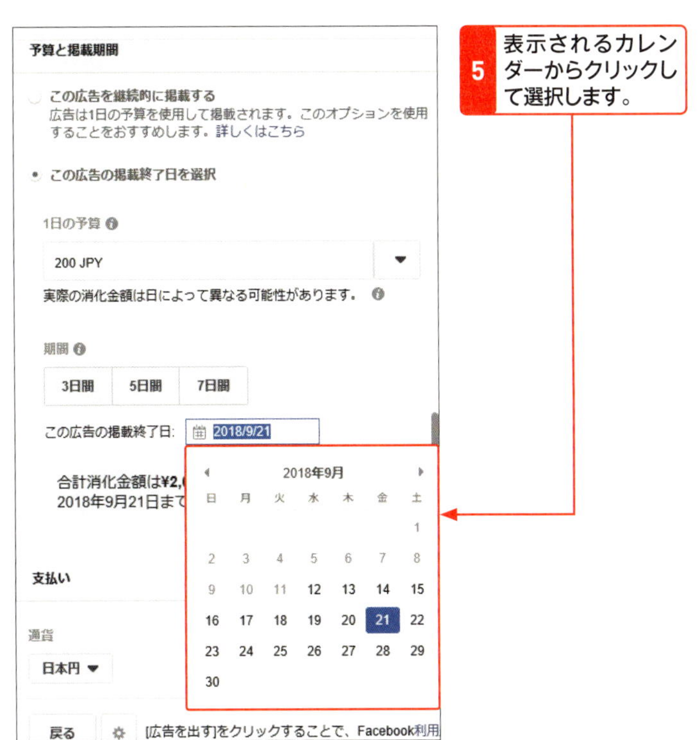

5 表示されるカレンダーからクリックして選択します。

Memo 消化金額

消化金額とは、広告を掲載している期間中に発生した広告料をいいます。出稿者は、消化金額の合計額を支払うこととなります。

Hint 1日の予算

たとえば7日間出稿する際に1日の予算を1万円と設定した場合、出稿期間中の7日間平均消化金額が1万円となり、合計最大7万円の消化金額となります。Facebook社では、1日あたりに最大25%超過することがあるとしていますが、全日25%超過する可能性があるわけではなく、別日で少なめの消化金額となるよう調節をするアルゴリズムのようです。

Section 66

カスタムオーディエンスを活用しよう

覚えておきたいキーワード
- オーディエンス
- カスタムオーディエンス
- カスタマーリスト

Facebook広告は、各企業が保有しているメールアドレス、電話番号、Facebook IDなどのFacebook上の情報だけでない外部のデータや、Webサイトの来訪者情報などを分析し、広告配信先に設定することができます。

1 カスタムオーディエンスで顧客をピンポイントに狙う

Facebook広告は、Facebook上の情報だけでなく、外部のデータなどをもとに広告配信ターゲット（オーディエンス）を設定することができます。この、外部データをもとに作成したオーディエンスを「カスタムオーディエンス」といいます。たとえばメールマガジンを運用していて、配信先となるメールアドレスのリストがある場合は、リストのメールアドレスを Facebookに登録されているメールアドレスと照合し、合致したユーザーに対して Facebook広告を配信することができます。カスタムオーディエンスは、Facebook広告の管理画面か広告マネージャで設定することができます。

カスタムオーディエンスの活用例

カスタムオーディエンスの活用方法はさまざまですが、たとえば一度は購入経験があるにも関わらず、直近に購入がない「休眠顧客」に対してFacebook広告を配信するというやり方があります。1年間購入経験がないと仮定し、新商品のご案内やサイトリニューアルなど、この1年間の動きを紹介しながら、割引特典のような情報をフックにして素材を作成しましょう。

また、資料請求や問い合わせをしてきた見込み客に対して配信するというのも効果的です。向こうからこちらに対してアクションをしているということは、多少なりともこちらに興味を持っているはずです。たとえば、「限定」や「特別割引」などのメッセージとともにセミナーへの誘致などをして、次の営業の機会につながるような施策を考えていきましょう。

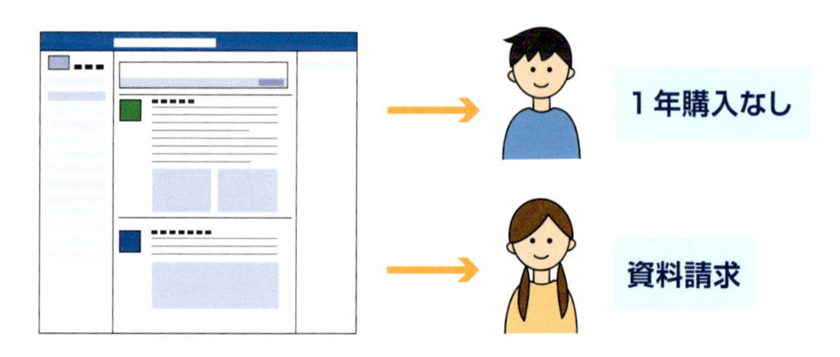

Memo カスタマーリスト

自分が所有する「メールアドレスや電話番号」「Facebookユーザー ID」「モバイル広告主ID」と、「Facebookの利用者の情報」を照合して作成されるリストを「カスタマーリスト」といいます。

Memo 個人情報をFacebookに提供するわけではない

カスタマーリストを作成する際に、個人情報をFacebookに提供するような印象を受けるかもしれません。しかし、アップロードした情報は暗号化された状態でFacebookが持っている暗号化された個人情報と照合されます。そのため、決して個人情報をFacebookに提供するわけではありません。

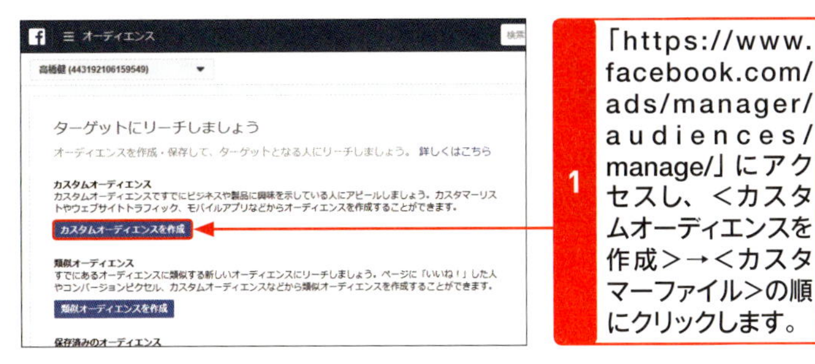

1 「https://www.facebook.com/ads/manager/audiences/manage/」にアクセスし、＜カスタムオーディエンスを作成＞→＜カスタマーファイル＞の順にクリックします。

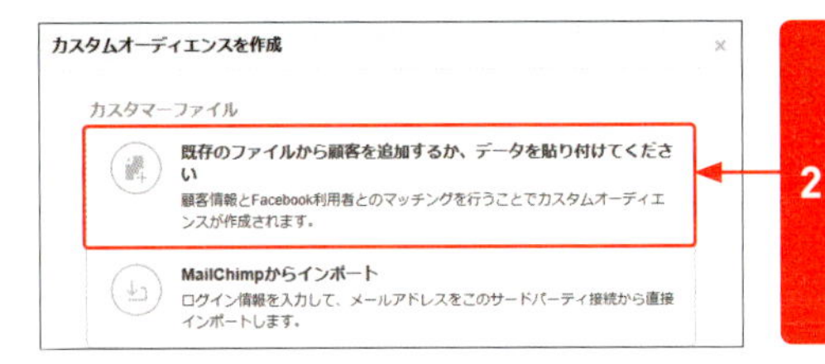

2 ＜既存のファイルから顧客を追加するか、データを貼り付けてください＞→＜同意します＞の順にクリックします。

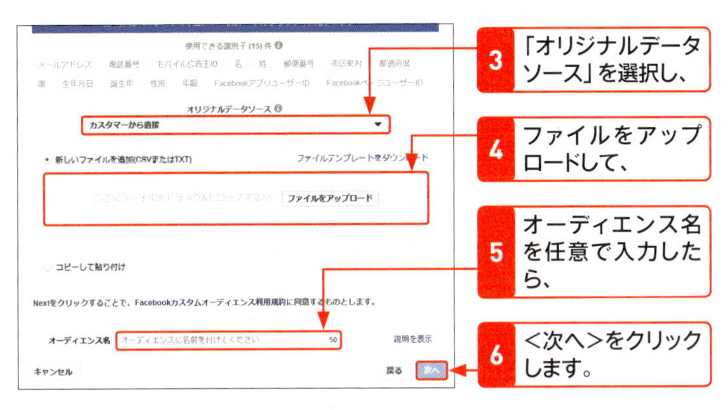

3 「オリジナルデータソース」を選択し、

4 ファイルをアップロードして、

5 オーディエンス名を任意で入力したら、

6 ＜次へ＞をクリックします。

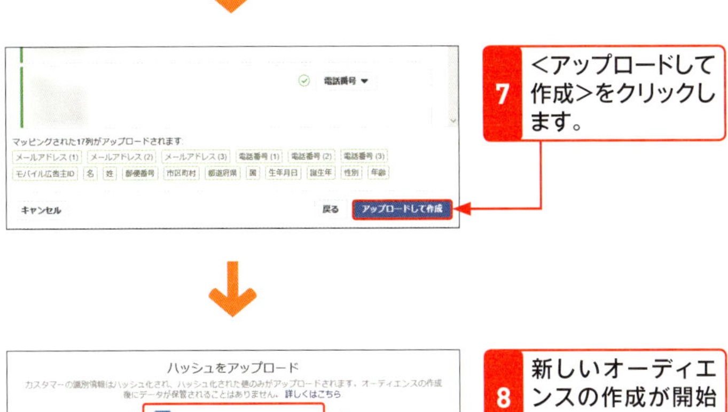

7 ＜アップロードして作成＞をクリックします。

8 新しいオーディエンスの作成が開始されます。

Memo オリジナルデータソース

手順**3**で選択するオリジナルデータソースは、カスタマーリストの情報収集元を「カスタマーとパートナーから」「カスタマーから直接」「パートナーから」の3つから選択します。

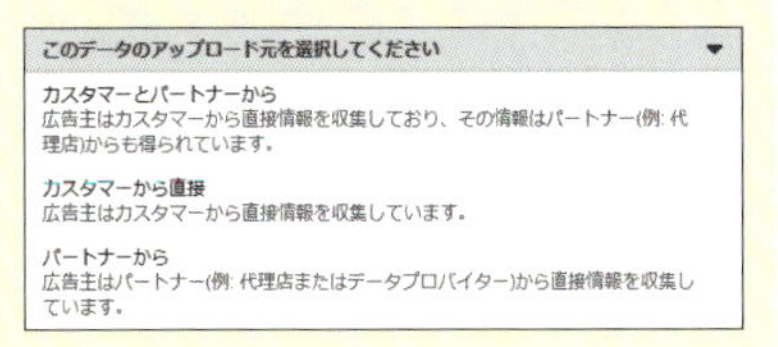

Hint アップロードできるファイル

手順**4**でアップロードするカスタマーリストファイルは、「.csv」または「.txt」のファイル形式のものになります。＜ファイルテンプレートをダウンロード＞をクリックすると、CSV形式のサンプルファイルのダウンロードが可能です。

Memo オーディエンス名

手順**5**のオーディエンス名は入力しないでも問題ありません。入力しない場合は、アップロードしたファイル名がオーディエンス名に設定されます。また、＜説明を表示＞をクリックすると、任意で説明を入力することもできます。

Memo カスタムオーディエンスで出稿する

作成したカスタムオーディエンスは、広告出稿時の「オーディエンス」のときに、＜カスタムオーディエンス＞をクリックすると設定できます。

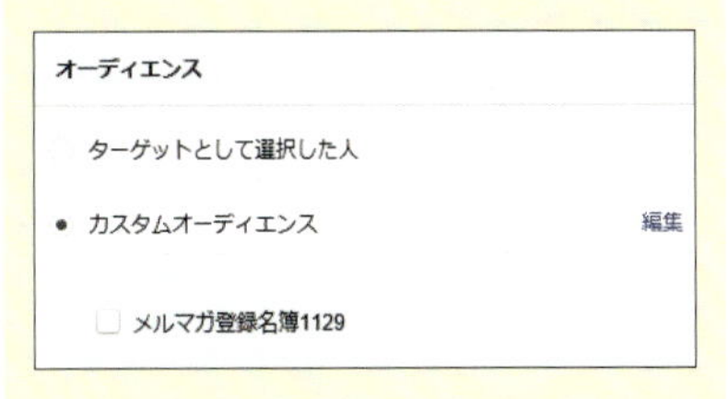

Section 67

類似オーディエンスを活用しよう

覚えておきたいキーワード
▶オーディエンス
▶類似オーディエンス
▶オーディエンスサイズ

類似オーディエンスでは、カスタムオーディエンスや管理者となっているFacebookページのファンなどのデータを活用して、まったく接点のなかった新規見込み客をオーディエンスとして設定できます。

1 類似オーディエンスで新規売上を作り出す

「類似オーディエンス」とは、カスタムオーディエンス(Sec.66参照)で設定したオーディエンスと似た特性を持つ人々のことです。たとえば、メールマガジンの読者をカスタムオーディエンスとして設定すると、メールマガジンの読者と似た特性を持つ人々を類似オーディエンスとして設定し、広告を配信することができます。すでに、自社の商品やサービスに興味があったり、購入していたりする人々の特性に近しい人々をオーディエンスとするため、新たな顧客となる可能性も高いはずです。なお、類似オーディエンスのもとになるソースは、Facebookページのファン、Facebookピクセルを埋め込んでいるページに来訪したユーザー、モバイルアプリをインストールしたユーザーなどから作成したカスタムオーディエンスです。

類似オーディエンスを作成する

1 P.183手順1を参考に、「オーディエンス」画面を表示します。

2 <オーディエンスを作成>をクリックし、

3 <類似オーディエンス>をクリックします。

Memo そのほかの類似オーディエンス

ここで紹介した「メールマガジンの読者」以外の例では、Facebookページに「いいね!」をしたユーザーの特性に類似、自社サイトの訪問者の特性に類似、などがあります。

Hint 作成してから利用できるまでに時間

類似オーディエンスを作成し、実際に広告に利用するには、約6～24時間の設定時間を要します。

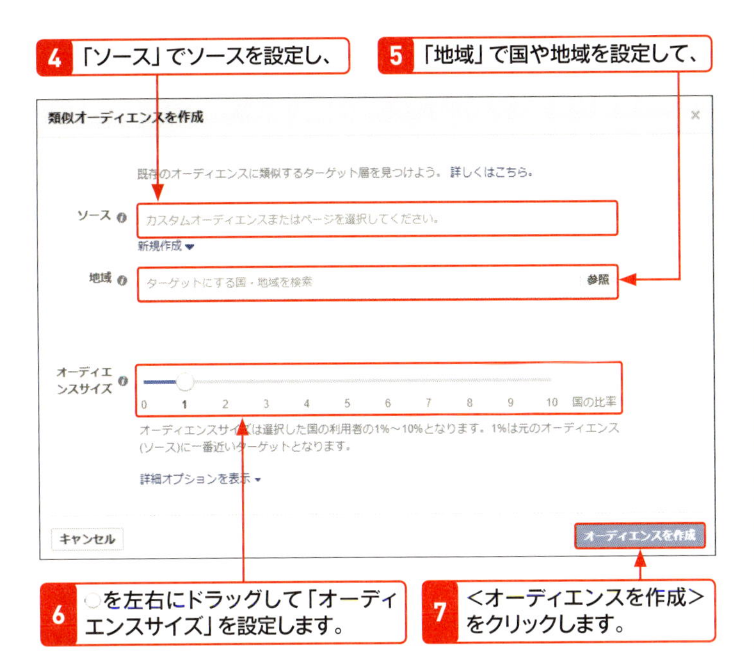

4 「ソース」でソースを設定し、

5 「地域」で国や地域を設定して、

6 ◯を左右にドラッグして「オーディエンスサイズ」を設定します。

7 <オーディエンスを作成>をクリックします。

類似オーディエンスを広告に利用する

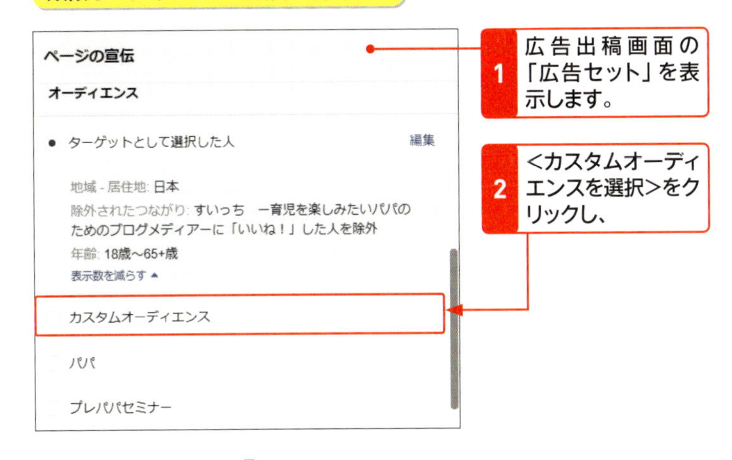

1 広告出稿画面の「広告セット」を表示します。

2 <カスタムオーディエンスを選択>をクリックし、

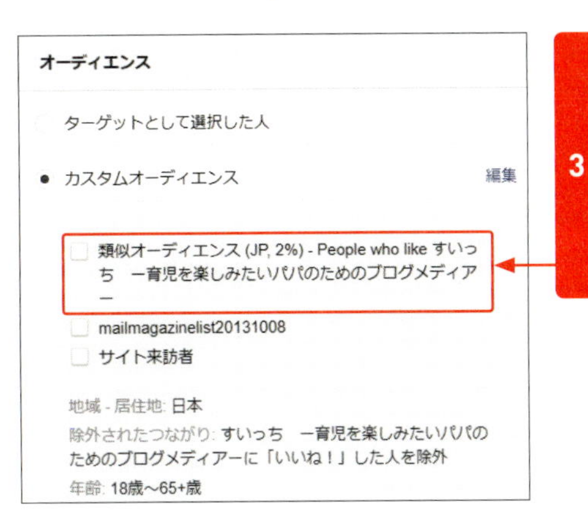

3 設定されているカスタムオーディエンス」「類似オーディエンス」が表示されるので、利用したい類似オーディエンスをクリックして選択します。

Memo オーディエンスサイズ

手順6で設定するオーディエンスサイズは、1〜10%を1%刻みで設定することができます。1%で設定すると、もっともターゲットに近いユーザーへ広告の配信をすることができますが、潜在リーチ数は少なくなります。

Memo さらにオーディエンスを狭める

類似オーディエンスを設定したうえで、さらに年齢や性別などを指定して、オーディエンスを狭める設定をすることもできます。

Section 68

広告の成果を確認しよう

覚えておきたいキーワード
- 広告マネージャ
- キャンペーン
- レポート

Facebook広告が無事に承認されたら、広告の効果を確認しましょう。広告マネージャやレポートで、具体的な数値としてパフォーマンスを見ることができます。データを参考に分析を行い、より効果的な広告配信となるように改善していきましょう。

1 「広告マネージャ」を活用する

作成したFacebook広告は、広告マネージャ(https://www.facebook.com/ads/manage/)から管理を行います。

広告マネージャでは、出稿しているすべての広告の内容と広告のパフォーマンスが確認できるほか、入札価格や予算の変更、広告掲載の一時停止や再開が行えます。Facebook広告では、ログインしているアカウントで作成された広告グループを「キャンペーン」と呼んでおり、広告マネージャの「キャンペーン」ページでは、キャンペーンごとに広告パフォーマンスが表示されます。

広告マネージャでインプレッション数やクリックがあったかを確認しながら、広告を変更してみたり、より高い効果が見られた広告を積極的に出したりと、さまざまなパターンの広告を検証しながら最適な状態になるよう、調整していきましょう。

「アカウントの概要」「キャンペーン」「広告セット」「広告」の4つのタブを表示できます。

「ページへの「いいね!」」「リーチ」「消化金額」「インプレッション」など具体的な効果の確認ができます。表示項目はタブをクリックして切り替えができ、また、上記4項目以外の項目の表示も可能です。

出稿した広告の目的別に「結果」「単価」「リーチ」「消化金額」のデータが確認できます。

年齢や性別、時間、地域などのデータが確認できます。

Step up 広告キャンペーン名を変更する

広告キャンペーン名を変更したい場合は、「キャンペーン」ページで現在のキャンペーン名にマウスを乗せると🖉が表示され、クリックするとキャンペーン名を変更することができます。

1 クリックします。

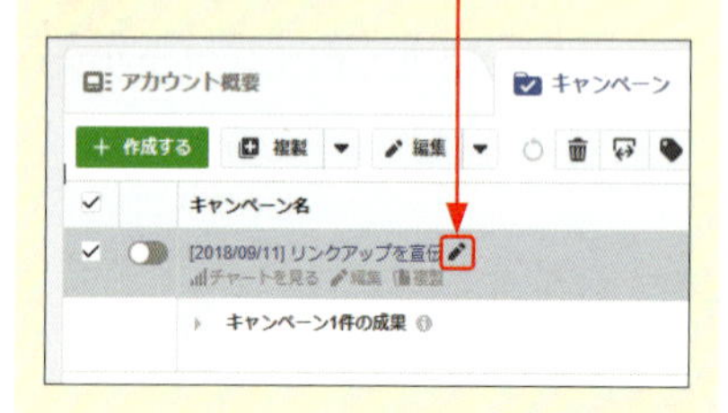

2 データを参考に改善を図る

Facebook広告ではターゲットを絞ったり、予算や掲載期間などを自由に設定したりできますが、出稿したら終わり、では目的を達成するのは困難です。広告マネージャで確認したデータを参考にして、より効果的な広告を配信できるよう、常に改善していきましょう。

ターゲットを見直す

設定したターゲットに対して、「いいね！」などのアクションをしてくれたユーザー層が想定通りかを確認します。また、ターゲット数とリーチを比較し、納得のいく結果となっているかをチェックしましょう。もしリーチが不十分であると感じるのであれば、ターゲットを絞り込む設定が間違っている、広告出稿費用や入札価格が低い、などの理由が考えられます。広告マネージャなどのデータを精査し、検証しましょう。

入札価格・広告の内容を見直す

オークション方式を採用しているFacebook広告では、ほかの広告主とターゲットが同じだった場合、Facebookが広告の評価を行い、総合価値が高い方を優先的に表示します。広告の総合価値を決めるのは、「入札」（入札額）「推定アクション率」「広告の品質と関連度」の3つです。広告オークションで競り勝てるように、入札額を高く設定したり、ターゲット層に関連した内容になっているかの確認をしたりしましょう。

目的に対する結果やコストを確認する

レポート（P.188参照）の「結果」「単価」を確認し、広告のクリエイティブをチェックします。「ページのいいね！」など広告の目的に対し、どれくらい結果が出ているかを「目的に対する結果」で確認して、広告の目的に対する平均費用がいくらなのかを「コスト」で確認します。これらの数値をもとに、広告の画像やテキストを見直しましょう。

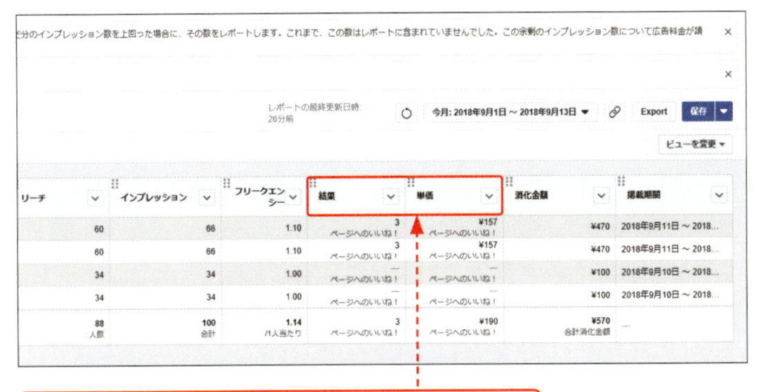

レポートの「結果」と「単価」の数値を確認しましょう。

> **Keyword リーチ**
>
> リーチは、ここでは、Facebookページや投稿などのコンテンツを閲覧した人の数をいいます。

3 レポートを確認して効果測定する

広告が実際にどれだけのインプレッション数やクリック数を得て、効果があったかどうかは、「広告レポート」(https://www.facebook.com/adsmanager/reporting/) から確認することができます。

レポートを見て、広告の効果がいまいち出ていない場合は、改めて「ターゲットが適切かどうかを見直す」「価格は低過ぎないか」「広告に使用している画像やタイトルは興味を引く内容か」を検討しましょう。また、1日の予算を上げてみるといった方法も考えましょう。

また、2種類以上の、画像やキャッチコピーを変えた広告を出稿し、どちらのパフォーマンスがよいかを比べるとよりすばやく対策を立てやすくなります。

広告マネージャのレポートを見ながらより効果の高い広告になるよう、最適化を進めていきましょう。

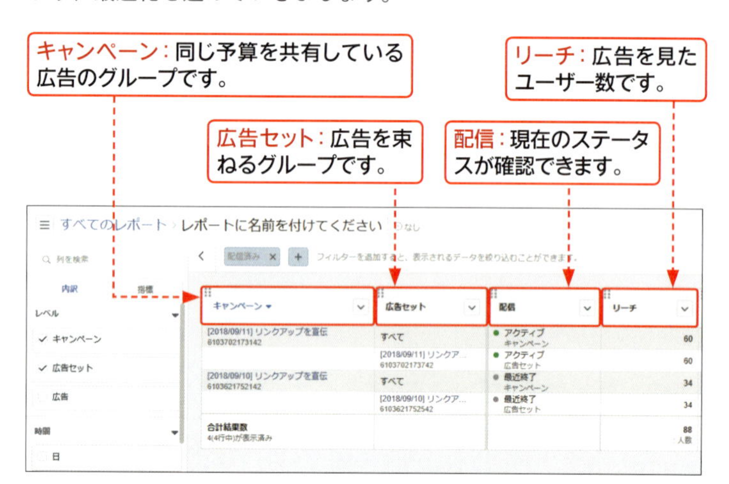

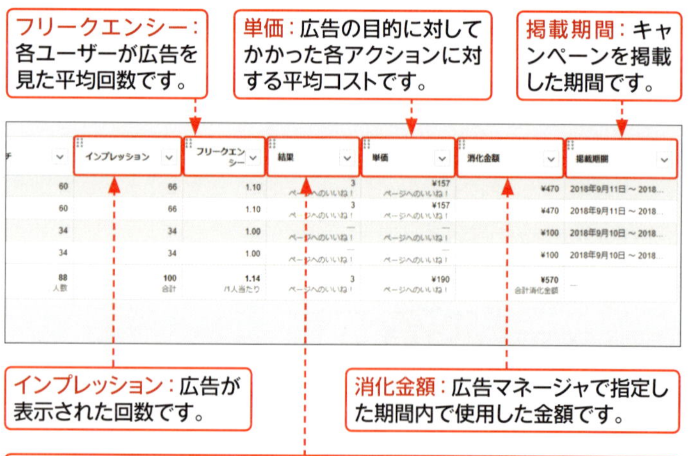

フリークエンシー：各ユーザーが広告を見た平均回数です。
単価：広告の目的に対してかかった各アクションに対する平均コストです。
掲載期間：キャンペーンを掲載した期間です。
インプレッション
フリークエンシー
結果
単価
消化金額
掲載期間
インプレッション：広告が表示された回数です。
消化金額：広告マネージャで指定した期間内で使用した金額です。

結果：広告の目的が達成できているかの指数です。配信の目的により表示が変わります。

Memo 広告を見直すポイント

広告を改善するために、タイトルや画像、テキスト全般の広告素材を見直して、少しでもよい反応が得られるよう調整します。タイトルはサービスや社名、商品名ではなく「〜ではありませんか?」といった語りかけるような形式が効果的といわれています。また、Facebookは1日に何度もユーザーが訪れるという特徴があるため、写真は複数用意して、ユーザーに飽きられないようにします。訴求したい製品やサービスと関連する写真を使いましょう。テキストは長いとユーザーが読んでくれないため、できるだけ短めにまとめます。以上のポイントに注意しながら広告を見直してみましょう。

Hint レポートの期間

レポートの期間は、「日付」欄をクリックして選択することができます。とくに期間で抽出したい場合は表示されるカレンダーで設定します。

Hint レポートのダウンロード

レポートの＜Export＞をクリックすると、表示しているレポートをCSV形式かxls形式でダウンロードすることができます。

第7章

Facebookページの情報分析をしよう

Section 69

インサイトとは?

覚えておきたいキーワード
- インサイト
- アクセス解析ツール
- データ分析

Facebookには、無料で利用できるFacebookページ専用のアクセス解析機能「インサイト」があります。このツールを使えば、Facebookページを細かく分析できるデータが閲覧できるので、しっかりと分析し、投稿の適正化などのページ運営に役立てましょう。

1 インサイトでFacebookページを分析する

インサイトはFacebookが提供する、無料の専用アクセス解析ツールです。インサイトを見ると、どの投稿がいちばん読まれており反応がよいか、どのWebサイトを経由してFacebookページにたどり着いているのかなど、ユーザーのFacebookページでの動向がわかります。

また、ユーザーの年齢・性別・居住地（国・市区町村レベル）も把握することができます。たとえば、投稿に対して「いいね！」をした人は男女どちらが多いのか、どの居住地の人が多いのかといった特徴が浮かび上がることがあります。

インサイトで表示されるさまざまなデータは運用と改善の大きなヒントになります。どんな投稿が共感を得ているのか、インサイトのデータを日々確認し、ページの運用に役立てていきましょう。

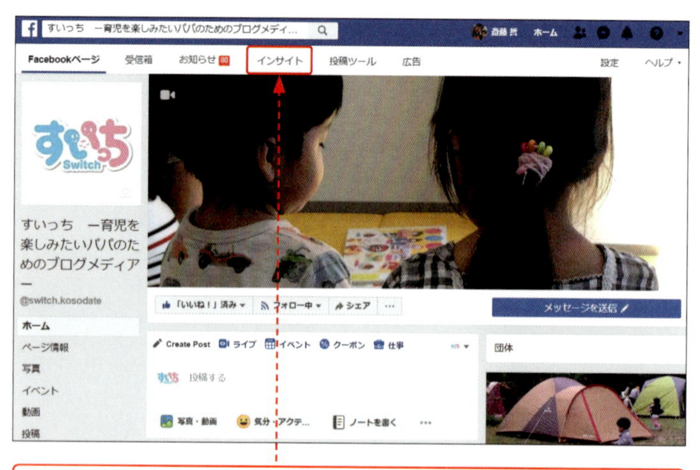

インサイトはFacebookページのトップ画面からアクセスすることができます。

Memo インサイトの利用条件

年齢、性別、地域などの利用者層データは、100人以上のデータがある場合に確認できます。

2 14の項目から構成されるインサイト

インサイトは、「概要」「フォロワー」「いいね！」「リーチ」など、14の項目が用意されています。

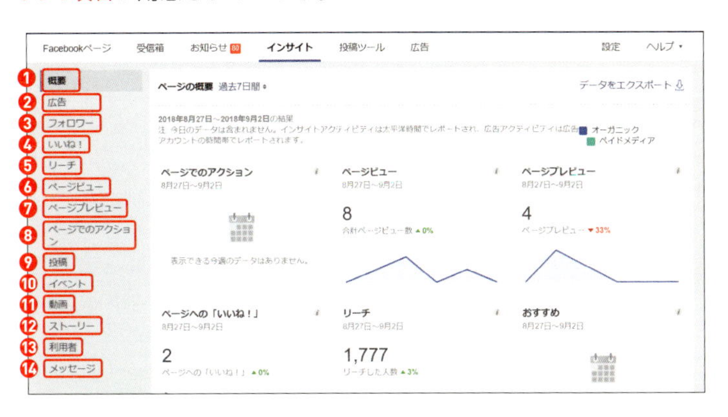

❶ 概要	インサイト画面に移動すると最初に表示されます。最近7日間のページの動きが把握できます。多くの情報があるため、どこに重点をおいてチェックするかを決めておきましょう（Sec.70参照）。
❷ 広告	Facebook広告を利用している場合、広告に関するアクティビティの簡易的なデータの確認や、広告の出稿、管理が行えます。より詳細なデータを確認するときは「広告マネージャ」を利用しましょう。
❸ フォロワー	1日ごとのフォロワーの増減を確認できます。
❹ いいね！	Facebookページへの合計での「いいね！」数の累計とその推移、「いいね！」の出所について知ることができます（Sec.71参照）。
❺ リーチ	投稿を見た人の数や、投稿に対してアクションを起こした人の数などを確認できます（Sec.71参照）。
❻ ページビュー	Facebookページが閲覧された回数について確認できます。
❼ ページプレビュー	ニュースフィードなどで、ページ名やアイコン画像にマウスカーソルを合わせてプレビュー表示した回数が確認できます。
❽ ページでのアクション	「道順を表示」や電話番号、コールトゥーアクションなどをクリックした回数が確認できます。
❾ 投稿	ファンがどの曜日、どの時間帯にオンラインしたかや、投稿ごとのユーザーの反応などを詳細に知ることができます（Sec.72参照）。
❿ イベント	作成したイベントのページビューや回答者数、アクションした人数などを確認できます。
⓫ 動画	投稿動画の再生時間や回数が確認できます。
⓬ ストーリー	投稿したストーリーの閲覧数などが確認できます。
⓭ 利用者	ファンの数、リーチした人、何らかのアクションを実行した人について知ることができます（Sec.73参照）。
⓮ メッセージ	ユーザーとメッセージのやり取りをした数が確認できます。

Memo リーチとは

Facebookでは、Facebookページや投稿などのコンテンツを見た人の数を「リーチ」といいます。その中でもさらに、ユーザーのニュースフィードやFacebookページで投稿を見た人を「オーガニック」、Facebook広告を見た人を「有料」として区別しています。

Hint データのエクスポート

インサイトのデータはExcelファイルまたはCSVファイルとして出力することができます。インサイトの画面右上にある<データをエクスポート>をクリックし、取得したいデータの期間、ファイル形式（ExcelかCSV形式）、Facebookページレベルでデータを参照するか、投稿別に参照するかを指定します。

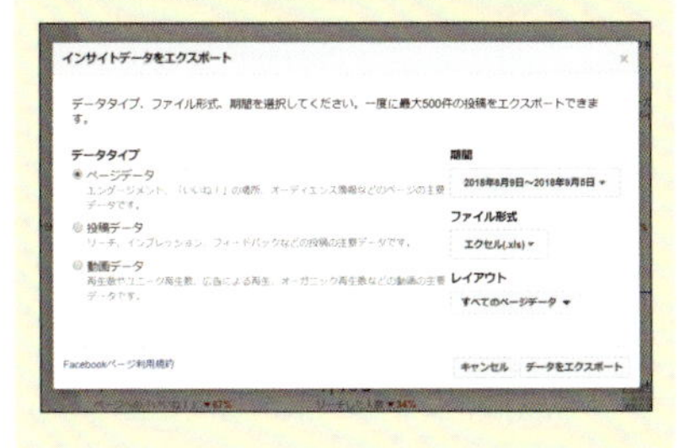

Section 70

Facebookページの現状をチェックしよう

覚えておきたいキーワード
- 概要
- インサイト
- 投稿への反応

インサイトの入り口にあたる「概要」項目の画面では、**最近7日間のFacebookページの状況を確認**することができます。「いいね！」数の増減やページへ投稿した新着順の人気記事を確認しましょう。

1 「概要」画面で全体の現状を把握する

Facebookページのインサイトは、Facebookページのトップ画面からアクセスすることができます。インサイトのトップページには、「概要」が表示されます。

「概要」では、最近7日間にあった「ページでのアクション」「ページビュー」「ページプレビュー」「ページへの「いいね！」」「リーチ」「おすすめ」「投稿のエンゲージメント」「動画」「ページのフォロワー」の9項目の動きについて、確認できます。各項目は数値の変動が折れ線グラフで表示され、今週はどのような動きをしているのかということがすぐに把握できるようになっています。それぞれの項目の上部をクリックすると、それらのデータの詳細がわかるページへ移動します。

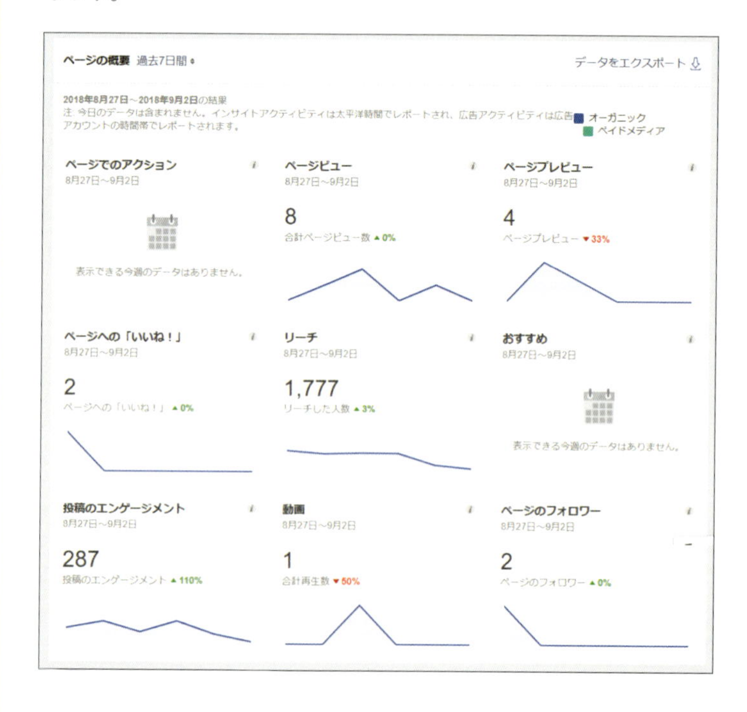

Hint データ計算のタイムゾーン

インサイトの指標は太平洋標準時間（PST）が適用されています。したがって、インサイトに表示されている情報は、必ずしもリアルタイムではないと把握しておきましょう。

Memo 「ページビュー」と「ページプレビュー」

「ページビュー」は、Facebookページを閲覧した回数をいいます。Facebookにログインしていない場合でも、回数にはカウントされます。これに対し「ページプレビュー」とは、Facebookユーザーがニュースフィードなどからページ名やプロフィール写真にマウスカーソルを合わせ、ページをクリックすることなくプレビュー表示された情報を閲覧した回数をいいます。

2 最近の投稿への反応を知る

「概要」の画面下部では最近5件の投稿について、それぞれリーチやエンゲージメントなどの数値が表示されています。エンゲージメントについては、「投稿クリック数」と「リアクション、コメント、シェアの数」とが色分けされたグラフで示されます。個別の投稿への反応など、ここでは確認できない詳細なデータは、「投稿」項目内で確認することができます。

公開日時・投稿：直近の5件の投稿が表示されます。

ステータス：Facebook広告（Sec.59参照）への出稿手続きができます。

タイプ：ステータス（近況）、リンク、写真、動画と投稿の種別がアイコンで表示されます。

リーチ：投稿した記事に対してのリーチが表示されます。

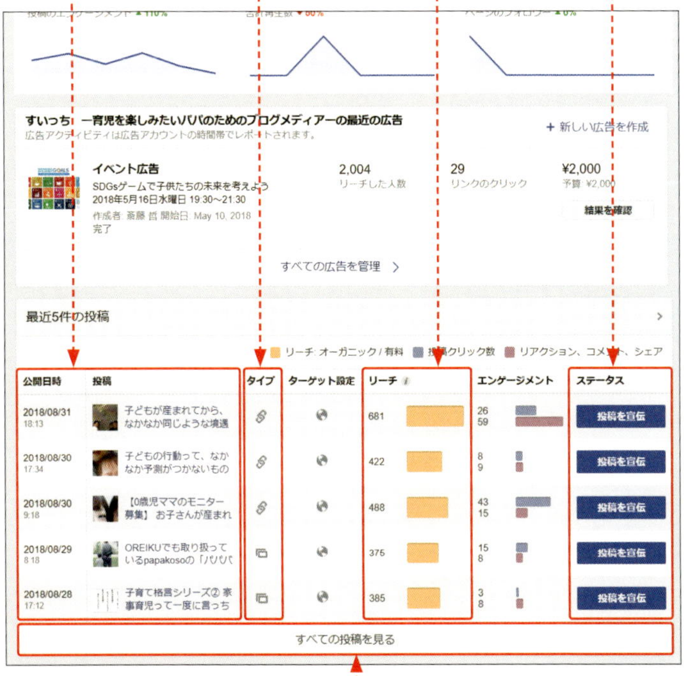

すいっち ー育児を楽しみたいパパのためのブログメディアーの最近の広告
広告アクティビティは広告アカウントの時間帯でレポートされます。
＋ 新しい広告を作成

イベント広告
SDGsゲームで子供たちの未来を考えよう
2018年5月16日水曜日 19:30～21:30
作成者: 斎藤 哲 開始日: May 10, 2018
完了

2,004 リーチした人数
29 リンクのクリック
¥2,000 予算: ¥2,000
結果を確認

すべての広告を管理

最近5件の投稿

リーチ: オーガニック / 有料　投稿クリック数　リアクション、コメント、シェア

公開日時	投稿	タイプ	ターゲット設定	リーチ	エンゲージメント	ステータス
2018/08/31 18:13	子どもが産まれてから、なかなか同じような境遇			681	26 59	投稿を宣伝
2018/08/30 17:34	子どもの行動って、なかなか予測がつかないもの			422	8 9	投稿を宣伝
2018/08/30 9:18	【0歳児ママのモニター募集】お子さんが産まれ			488	43 15	投稿を宣伝
2018/08/29 8:18	OREIKUでも取り扱っているpapakosoの「パパパ			375	15 8	投稿を宣伝
2018/08/28 17:12	子育て格言シリーズ② 家事育児って一度に言っち			385	3 8	投稿を宣伝

すべての投稿を見る

すべての投稿を見る：表示されている5件以外のすべての投稿が時系列に表示されます。

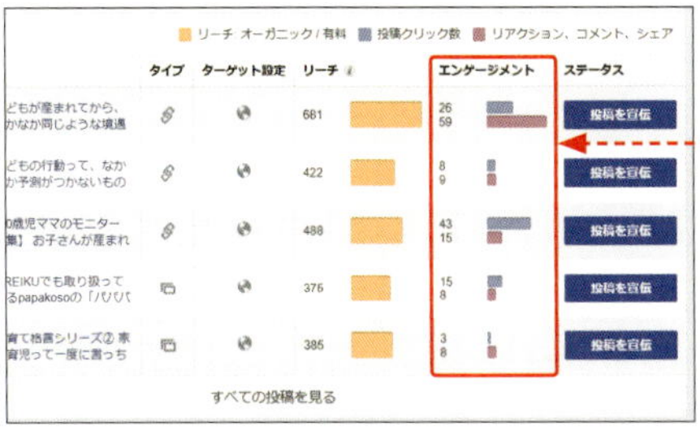

エンゲージメントは「投稿クリック数」、「リアクション、コメント、シェア数」がそれぞれ色分けされ、棒グラフで表示されます。

> **Memo 「公開済みの投稿」タブの使い方**
>
> 「投稿」項目内の「公開済みの項目」タブの使い方については、Sec.72で紹介します。

Section 71

Facebookページへの反応を確認しよう

覚えておきたいキーワード
- いいね！
- リーチ
- ネガティブデータ

「いいね！」項目の画面では、どこを経由して「いいね！」されたのかなど、「いいね！」の"質"が詳しく表示されます。また、「リーチ」項目の画面では、投稿を見た人の数や投稿にアクションした人の数を確認することができ、「ページビュー」画面ではユーザーの行動を把握することができます。

1 「いいね!」画面で「いいね!」の"質"を把握する

「いいね！」項目の画面には、次の3つの情報が表示されます。それぞれのグラフにマウスカーソルを乗せるとFacebookページの「いいね！」(投稿の「いいね！」を除く)の具体的な数値と日付が表示され、クリックするとその日別の内訳を見ることができます。

今日までの合計いいね！数

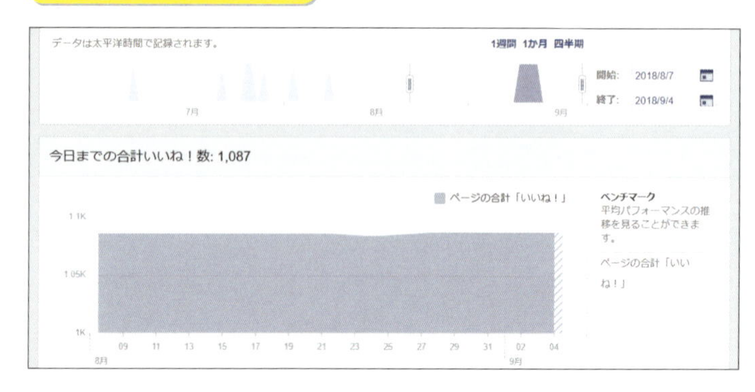

ページへの「いいね!」の合計数が表示されています。

純いいね！

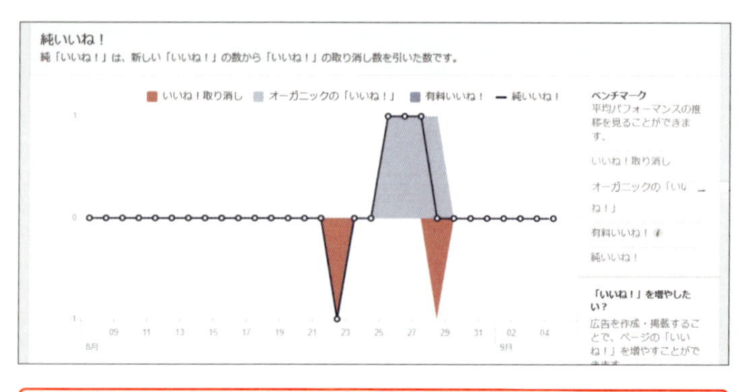

「オーガニックの「いいね!」」(自然にいいね!された数)と「有料いいね!」(広告経由のいいね!)、「純いいね!」が色別に表示されます。

> **Memo 「純いいね!」とは**
>
> 「純いいね!」とは、「いいね!」の数から「いいね!取り消し数」を引いた数を表しています。

ページへの「いいね！」数の発生箇所内訳

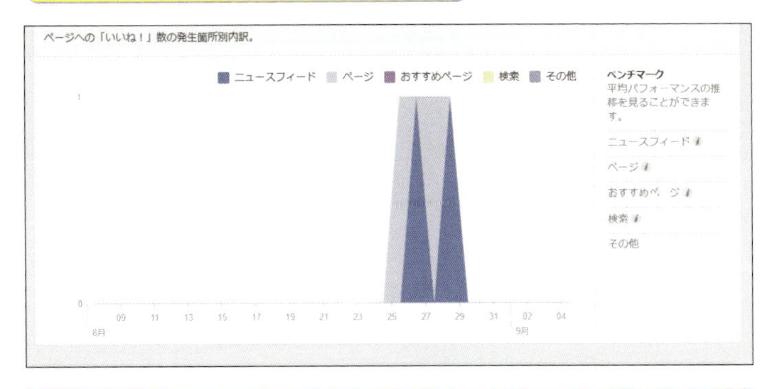

ページへの「いいね!」がどこで発生したのかが表示されます。ニュースフィード上で「いいね!」されたのか、ページ上で「いいね!」されたのかが数値化されています。

2 「リーチ」画面で日別の投稿への反応がわかる

「リーチ」項目の画面には、「投稿のリーチ」「リアクション、コメント、シェア」「非表示、スパムの報告、「いいね！」の取り消し（P.196参照）」「合計リーチ（P.196参照）」のグラフデータが表示されます。投稿に関するすべてのアクション数が日別で参照できるデータです。

「投稿のリーチ」は投稿を見たユーザーの数で、オーガニックと有料のリーチを日別で確認できます。

「リアクション、コメント、シェア」は、これら3つのアクション数が色別に折れ線グラフ化されています。リーチ数の増加につながる行動のデータなので、数値が高ければ高いほど良好な結果が出ていると判断できます。

投稿のリーチ

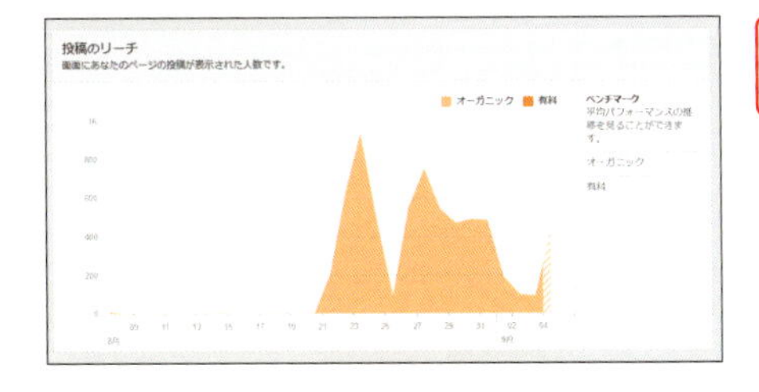

投稿に対する日別のリーチがわかります。

リアクション、コメント、シェア

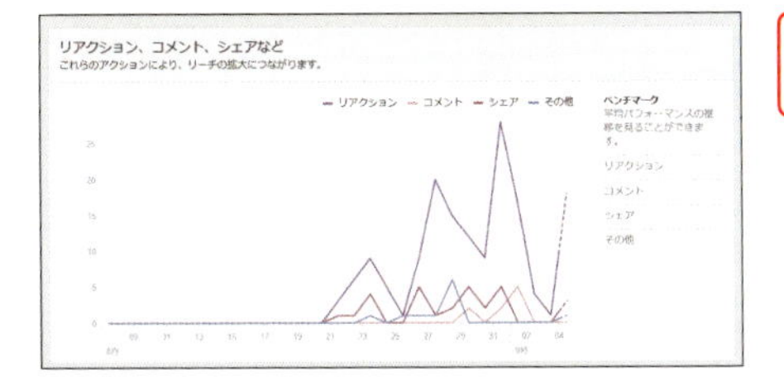

投稿に対する反応を、日別に確認できます。

Hint 「おすすめページ」とは

Facebookページに「いいね!」をすると、類似のページがタイムライン上に表示される機能があります。Facebookページの設定画面にある「同様のおすすめのページ」から設定できます。インサイトのデータに表示されたということは、「おすすめページ」から来ているユーザーがいることがわかります。

Memo オーガニックと有料

「オーガニック」とは、ニュースフィードまたはFacebookページで、投稿を閲覧したユーザーの人数です。「いいね!」した友達がシェアした記事を見たユーザーや、投稿にコメント、シェアしたユーザー、イベントにコメントしたユーザーの数が含まれています。それに対し「有料」とは、広告を経由して投稿を閲覧したユーザーの人数をいいます。

Hint ベンチマーク

各項目の右側にある「ベンチマーク」をクリックすると、指定した期間の平均値と、指定した期間以前の平均値を比較できます。

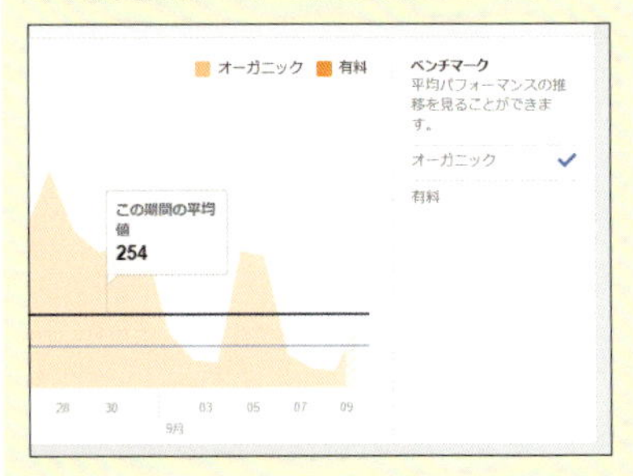

3 「リーチ」画面でネガティブデータも把握する

Memo 合計リーチ数のカウント

1人のユーザーがFacebookページの投稿を閲覧した場合は、オーガニックリーチでも1回、広告リーチでも1回とカウントされますが、これらの閲覧が同じ1人のユーザーであれば、合計リーチ数では1回とカウントされます。

「リーチ」項目の画面に表示されている「非表示、スパムの報告、「いいね！」の取り消し」データは、投稿に対するネガティブフィードバックの数です。どの投稿に対してネガティブなアクションが起きたかを確認することで、投稿内容の反省と改善の大きな手がかりになります。

ここでいうネガティブフィードバックとは、ニュースフィード上にFacebookページからの投稿が表示されたときに、投稿の右上をクリックすると表示される「投稿を非表示」「該当Facebookページのフォローをやめる」「この投稿に関するフィードバック」の3つの項目のことをいいます。このいずれかを選択すると、ネガティブフィードバックとカウントされます。ネガティブフィードバックが増えるとページのエッジランクは下がり、ファンのニュースフィードに表示されにくくなってしまう恐れがあります。

なお、「合計リーチ」には、投稿やチェックインなど、ページに関するアクティビティが配信されたユーザーの人数が表示されます。

非表示、スパムの報告、「いいね！」の取り消し

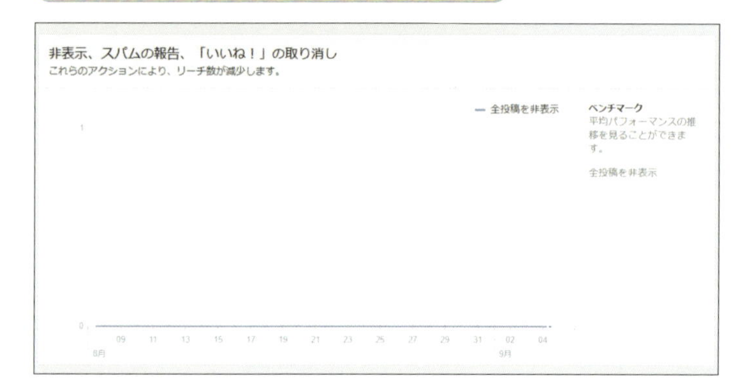

否定的なアクションが起きると、リーチが減りエッジランクの低下に直結するので、とくに注視したい項目です。

合計リーチ

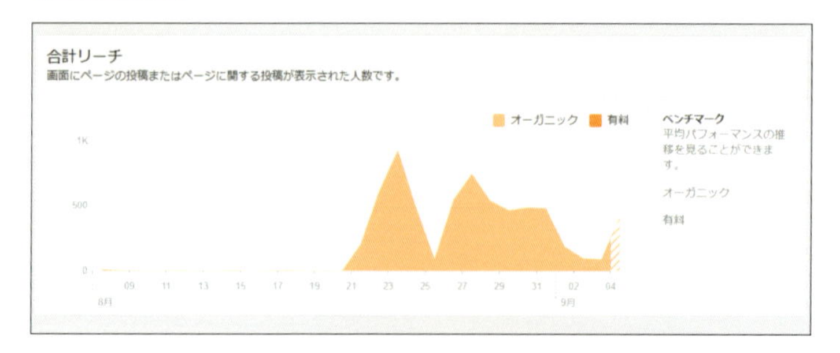

ページのアクティビティすべての合計リーチ数が表示されます。

4 「ページビュー」画面でユーザーの行動を把握する

「ページビュー」項目の画面には、「合計ビュー」「合計閲覧者数」「上位ソース」が表示されます。上部のタブから表示を切り替えることもできます。

合計ビュー

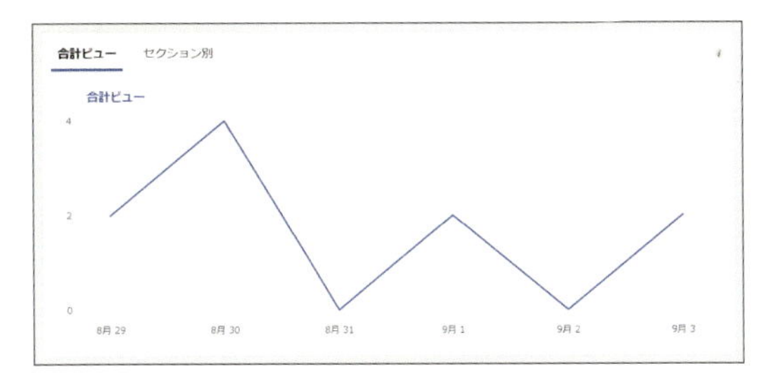

1日ごとのFacebookページの閲覧数が確認できます。＜セクション別＞をクリックすると、「ホーム」「投稿」「基本データ」「写真」など、Facebookページのどの箇所が見られているかを具体的に知ることができます。

合計閲覧者数

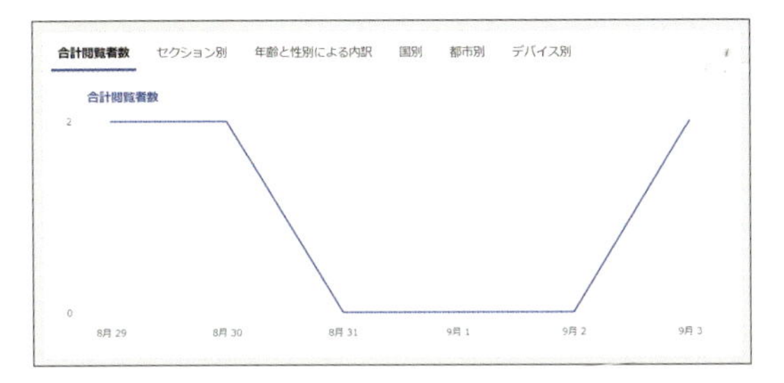

アクセス単位ではなく、ユーザー数単位での数値が表示されます。アクセスユーザーの年齢や性別、国や都市、利用デバイスなどの内訳も確認できます。

上位ソース

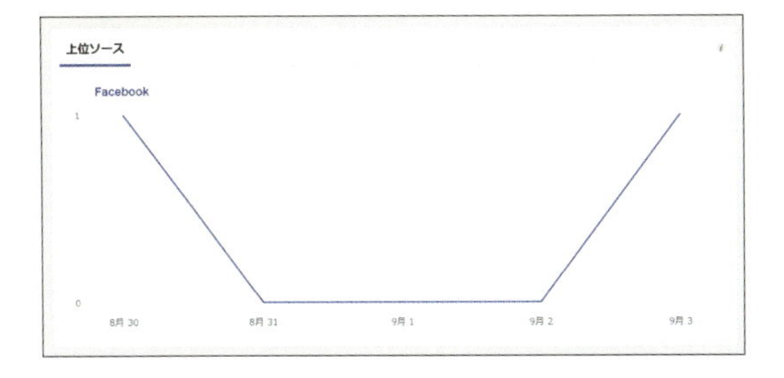

外部Webサイトからページへアクセスした人の数がドメイン別に色分けされて表示されています。どの外部サイトがFacebookページのアクセス数アップに貢献しているかわかります。外部Webサイトやブログにページへのリンクなどを設置しているなら必ず見ておきたい、重要な指標です。

Memo 「ページビュー」画面の表示

「ページビュー」画面の上部で＜一週間＞＜1か月＞＜四半期＞(3ヶ月)をクリックすると、表示期間を切り替えることができます。

Section 72

投稿ごとの反応や効果を確認しよう

覚えておきたいキーワード
- 公開済みの投稿
- ファンがオンラインの時間帯
- 投稿タイプ

投稿を行うたびにファンからの反応が気になるものですが、その反応が数値化されて表示されるのが「投稿」の項目です。これは、パフォーマンスのよい投稿パターンを見つけるのに有効なデータです。しっかり分析して、ページ運営に反映させましょう。

1 「投稿」画面で投稿ごとの反応がわかる

「投稿」の項目では、投稿ごとの効果や、その詳細を確認することができます。「投稿」項目の画面には、「ファンがオンラインの時間帯」「投稿タイプ」「競合ページの人気投稿」の3つのタブが表示されます。

「ファンがオンラインの時間帯」内では、ファンがオンラインできる時間帯のグラフ表示と、公開済みの投稿がサムネイルやタイトル付きで一覧表示されています。リーチ数とエンゲージメントが棒グラフで表示されており、どんな投稿がよい効果をあげているかがひと目でわかります。

ファンがオンラインの時間帯：最近1週間において、ファンがどの時間帯にFacebookにアクセスしているか（=オンラインか）をグラフで表示しています。表記されている時間帯は使用しているパソコンの時間表示となっています（P.200参照）。

投稿タイプ：ここをクリックすると、「リンク」や「写真」などの投稿のタイプ別に、平均リーチや平均エンゲージメントなどを見ることができます（P.201参照）。

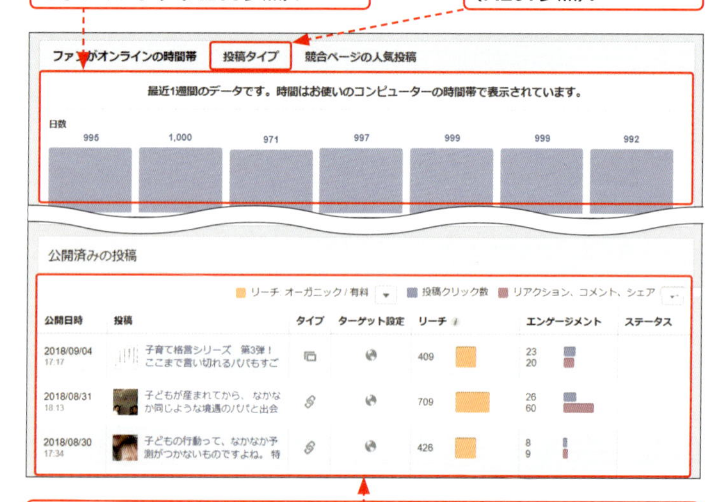

公開済みの投稿：サムネイルとタイトル付きで一覧表示されています。リーチ数とエンゲージメントが棒グラフで表示されており、どんな投稿がよい効果をあげているかが、ひと目でわかります（P.199参照）。

Memo タイプの表示アイコンについて

「公開済みの投稿」の「タイプ」の欄には、画像付きの投稿か、リンク付きの投稿か、などがひと目でわかるよう、アイコンで表示されています。

Memo ターゲット設定

「公開済みの投稿」の「ターゲット設定」は、Facebookページの投稿は通常「全体に公開」状態になるため、地球儀のアイコンが表示されます。

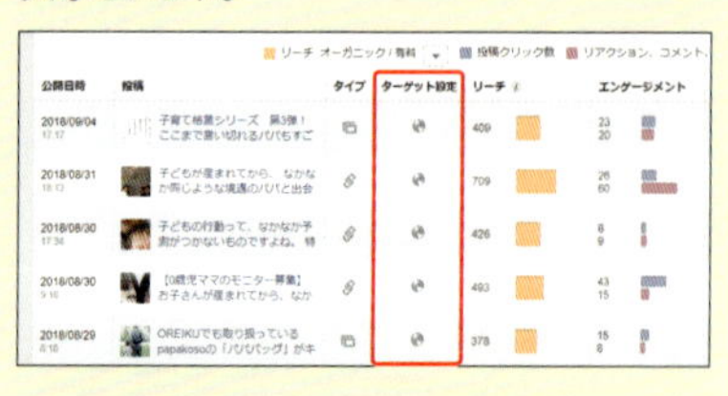

Memo 競合ページの人気投稿

「競合ページの人気投稿」では、この1週間の競合ページの投稿を人気順に表示できます。競合の人気投稿をチェックして、自社のページの投稿アイデアのヒントにしていきましょう。

2 個別の投稿への反応を詳しく調べる

「公開済みの投稿」を見ると、どの投稿の反応がよいかを知ることができます。各記事にある「リーチ」や「エンゲージメント」に表示される情報は、細かく変更可能です。「公開済みの投稿」の右上に、棒グラフと対応した色で「リーチ:オーガニック／有料」「投稿クリック数」「リアクション、コメント、シェア」が表示されていますが、この▼をクリックすれば表示するデータを切り替えることができます。

たとえば「リーチ:オーガニック／有料」横の▼をクリックすると、「リーチ」「リーチ：オーガニック／有料」「インプレッション：オーガニック／有料」「ファン／ファン以外リーチ」のメニューが表示され、選択するとそれぞれのデータによる表示に切り替えることができます。

リーチの選択

1 この ▾ をクリックすると、

2 プルダウンメニューが表示されます。

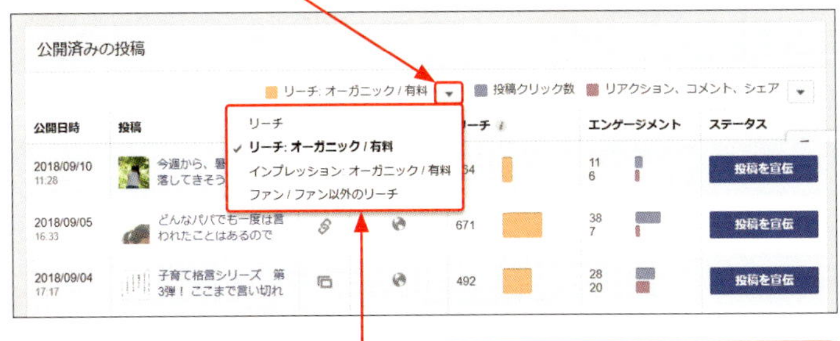

3 「リーチ」「リーチ:オーガニック／有料」「インプレッション:オーガニック／有料」「ファン／ファン以外のリーチ」のいずれかをクリックすると、それぞれのリーチの種類の数値が表示されます。

エンゲージメントの選択

1 この ▾ をクリックすると、

2 プルダウンメニューが表示されます。

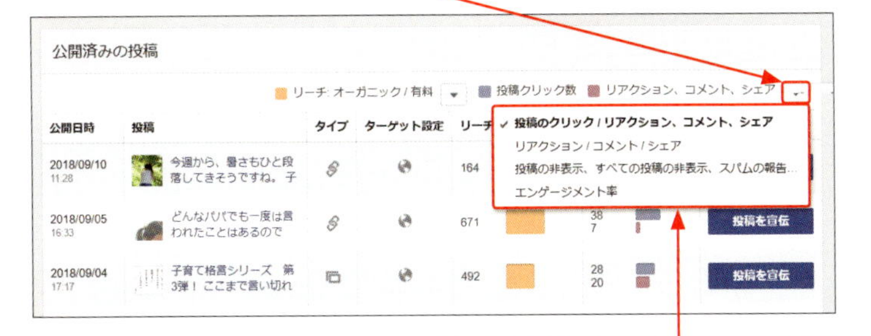

3 「投稿のクリック／リアクション、コメント、シェア」「リアクション／コメント／シェア」「投稿の非表示、すべての投稿の非表示、スパムの報告、ページへのいいね!の取り消し」「エンゲージメント率」による表示に変更することができます。

> **! Hint 投稿ごとの詳細データを見る**
>
> 「投稿」欄の投稿の各見出しをクリックすると、その投稿のアクション数など詳細なデータが表示され、確認できます。
>
> 投稿の詳細データが表示されます。
>
> 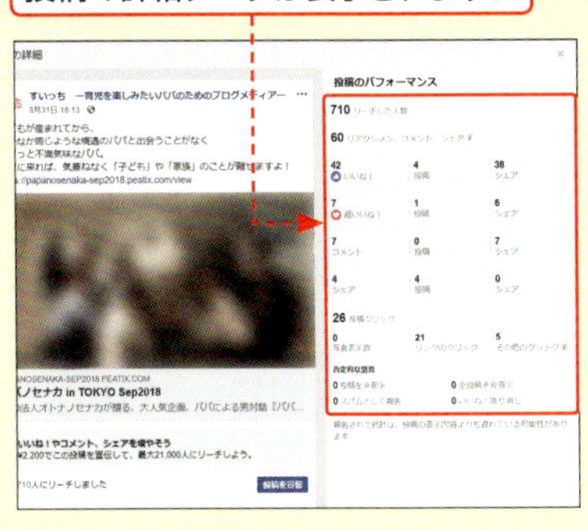
>

> **Memo エンゲージメント率とは**
>
> エンゲージメント率とは、投稿を見たあとに「いいね!」やコメント、シェアをしたユーザーの割合です。左の手順3でエンゲージメント率を選択すると、リーチに対し、何らかのアクションを起こした人の割合が表示されます。

3 反応のよい投稿タイミングを予測する

「ファンがオンラインの時間帯」には、ページに「いいね！」を付けたユーザー（ファン）がFacebookに多くログインしている曜日と、1日のうちにどの時間帯にログインしているかを表すグラフが表示されます。「回数」のグラフにマウスカーソルを乗せると、その時間帯の平均数が表示されます。

このデータにより、ファンがどの曜日・時間帯に多くログインしているかを把握して、投稿に最適な曜日・時間帯を狙った投稿スケジュールを決めることができます。たとえば、午後6時から9時の時間帯がログイン回数が多いとすると、この時間帯に投稿をするとリーチを得られるのではないか、と分析することができます。反対に午前3時から6時の時間帯はほとんどログインされていないとすれば、この時間帯の投稿は効果的ではないことがわかります。

各曜日において、Facebookで何らかの投稿を見たファンの平均数が表示されます。

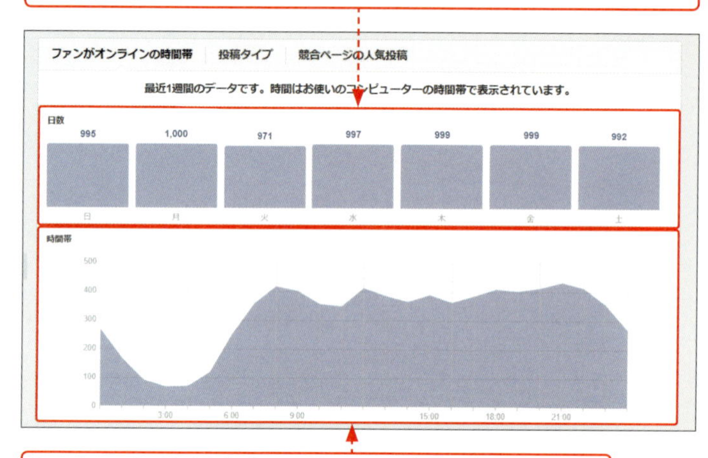

Facebookにオンラインしているファンの人数が表示されます。

Facebookページにアクセスしている人がどの曜日・時間帯に多いかがわかるので、ユーザーの特徴や共通点が見えてきます。

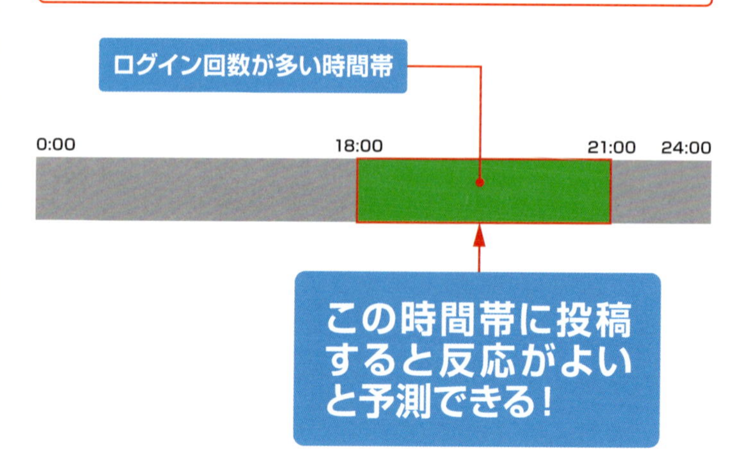

Hint オンラインが多い時間帯

2013年にある調査会社が実施したFacebook利用実態調査によると、男性ワーカー、女性ワーカー、女性主婦、学生のすべてのカテゴリにおいて、午後9時から12時が突出して多くFacebookへアクセスしていることがわかりました。これは「その日やること」が一段落し、帰宅後や就寝前のくつろぎの時間にアクセスをしているのでは、と推測ができます。

Memo 「ファンがオンラインの時間帯」のグラフ

「日数」の曜日を選択すると、その曜日の時間ごとの推移が表示されます。

4 反応のよい投稿タイプを知る

「投稿タイプ」のタブには、投稿タイプ別のリーチ数と平均エンゲージメントが表示されています。「写真」「動画」「リンク」「ステータス」のうち、どの投稿がよくリーチしており、かつユーザーからの反応がよいかを知ることができます。

あくまでも特定の期間内での結果なので、たとえば写真もリンクもない「ステータス」タイプの投稿を行ったときに、たまたま反応が集まった場合、次に同じようなステータスでの投稿を行ったからといって必ずしも良好な結果が出るとは限りません。まとまった期間のデータを集めたうえで、ベスト投稿タイプの傾向を判断するとよいでしょう。

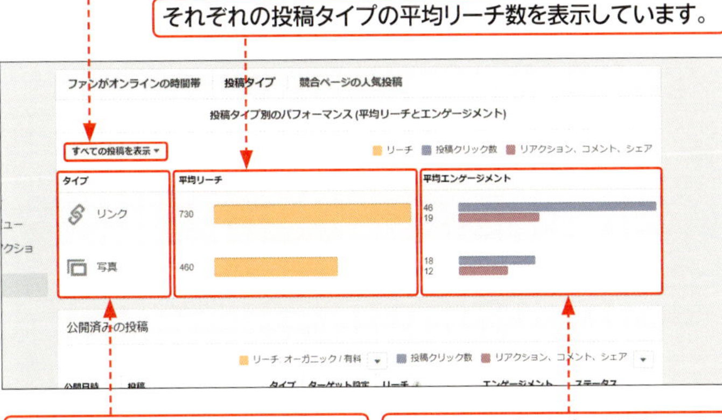

! Hint　ベストの投稿タイプを探す

以前からFacebookページでは「写真＋テキスト」の投稿がもっとも反応がよいといわれていますが、ファンの趣向として、動画が見たいと考えるファンが多い場合は動画の反応が高いこともあります。テキストのみの投稿にならないよう、紹介したい画像や動画、リンクも同時に投稿するとよいでしょう。そのうえで、テキストだけの投稿と、写真や動画付きの投稿と反応を比較してみるのもおすすめです。

5 ベストな投稿プランを立てる

このように、「投稿」タブに表示されているデータを分析すると、反応のよい投稿タイミングや投稿タイプを知ることができます。これらの情報をもとに、コンテンツを投稿するベストな投稿プランを立てるようにしましょう。

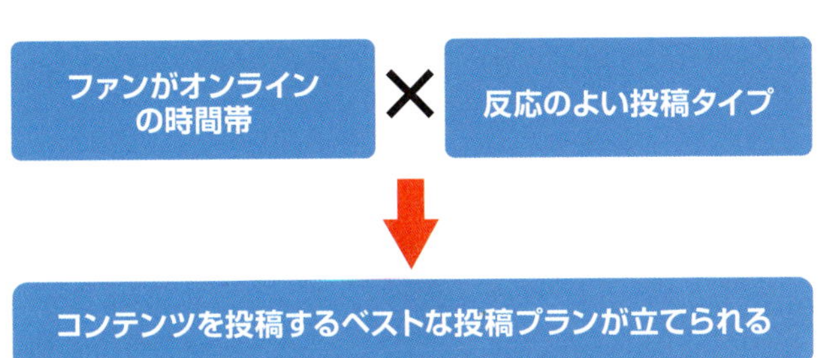

Section
73 ファンの属性を確認しよう

覚えておきたいキーワード
- ファン
- リーチした人
- アクションを実行した人

Facebookページに訪れ、アクションを起こしてくれたユーザーがどのような属性かをチェックするには、「利用者」の項目を見ると確認することができます。どんな属性のユーザーから支持を得ているのかを確認し、ページ運営に役立てましょう。

1 「利用者」画面でユーザーの属性がわかる

「利用者」項目の画面には、**「ファン」「フォロワー」「リーチした人」「アクションを実行した人」の4つのタブ**が表示されます。ファンの男女比はどのくらいなのか、リーチした人はどのユーザー層に訴求できているのかを把握することができます。

ファン：Facebookページに「いいね!」をしたユーザーの年齢と性別、位置情報と言語について表示されています（P.203参照）。

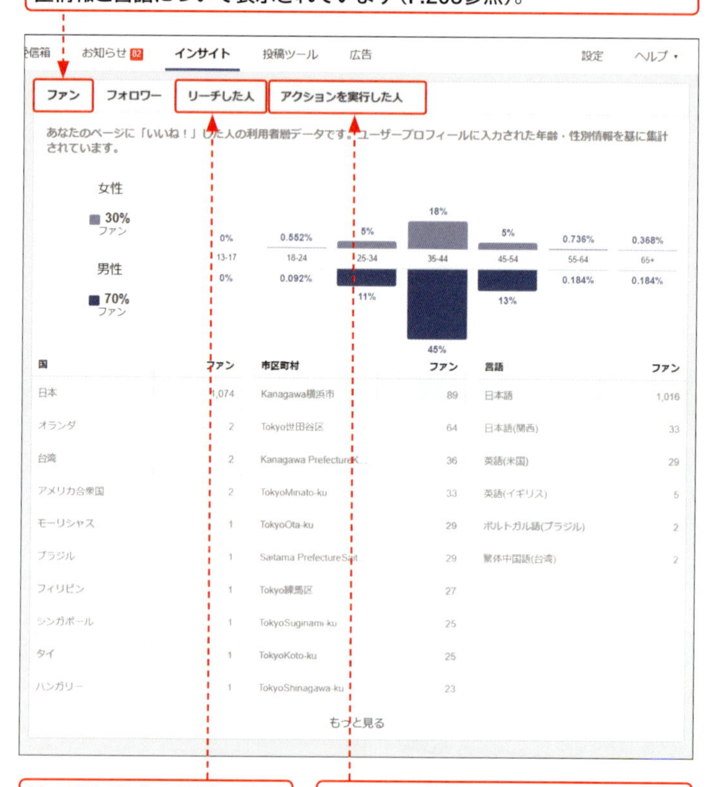

リーチした人：最近28日間の中で、Facebookページの投稿を少なくとも1回見た人の数です（P.204参照）。

アクションを実行した人：投稿に対して「いいね!」やクリック、コメントやシェアをしたユニークユーザーのことを指します（P.205参照）。

> **Memo 「利用者」項目について**
>
> 「利用者」項目の画面は、100人以上のデータがない場合は表示されません。

2 ファンの性別や年齢層を把握する

「利用者」項目の画面で「ファン」タブをクリックすると、Facebookページに「いいね！」をしたユーザーの年齢と性別が区分され、比率で表示されます。また、国別、市区町村別、言語別のファン数の表示がされています。

これらの指標によって、自分が運営しているページのファンに男女どちらが多いか、どの年齢層が多いのか、どのエリアの居住者が多いのか、といったことがわかります。これらの値から、Facebookページに訪れているファンの属性を理解し、ターゲットを定めた運営を行うことができます。

Facebookページに「いいね!」をしているファンの人数と、男女別の統計データを確認できます。

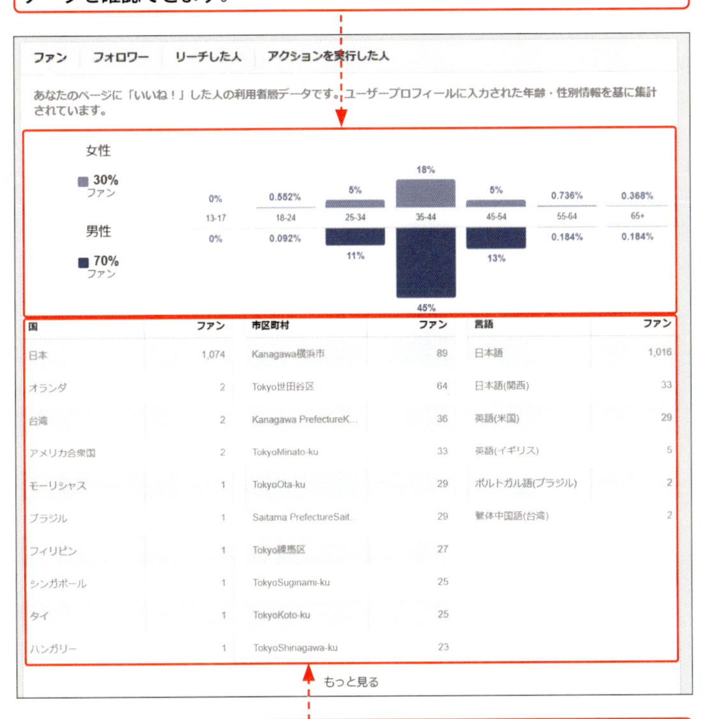

ファンの国別、市区町村別の情報、デフォルトの言語設定を見ることができます。

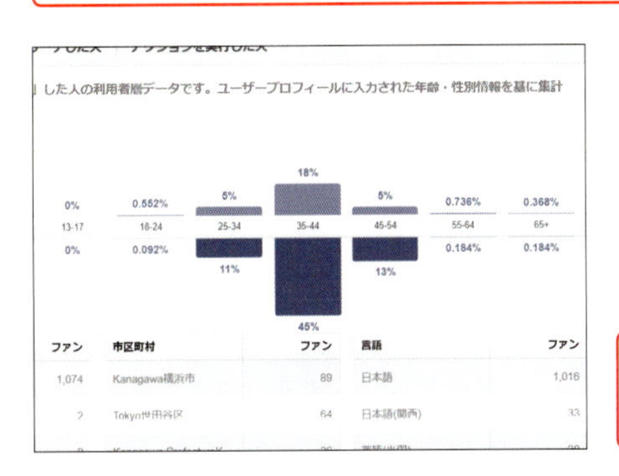

濃い青のグラフが男性、薄い青のグラフが女性を表しています。

Memo <もっと見る>をクリックする

画面下部に<もっと見る>が表示されている場合、クリックすると表示されていない部分を表示できます。

3 リーチしたユーザーの属性を把握する

「リーチした人」タブでは、最近28日間において、投稿を見た（＝リーチした）ユーザーの男女別割合と年齢別割合が表示されます。また、画面下部には国別、市区町村別、言語別も表示されます。

ファンの割合（グレーの部分）に対して、リーチした人が少ない場合はその属性のユーザーの反応が鈍く、あまりよいコミュニケーションがとれていないことを示しています。現在、ターゲットとしている属性のユーザー数の割合がファンの割合より少ない場合は、投稿やキャンペーン内容などを見直す必要があります。

投稿を見たユーザーの中での男女別割合と、年齢別の割合を表示します。

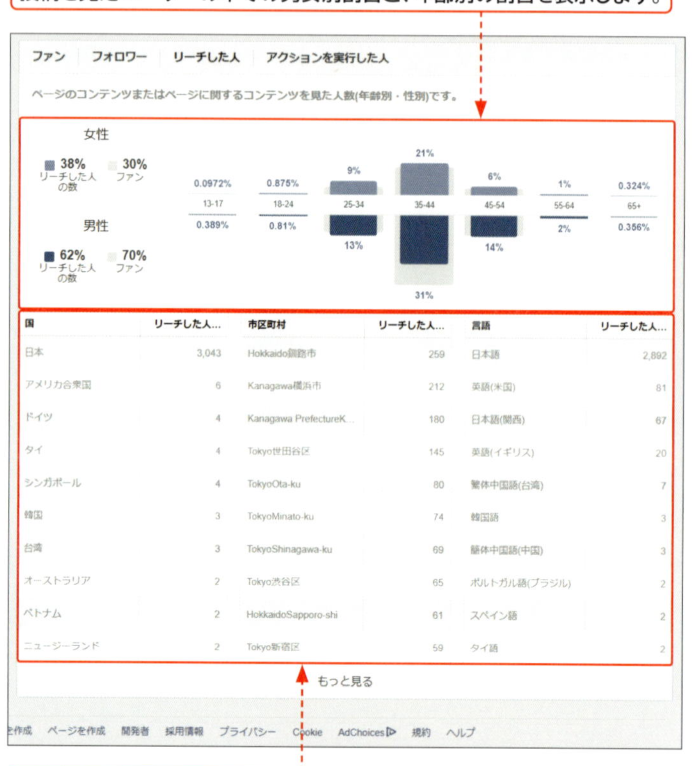

国	リーチした人...	市区町村	リーチした人...	言語	リーチした人...
日本	3,043	Hokkaido釧路市	259	日本語	2,892
アメリカ合衆国	6	Kanagawa横浜市	212	英語(米国)	81
ドイツ	4	Kanagawa PrefectureK...	180	日本語(関西)	67
タイ	4	Tokyo世田谷区	145	英語(イギリス)	20
シンガポール	4	TokyoOta-ku	80	繁体中国語(台湾)	7
韓国	3	TokyoMinato-ku	74	韓国語	3
台湾	3	TokyoShinagawa-ku	69	簡体中国語(中国)	3
オーストラリア	2	Tokyo渋谷区	65	ポルトガル語(ブラジル)	2
ベトナム	2	HokkaidoSapporo-shi	61	スペイン語	2
ニュージーランド	2	Tokyo新宿区	59	タイ語	2

リーチしたユーザーの国別、市区町村別の情報、デフォルトの言語設定を見ることができます。

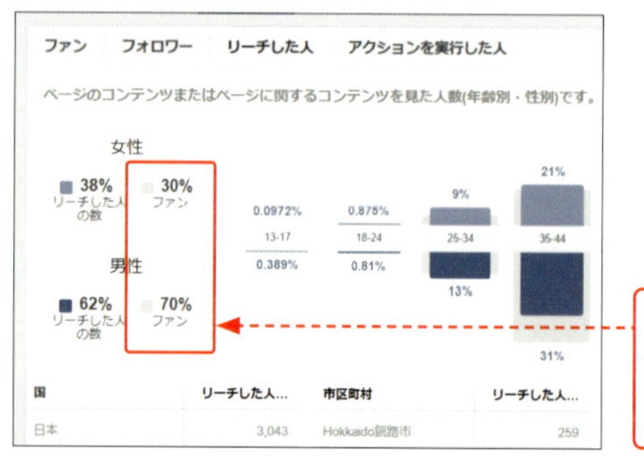

リーチしたユーザーの中に、どれくらいファンがいるのかを確認することができます。

Memo 人口統計データについて

性別や年齢はユーザー自身が設定したデータに基づいています。国・市区町村についてはユーザーのIPアドレスから、言語についてはユーザーが設定しているデフォルトの言語設定がもとになっています。

4 アクションを起こしたユーザーの属性を把握する

「アクションを実行した人」とは、「いいね！」をはじめ、リンクや写真のクリック、コメント、シェアなど、投稿に対し何らかのアクションを起こしたユニークユーザーの数です。「概要」項目の画面の「投稿のエンゲージメント」では最近7日間のデータが表示されていますが（Sec.70参照）、このタブでの期間は、最近28日間となります。

この指標からは、投稿やキャンペーンを具体的なターゲット層を意識して行った場合、期待した反応が得られたかを判断できます。狙っているはずのターゲット層の数が少ない場合は、よりターゲット層を意識した投稿をしなければなりません。また、とくにターゲット層を定めていない場合でも、どんなユーザーからの反応が得られているかを知ることができます。

投稿に対しアクションを起こしたユーザーの中での男女別割合と、年齢別の割合を表示します。

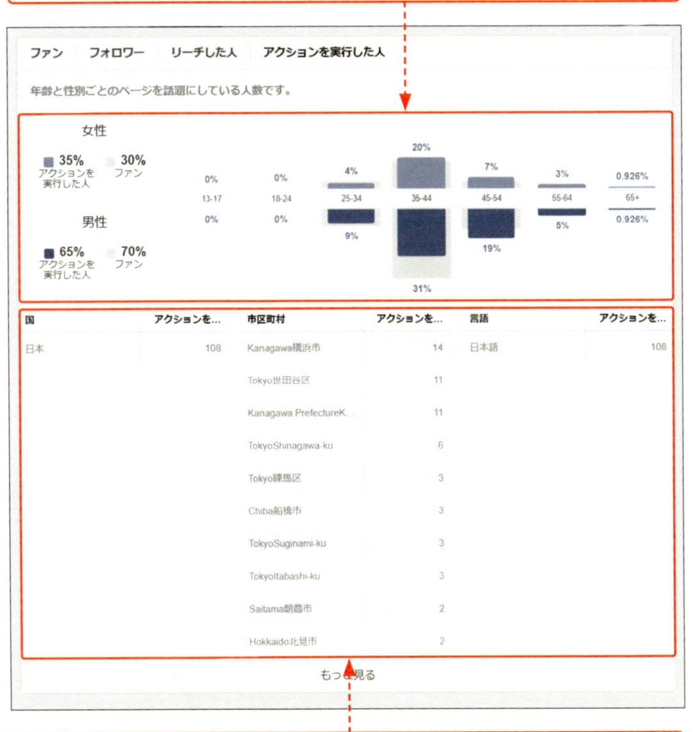

投稿に対してアクションを起こしたユーザーの国別、市町村別の情報、デフォルトの言語設定を見ることができます。

Memo ユニークユーザーとは

ユニークユーザーとは一般にある期間内に同じWebサイトを訪問したユーザーの数のことをいいます。同じユーザーが期間内に何度訪れても1回とカウントします。インサイトにおいては、1人のユーザーが「いいね!」やコメント、シェアなどのアクションを何回行っても「1人」とカウントしています。

Memo エンゲージメント率を計算する

「アクションを実行した人」は、投稿にリーチしたユーザーが投稿に何らかの反応をした人数です。この人数を、投稿がリーチしたファン数で割るとエンゲージメント率を計算することができます。エンゲージメント率が高いと、ユーザーとのつながりが深いことがわかります。

Section 74

効果測定から投稿内容を再検討しよう

覚えておきたいキーワード
- データ分析
- ABテスト
- PDCAサイクル

インサイトから得られる大量のデータは、日頃の投稿の改善と対策の指針になります。データを分析して、より効果的な投稿ができるように検討しましょう。

1 Facebookページの特性を理解した運用が大事

インサイトからリーチ数やユーザーの属性などがわかると、開設当初に予想していたユーザー層との違いや、思いがけず反応がよかった投稿、逆にネガティブな反応になってしまった投稿などが見えてきます。運用に慣れていない段階では、予想していたほどの結果が出ておらず期待外れと感じることもあるかもしれません。

しかし、ここですぐに「だめだ」と判断するのではなく、インサイトからデータを得られるようになった段階がチャンスです。

「ファンがオンラインの時間」と「利用者」項目のデータからは、自社のFacebookページがどんなユーザーの関心を引いているかがわかります。そのユーザー属性が当初に期待していたものであれば、投稿内容が正しかったと判断でき、反対に、期待していたユーザー層からのリーチやアクションが少ない場合でも、そのユーザー層に合わせた投稿を行ってみるとよいでしょう。

また、2種類の投稿を用意して、どちらがよりよい反応を得られるかのABテストを実施すると、よりコンテンツのクオリティを高めるための方針が見えてきます。

データをもとに効果測定し、運用の改善に向けるといったPDCAサイクルを構築し、目標達成に近付けましょう。

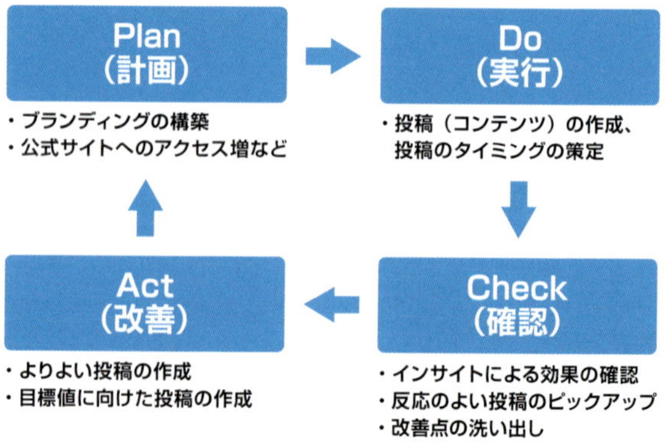

Plan（計画）
・ブランディングの構築
・公式サイトへのアクセス増など

Do（実行）
・投稿（コンテンツ）の作成、投稿のタイミングの策定

Check（確認）
・インサイトによる効果の確認
・反応のよい投稿のピックアップ
・改善点の洗い出し

Act（改善）
・よりよい投稿の作成
・目標値に向けた投稿の作成

計画、実行、確認、改善のくり返しは、Facebookページ運営の基本となります。

Keyword ABテスト

Webサイトでも行われる手法で、一定期間の間に2種類のコンテンツやバナーを用意してどちらの反応がよいかを確かめる方法です。Facebookページにおいては、2種類の投稿や違う写真、投稿タイミングといったポイントでのテストが考えられます。

Keyword PDCAサイクル

P（Plan・計画）・D（Do・実行）・C（Check・確認）・A（Act・改善）の4段階をくり返して目標達成に近付けていく手法です。目標を設定し、具体的な行動計画と指揮、命令を出したら、効果測定を行い改善するという一連の流れをいいます。

第 8 章

Facebookページで困ったときのQ&A

Section 75

Facebookページへの訪問者が増えない!

覚えておきたいキーワード
- 良質なコンテンツ
- 外部からの集客
- オフラインでの宣伝

いろいろな努力をしているのに、Facebookページの訪問者が一向に増えない。そんなときはどうすればよいのでしょうか。ここでは本誌解説ページの中から、訪問者増加につながる事項をまとめました。Facebookページについて再考してみましょう。

1 Facebook内部で工夫する

Hint 良質なコンテンツの投稿が一番の近道

どんなにFacebookページの告知をしても、訪問者にとって興味のない投稿ばかりなら、訪問者の心を引きつけることはできません。アピールしたい点を整理し、そのための情報提供を継続的に行うことが必要です。自らの事業についてだけではなく、関連するニュースや情報提供など、訪問者にとって魅力あるコンテンツを提供していきましょう。忙しい期間には、予約投稿機能を使えば、連日投稿も可能になります。

投稿数を増やす

時間指定投稿を使って、継続的に投稿する習慣をつけましょう。投稿欄の左下にある▼→<投稿日時を指定>の順にクリックして、更新したい日時を指定します。

公開予定
✓ 公開予定
投稿を公開したい日時を設定してください。
2018/9/10 12:00 UTC+09
配信予定
ニュースフィードでの配信を停止
ニュースフィードでの投稿の表示を終了する日時を選択してください。この日時以降も投稿は閲覧可能ですが、ニュースフィードには表示されなくなります。

Sec.34「予約投稿を設定しよう」参照。

プライベートな友人にFacebookページを告知する

個人アカウントでつながっている友人や知人をFacebookページに招待し、ページの告知を行いましょう。

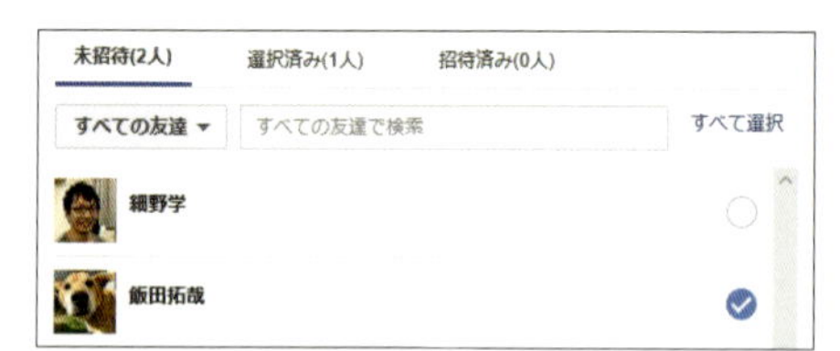

Sec.23「友達をFacebookページに招待しよう」参照。

ハッシュタグを活用する

キーワードの前に「#」を入れて入力すると、キーワードがハッシュタグ化します。ハッシュタグをクリックすると、共通の話題の投稿が一覧できるので、ほかのFacebookページから自身のFacebookページへとユーザーを呼び込むきっかけが作れます。

Sec.49「ハッシュタグで情報の拡散を狙おう」参照。

Facebook 広告を利用する

Facebookページのトップページで<広告を出す>をクリックして、Facebookに広告を掲載します。目的やターゲットなどを細かく設定できるため、効果的な広告が展開できます。

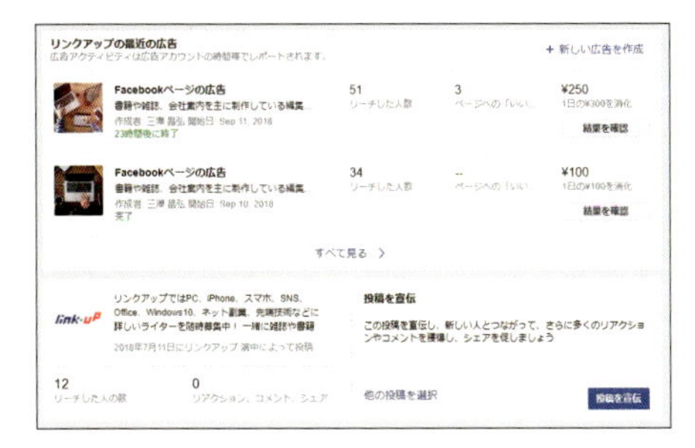

Sec.59「Facebook広告とは?」参照。

2 Facebook外部からの集客を増やす

Webサイトやブログなどと連動させる

Facebookのソーシャルプラグインを使えば、Facebookの「いいね！」ボタンをWebサイトやブログに埋め込むことができます。

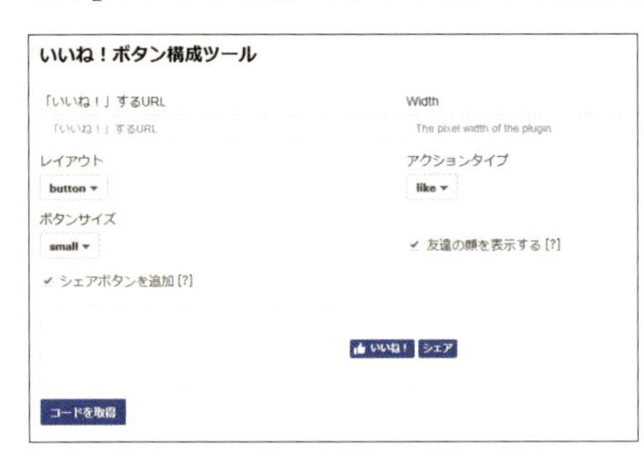

Sec.56「Webサイトにページプラグインを設置しよう」、Sec.57「Webサイトやブログに「いいね!」ボタンを設置しよう」参照。

オフラインで Facebook ページを広める

自社が運営する実店舗などでFacebookページを周知する方法も効果的です。FacebookページのQRコード付きの名刺を作成するなどして、積極的にアピールしましょう。

Sec.55「実店舗の客にFacebookページを周知しよう」参照。

! Hint オフラインでの努力がWebに反映される

Facebookページを周知させるうえで、オフラインでの宣伝は大いに効果があります。ちょっとした集まりを開いてFacebookページを見せながら、口頭で宣伝する、名刺にページのURLを入れる、異業種交流会に出席してページの宣伝をするなど、つてや人脈を利用してアピールしていきましょう。
もし実店舗などをかまえているなら、ストアカードやチラシにお店のFacebookページのQRコードを入れておけば、アクセスしやすくなり、訪問者数が増えるはずです。

Section 76

誹謗・中傷に対応するには?

覚えておきたいキーワード
- ユーザーの削除
- ブロック
- NGワード

Facebookのようなソーシャルメディアでは、いわれのない悪口や誹謗・中傷、プライバシーの侵害を受けるケースもあります。被害が止まないときは、不適切な投稿を行うユーザーを削除して、Facebookページを守りましょう。また、ユーザーのブロックやNGワードの設定も効果的です。

1 誹謗・中傷をするユーザーを削除／ブロックする

Hint ユーザーを削除するとどうなる?

Facebookページからユーザーを削除すると、そのユーザーとあなたのFacebookページのつながりはなくなり、あなたのFacebookページに更新があっても、そのユーザーのニュースフィードには表示されなくなります。
ただし、削除したユーザーはFacebookページに投稿することもでき、Facebookページで再度<いいね!>をクリックすれば、つながりももとに戻ってしまいます。

1 Facebookページで<設定>をクリックし、

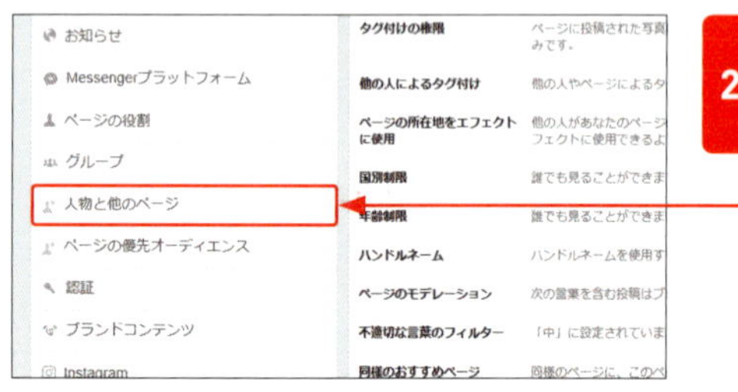

2 <人物と他のページ>をクリックします。

3 削除したいユーザーの☐をクリックして☑にし、

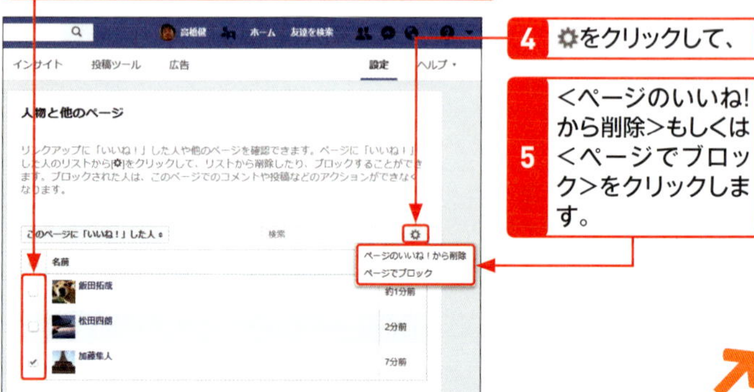

4 ⚙をクリックして、

5 <ページのいいね!から削除>もしくは<ページでブロック>をクリックします。

Hint ユーザーの削除とブロックの違いは?

ユーザーを削除しても、そのユーザーはFacebookページに投稿することができます。一方、ブロックすると、投稿やコメントができなくなります。不適切な内容を投稿し続けるユーザーは、ブロックすることをおすすめします。

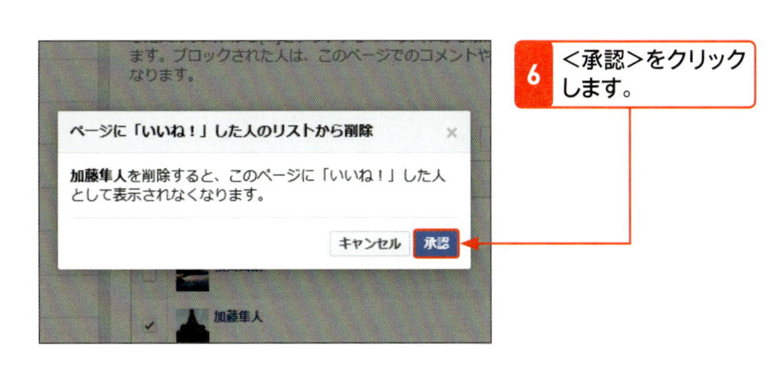

6 <承認>をクリックします。

🡕Step up NGワードを含む書き込みをブロックする

NGワードを設定し、設定した単語を含む投稿やコメントの書き込みをブロックすることもできます。この方法はP.66「投稿される言葉を制限する」を参考にしてください。

2 ブロックしたユーザーを確認する

1 P.210手順3の画面で<このページに「いいね!」した人>をクリックして、

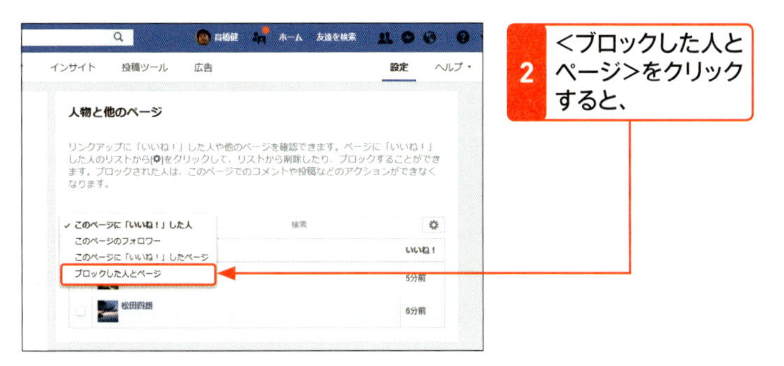

2 <ブロックした人とページ>をクリックすると、

3 ブロックしたユーザーが表示されます。

Memo ブロックを解除する

手順3の画面で、ブロックを解除したいユーザーの□をクリックして☑にし、⚙→<ページでのブロックを解除>の順にクリックすると、ブロックを解除できます。

クリックします。

自分が管理しているFacebookページを統合したい!

覚えておきたいキーワード
- 統合
- 設定
- 統合リクエスト

似たテーマのFacebookページを複数持っていると、それぞれ周知しても「いいね！」や投稿が分散してしまい、運営がスムーズに行えない場合があります。そんなときは、**Facebookページを統合**してしまいましょう。

1 Facebookページを統合する

Memo 統合できるのは管理人だけ

Facebookページを統合するには、両方のFacebookページで「管理者」権限を持つ管理人である必要があります。「どちらも自分が作ったFacebookページで、管理人は自分だけ」という場合は、問題なく統合できます。
複数人でFacebookページを管理している場合は、「管理者」権限を持つ人に統合を依頼するか、自分の管理権限を「管理者」に変更する必要があります。

Memo そのほかの条件

自分がFacebookページの「管理者」であるほかに、「ページの名前が類似していて、同じ内容を扱っている」「ページに位置情報がある場合、その住所が同じである」ことが、統合を行うための条件になります。

1 Facebookページで<設定>をクリックし、

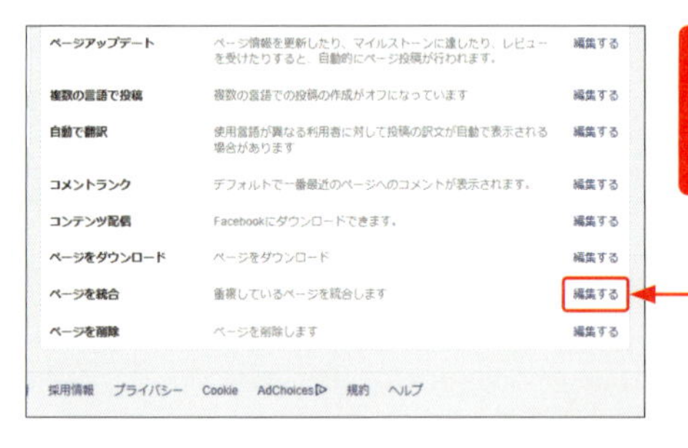

2 「ページを統合」の右にある<編集する>をクリックします。

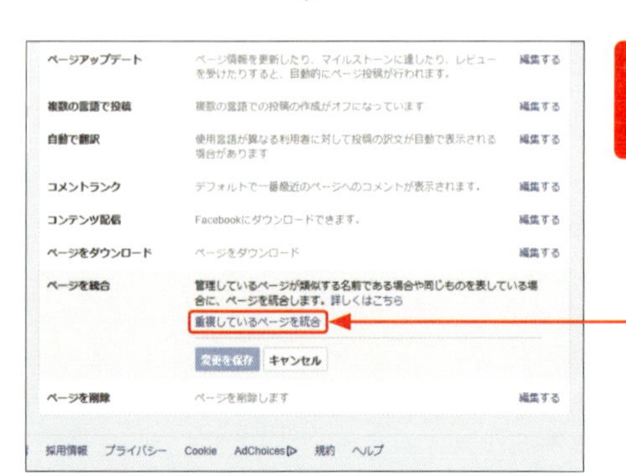

3 <重複しているページを統合>をクリックします。

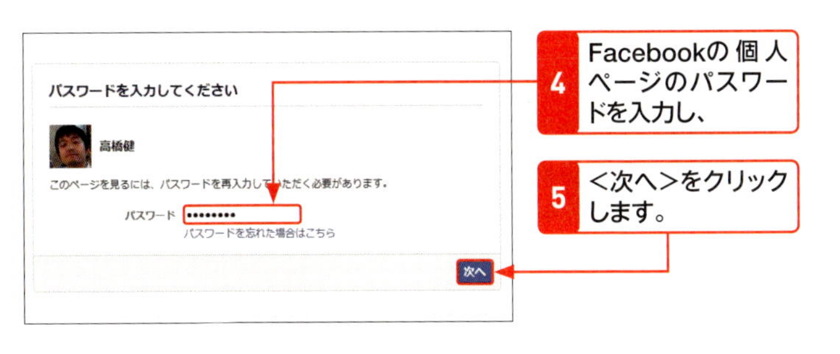

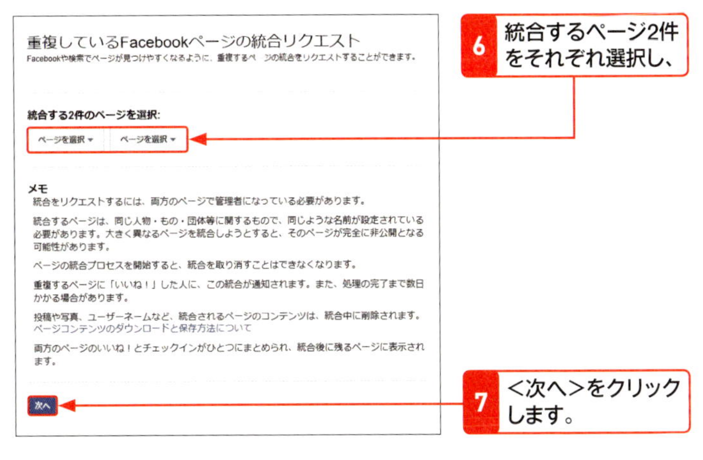

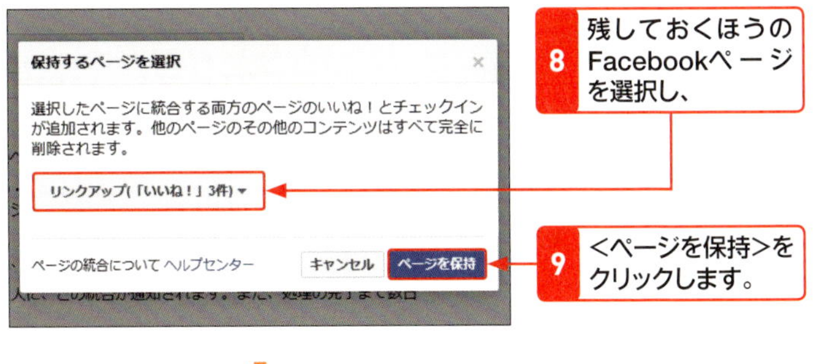

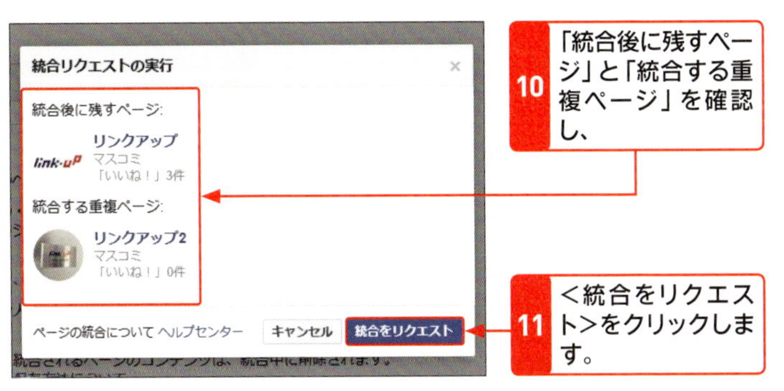

Hint 統合したあとはどうなる?

Facebookページを統合すると、統合して消滅する側のFacebookページの「いいね!」やチェックインが統合されますが、投稿、写真、ユーザーネームなど、すべてのコンテンツは完全に削除されます。統合を取り消すことはできないので、注意しましょう。

Section 78

お知らせメールを受信しないようにしたい!

覚えておきたいキーワード
- お知らせメール
- お知らせ設定
- メインのメールアドレス

フォローしているFacebookページで更新があったり、自分のページに投稿やコメントがあると、Facebookからお知らせメールが送られてきます。ただし、お知らせメールがあまりにも多いようなら、設定を変更して受信を解除しましょう。

1 メールの送信を停止する

1 <設定>をクリックし、

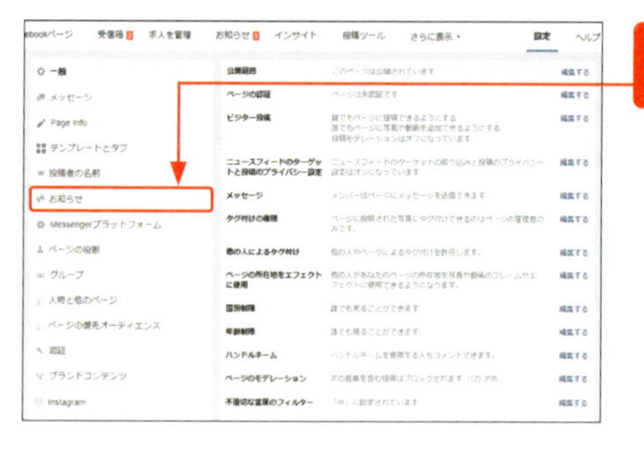

2 <お知らせ>をクリックして、

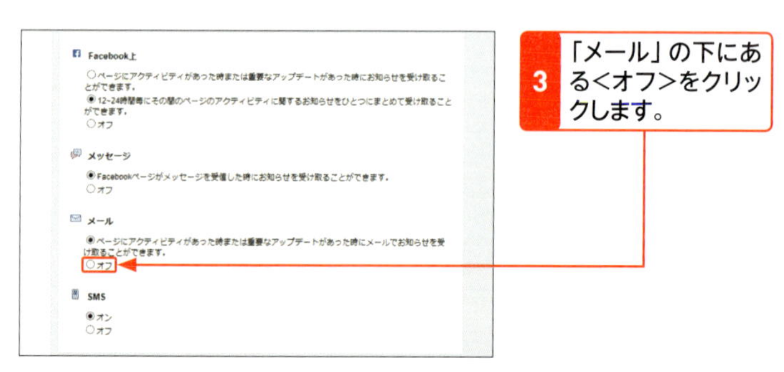

3 「メール」の下にある<オフ>をクリックします。

Hint Facebookのお知らせメール

初期状態では、自分のページに投稿やコメントが書き込まれた場合など、Facebook上で何らかのアクションが行われるたびに、Facebookからお知らせメールが送信されます。

2 お知らせメールを受け取るメールアドレスを変更する

1 ▼をクリックし、

2 <設定>をクリックします。

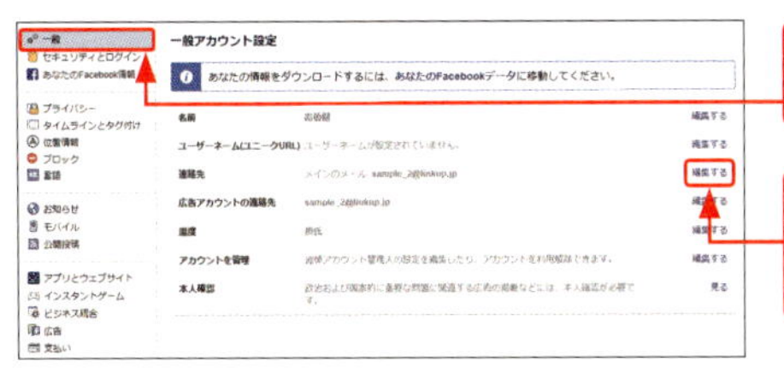

3 <一般>をクリックし、

4 「連絡先」の右にある<編集する>をクリックして、

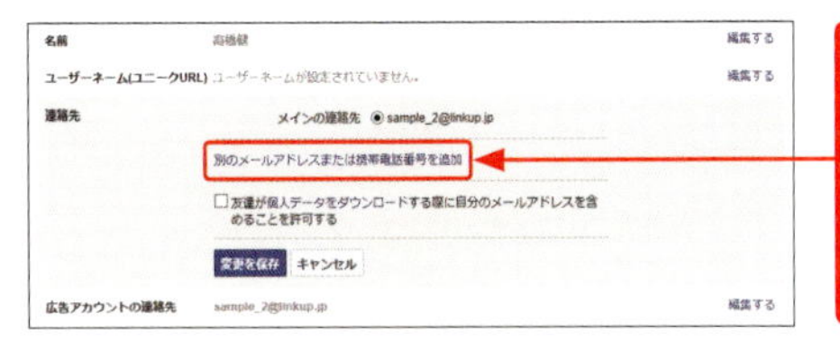

5 <別のメールアドレスまたは携帯電話番号を追加>をクリックして、新しいメールアドレスを追加します。

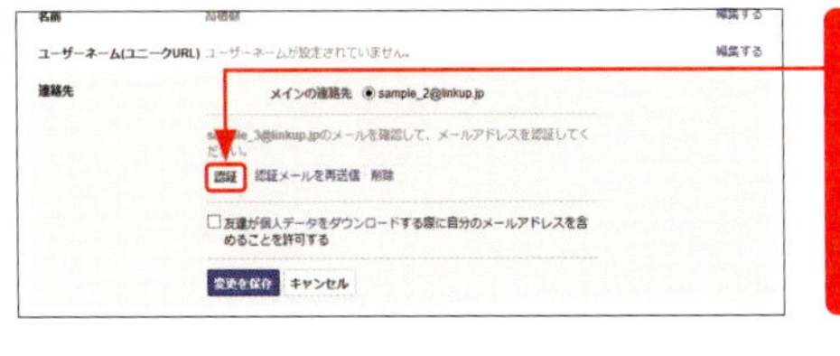

6 <認証>をクリックし、新しいメールに送付されるコードを入力して、<OK>→<閉じる>の順にクリックします。

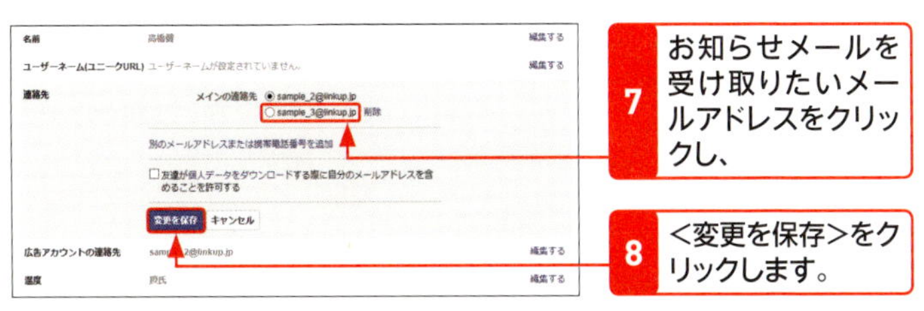

7 お知らせメールを受け取りたいメールアドレスをクリックし、

8 <変更を保存>をクリックします。

Hint 管理専用のメールアドレスに変更する

お知らせメールを新たに登録したメールアドレスで受け取ることもできます。普段使用しているメールアドレスと別に管理したいときは、新しくFacebookページ用のメールアカウントを用意しておくのもよいでしょう。

Memo メールアドレスを追加

手順5で<別のメールアドレスまたは携帯電話番号を追加>をクリックすると、「別のメールアドレスを追加」画面が表示されるので、メールアドレスを入力し、<追加>をクリックします。パスワードの入力画面が表示されたら、個人アカウントのパスワードを入力し、<送信する>→<閉じる>の順にクリックします。

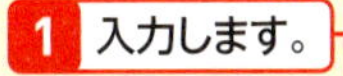

1 入力します。

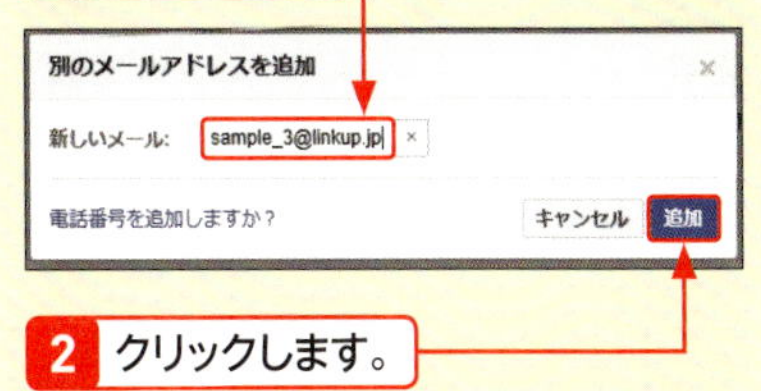

2 クリックします。

3 入力します。

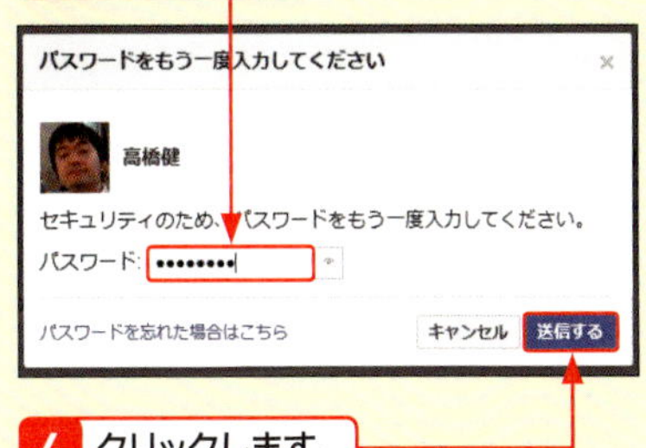

4 クリックします。

Section 79

パスワードを忘れてしまったら?

覚えておきたいキーワード
- パスワード
- 再発行
- セキュリティ

パスワードを紛失してどうしても思い出せないようなら、**パスワードの再設定**を行いましょう。ログイン用のメールアドレスがあれば、パスワードを再発行することができます。また、Facebookページの不正使用を防ぐためにも、定期的なパスワード変更をおすすめします。

1 パスワードを再発行する

Memo パスワード再発行に必要なもの

新しいパスワードを発行するには、Facebookアカウントの作成時に設定したメールアドレスが必要となります。設定したメールアドレスが利用できなくなってしまうと、パスワードの再発行もできなくなるので注意しましょう。

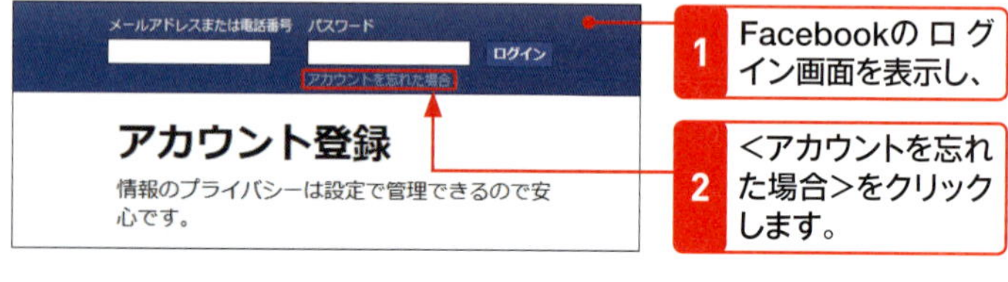

3 Facebookに登録したメインのメールアドレスを入力して、

6 メールアドレス宛にFacebookから確認メールが送付されます。メールに記載されている6桁の番号を入力し、

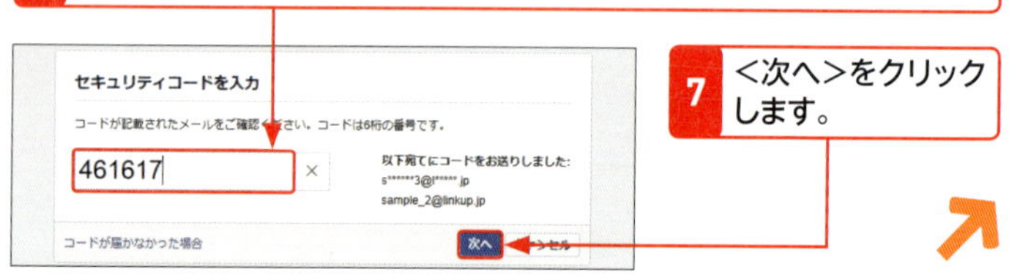

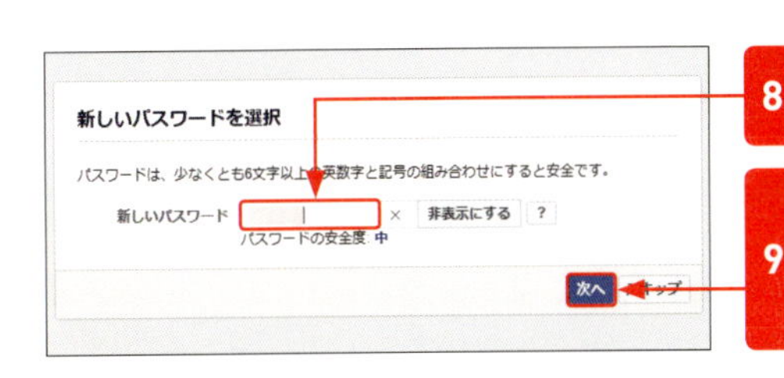

8 新しいパスワードを入力し、

9 <次へ>をクリックすると、新パスワードが有効になります。

2 パスワードを変更する

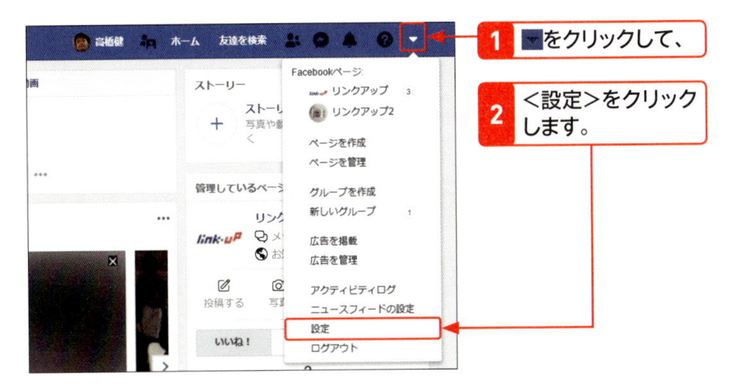

1 をクリックして、

2 <設定>をクリックします。

3 <セキュリティとログイン>をクリックし、

4 「パスワードを変更」の<編集する>をクリックします。

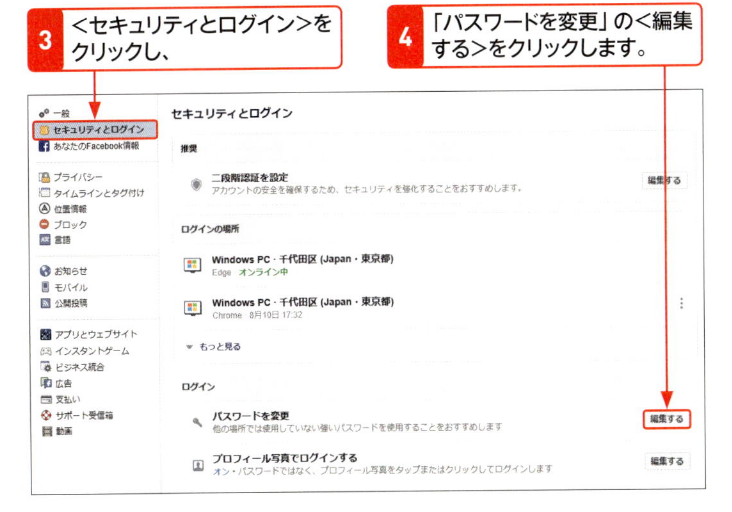

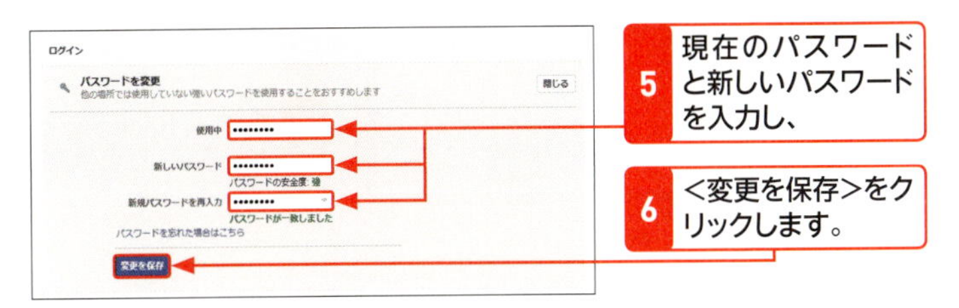

5 現在のパスワードと新しいパスワードを入力し、

6 <変更を保存>をクリックします。

Step up 安全性の高いパスワードを生成するには

Facebookをはじめ、オンラインのサービスを利用する際、ほかのサービスと同じパスワードを使ったり、かんたんに思いつくような文字列のパスワードを使うのは厳禁です。ハッキングの被害を避けるためにも、文字、数字、記号などをランダムに組み合わせた強固なパスワードを使いましょう。安全性の高いパスワードは、作成プログラムを利用するとかんたんに生成できます。「Password Generator」(http://www.graviness.com/temp/pw_creator/)など、Web上でかんたんにパスワードが作成できるサービスもあるので、利用してみましょう。

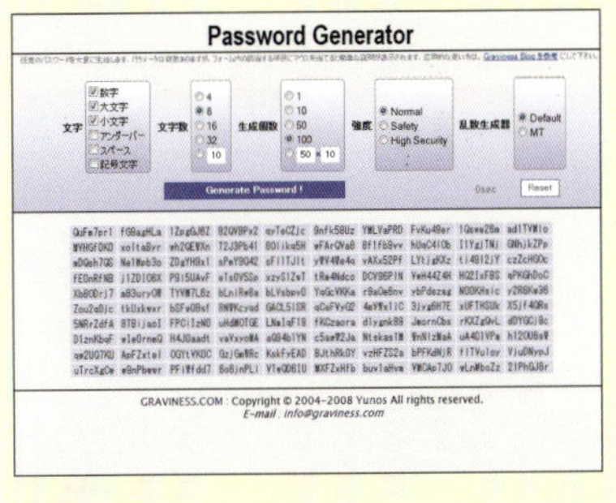

Section 80

Facebookページを削除したい!

覚えておきたいキーワード
- 削除
- 非公開
- 復元

Facebookページは、設定画面から削除できます。完全に削除が完了すると復元できないため、ほかのページとの統合、非公開化の選択肢も検討しつつ、慎重に行いましょう。なお複数の管理人で管理しているFacebookページはすぐには削除できず、仮削除扱いとなります。

1 1人で管理しているFacebookページを削除する

1 削除したいFacebookページの<設定>をクリックし、

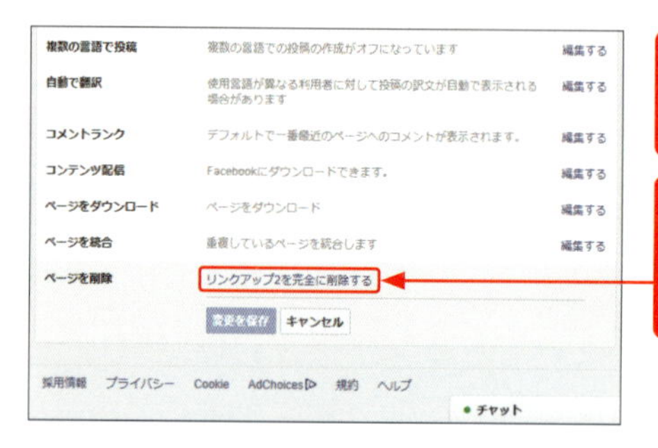

2 「ページを削除」の<編集する>をクリックし、

3 <(Facebookページ名)を完全に削除する>をクリックします。

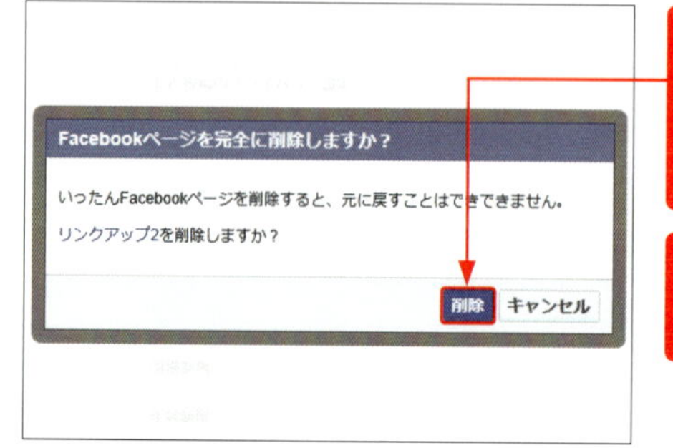

4 確認のメッセージが表示されるので、<削除>→<OK>の順にクリックします。

5 これでFacebookページの削除は完了です。

Hint Facebookページのデータはダウンロードできない

Facebookには、個人アカウントのプロフィールや画像、メッセージのやり取りなどをダウンロードする機能はありますが、Facebookページのデータを保存する機能は用意されていません。削除を選択した場合、そのFacebookページは永久に削除されることになるのでご注意ください。Facebookページ上のデータを再利用する可能性があるなら、削除するのではなくページを非公開にするほうがよいでしょう。

Hint Facebookページ 非公開と削除の違いは?

Facebookページをいったん削除すると復元することはできず、当然、管理人でも閲覧することはできなくなります。非公開とは、ページが一時的に見えないようにする機能です。管理人以外のユーザーは閲覧できませんが、Facebook上にはデータがそっくりそのまま残っているので、再度、公開することもかんたんです。非公開の方法は、Sec.12を参照してください。ページのコンテンツを完全に残しておきたいなら、ページを削除せずに非公開にしておいたほうがよいでしょう。

2 管理人が複数いるFacebookページを削除する

1 削除したいFacebookページの<設定>をクリックし、

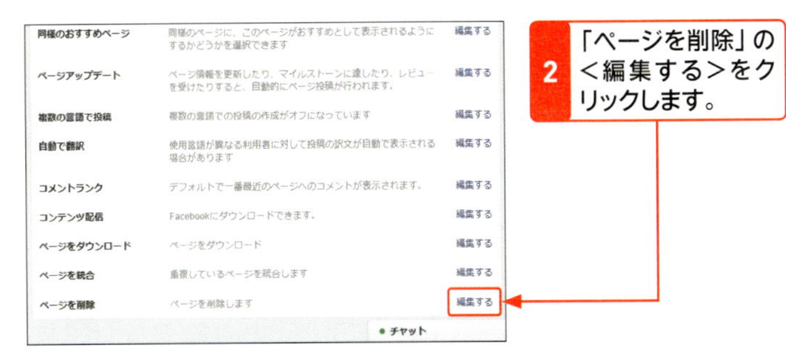

2 「ページを削除」の<編集する>をクリックします。

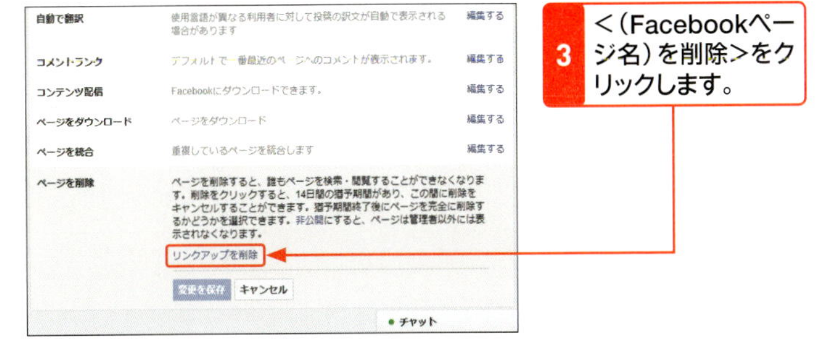

3 <（Facebookページ名）を削除>をクリックします。

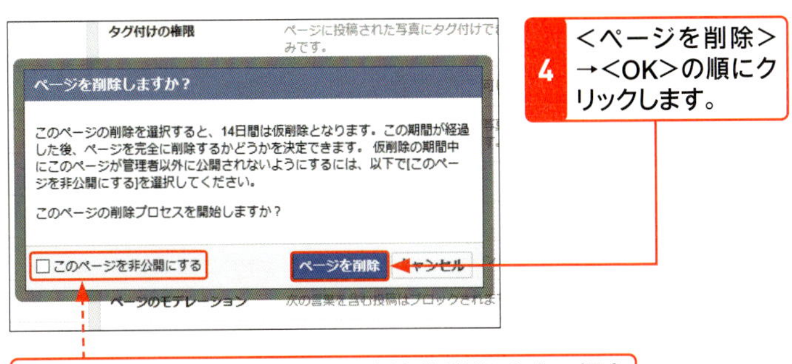

4 <ページを削除>→<OK>の順にクリックします。

削除猶予期間中のFacebookページを非公開にしたい場合は、<このページを非公開にする>にチェックを入れます。

Step up 複数の管理人が参加するFacebookページの削除

Facebookページを作成した個人アカウントのユーザーだけでなく、ほかのユーザーも管理人として参加しているFacebookページは、かんたんに削除ができません。削除には14日間の仮削除期間が設けられ、14日が経過したあと、Facebookページを完全に削除するかどうかを決定できます。
管理人が複数いるかどうかは、Facobookページを表示し、<設定>→<ページの役割>の順にクリックすると確認できます。

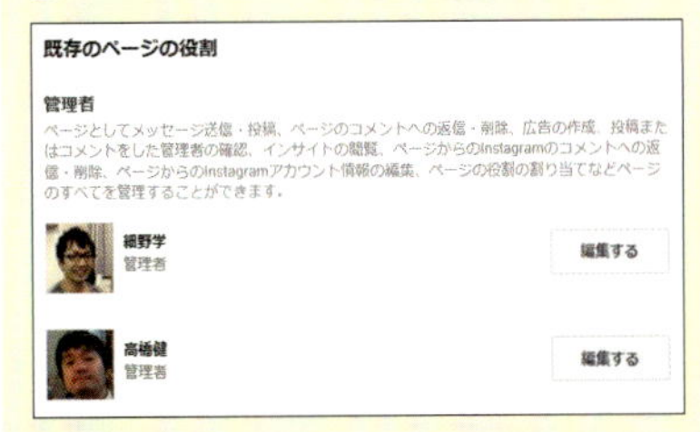

Memo Facebookページを削除できるのは管理人のみ

Facebookページの削除を行えるのは、管理人の権限が「管理者」のユーザーのみです。Facebookページを作成したユーザーでなくても、「管理者」であれば、削除することができます。

5 これで仮削除できました。Facebookページのトップページには「○日後に削除される予定です。」のアラートが表示されます。

3 仮削除したFacebookページを復元する

1 Facebookページのトップページを表示し、

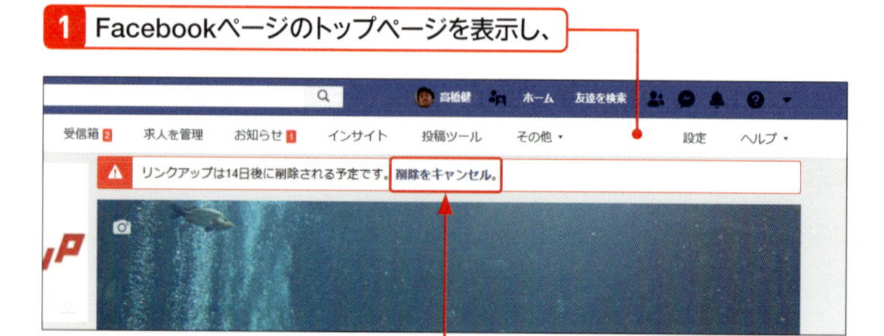

2 「○日後に削除される予定です。」のアラート内にある<削除をキャンセル>をクリックすると、

3 削除キャンセルのメッセージが表示されるので、<確認>をクリックします。

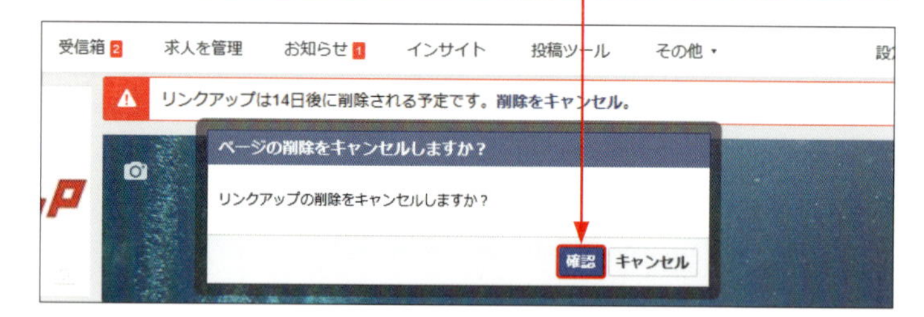

4 仮削除のキャンセルのメッセージが表示されます。ページを非公開にした場合は、「設定」画面の「公開範囲」からページを再度公開しましょう。

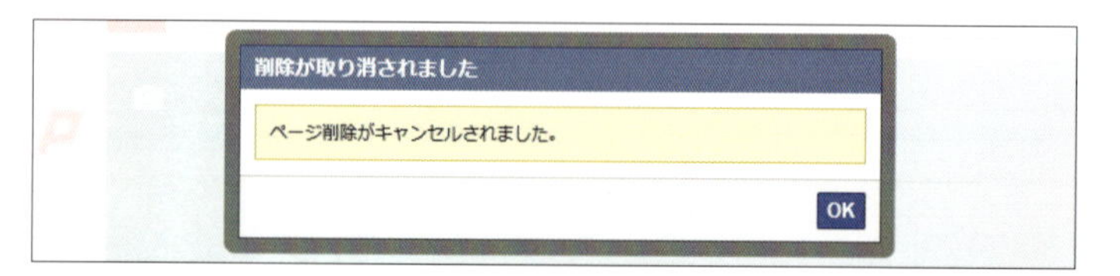

! Hint 全管理人に削除をメールで自動通知

複数のユーザーが管理人として参加するFacebookページは、いずれかのユーザーがページの削除を行うと、ほかの全管理人に通知メールが自動で送付されます。届いたメールの<ページステータスを表示>をクリックすると、Facebookページの「設定」画面が表示され、削除までの日数も確認できます。権限が「管理者」であれば、削除のキャンセルも行うことができます。

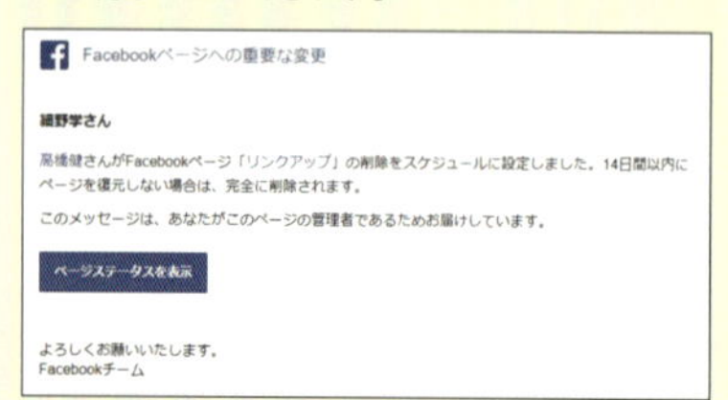

Facebookページへの重要な変更

細野学さん

高橋健さんがFacebookページ「リンクアップ」の削除をスケジュールに設定しました。14日間以内にページを復元しない場合は、完全に削除されます。

このメッセージは、あなたがこのページの管理者であるためお届けしています。

ページステータスを表示

よろしくお願いいたします。
Facebookチーム

Index

Index

な行

は行

ま行

や行

ら行

お問い合わせについて

本書に関するご質問については、本書に記載されている内容に関するもののみとさせていただきます。本書の内容と関係のないご質問につきましては、一切お答えできませんので、あらかじめご了承ください。また、電話でのご質問は受け付けておりませんので、必ずFAXか書面にて下記までお送りください。
なお、ご質問の際には、必ず以下の項目を明記していただきますよう、お願いいたします。

1 お名前
2 返信先の住所またはFAX番号
3 書名（今すぐ使えるかんたん Facebookページ 作成＆運営入門 改訂2版）
4 本書の該当ページ
5 ご使用のOSとソフトウェアのバージョン
6 ご質問内容

お送りいただいたご質問には、できる限り迅速にお答えできるよう努力いたしておりますが、場合によってはお答えするまでに時間がかかることがあります。また、回答の期日をご指定なさっても、ご希望にお応えできるとは限りません。あらかじめご了承くださいますよう、お願いいたします。

問い合わせ先

〒162-0846
東京都新宿区市谷左内町21-13
株式会社技術評論社　書籍編集部
「今すぐ使えるかんたん Facebookページ 作成＆運営入門 改訂2版」質問係
FAX番号　03-3513-6167

URL：https://book.gihyo.jp/116

■お問い合わせの例

FAX

1 お名前
技術　太郎

2 返信先の住所またはFAX番号
03-XXXX-XXXX

3 書名
今すぐ使えるかんたん
Facebookページ 作成＆運営入門
改訂2版

4 本書の該当ページ
89ページ

5 ご使用のOSとソフトウェアのバージョン
Windows 10 Home
Microsoft Edge

6 ご質問内容
手順5の画面が表示されない

※ご質問の際に記載いただきました個人情報は、回答後速やかに破棄させていただきます。

今すぐ使えるかんたん
Facebookページ 作成＆運営入門 改訂2版

2014年 6月25日　初版　　第1刷発行
2018年12月29日　第2版　第1刷発行

著　者●リンクアップ
監　修●斎藤　哲（株式会社グループライズ）
発行者●片岡　巌
発行所●株式会社 技術評論社
東京都新宿区市谷左内町21-13
電話　03-3513-6150　販売促進部
03-3513-6160　書籍編集部
編集●リンクアップ
装丁●田邉　恵里香
本文デザイン●菊池　祐（ライラック）
DTP●リンクアップ
担当●石井　亮輔
製本／印刷●大日本印刷株式会社

定価はカバーに表示してあります。

ISBN978-4-297-10239-5 C3055
Printed in Japan